工程伦理与可持续发展

主　编　钟波涛
副主编　邢雪娇　孙　峻

华中科技大学出版社
http://press.hust.edu.cn
中国·武汉

内 容 简 介

全书共有11章,第1章为针对工程伦理与可持续发展的整体概述,包括工程与工程的社会性内涵、工程伦理概述、工程可持续发展概述,以及工程伦理与可持续发展的8个关键议题;第2章至第10章分别对各个关键议题进行了详细阐述;基于上述议题,第11章对新时期工程人才的工程社会意识培养与工程伦理教育进行了思考。本书提供了工程社会意识、工程伦理道德以及可持续发展意识培养的理论基础,可作为建设工程和其他工程学科专业本科生/研究生教育(如工程伦理课程)的参考教材,另外,还适合于工程行业从业人员在职培训或自修提高之用。

为了方便教学,本书还配有电子课件等教学资源,任课教师可以发邮件至 husttujian@163.com 索取。

图书在版编目(CIP)数据

工程伦理与可持续发展 / 钟波涛主编. -- 武汉:华中科技大学出版社,2025.1. -- ISBN 978-7-5772-1597-6

Ⅰ.B82-057

中国国家版本馆 CIP 数据核字第 2025EY2715 号

工程伦理与可持续发展　　　　　　　　　　　　　　　　　　　　　　钟波涛　主编
Gongcheng Lunli yu Kechixu Fazhan

策划编辑:章　正　康　序
责任编辑:郭星星
封面设计:曹安珂
责任监印:周治超

出版发行:华中科技大学出版社(中国·武汉)　　电话:(027)81321913
　　　　　武汉市东湖新技术开发区华工科技园　　邮编:430223
录　　排:武汉三月禾文化传播有限公司
印　　刷:武汉市籍缘印刷厂
开　　本:787mm×1092mm　1/16
印　　张:12
字　　数:322千字
版　　次:2025年1月第1版第1次印刷
定　　价:48.00元

本书若有印装质量问题,请向出版社营销中心调换
全国免费服务热线:400-6679-118　　竭诚为您服务
版权所有　侵权必究

GONGCHENG LUNLI
YU KECHIXU FAZHAN

INTRODUCTION
主编简介

钟波涛

博士/教授，博士生导师
研究方向：工程管理、智能建造系统工程
华中科技大学土木与水利工程学院数字建造与工程管理系

中国建筑学会智能建造学术委员会委员
中国自动化学会建筑机器人专委会委员

主持"十四五"国家重点研发计划项目、国家自然科学基金重点项目等纵向项目10余项。编撰了《工程项目管理信息分析》《建筑产业互联网》等著作。发表SCI论文60余篇，授权专利10余项。所参与的科研教学成果曾获国家教学成果二等奖、省部级特等奖和科技进步奖一等奖等。

  工程是当前社会经济的发动机,是技术要素、经济要素、管理要素、社会要素等多要素集成、选择和优化的结果。随着新技术的发展和应用,人类对自然环境、社会的影响越来越大,改造能力也越来越强。现代工程活动不仅要把握技术问题,还要考虑工程与环境、社会之间的相互影响。特别地,随着我国进入以人为本、和谐发展的历史阶段,工程项目的社会维度逐渐凸显出来,且往往在更高和更深的层次上影响和制约着工程的建设。关注工程社会维度及它所带来的社会问题,已成为工程管理理论与实践工作者义不容辞的责任和义务,培养具备工程社会意识和素养的工程人才是我国工程建设可持续发展的必然路径。

  近年来,学界对工程伦理与可持续发展的综合性研究逐渐兴起,研究范式也正经历由强调工程技术、工程经济,向同时注重工程的环境影响与可持续建设、工程社会学、工程伦理学、工程哲学等融合发展转变。2016年,中国工程教育专业认证协会认证标准规定,所培养的毕业生必须"具有人文社会科学素养、社会责任感,能够在工程实践中理解并遵守工程职业道德和规范,履行责任"。2018年9月,《教育部、工业和信息化部、中国工程院关于加快建设发展新工科实施卓越工程师教育培养计划2.0的意见》(教高〔2018〕3号)明确要求"强化学生工程伦理意识与职业道德","提升创新精神、创业意识和创新创业能力"。2019年,丁烈云院士在《高等工程教育研究》上撰文明确提出需要培养大学生的工程社会意识。工程人才应当具有工程伦理意识、强烈的社会责任感和人文情怀,深刻理解工程实践对自然环境、社会可能造成的影响,理解工程产品对社会及个体的价值,理解如何实现这些价值等。工程人才的培养需要从强调工程技术的工具理性向突出价值理性方向转移,从知识传授和能力培养延伸到价值塑造,最终将学生培养成兼具专业技术、人文情怀和社会关怀意识的大国工匠。

  培养工程社会意识、工程伦理道德与可持续发展意识,需要关注工程的社会维度,从多学科视角看待工程社会与工程可持续建设之间的关系;充分理解工程的社会性及其社会过程,认识工程共同体及其社会结构,了解工程社会问题;周全考虑工程对社会的影响,在保证工程的品质与创新的同时,担负起对社会、公众和环境的责任。通过培养工程人才的社会意识和工程精神,可促进工程对于社会的建构,从而更加有益于生产生活和社会的可持续发展,实现工程和社会的相互构建。基于上述考虑,我们组织编写了本书。

  本书由华中科技大学钟波涛教授担任主编,邢雪娇、孙峻副教授担任副主编,各章节编写分工如下:第1章,钟波涛;第2章,钟波涛、邢雪娇;第3章,钟波涛;第4章,钟波涛、孙峻;第5章,钟波涛、邢雪娇；第6章，钟波涛、邢雪娇；第7章，钟波涛；第8章，钟波涛；第9章，钟波涛、孙峻；第10章，钟波涛、孙峻；第11章，钟波涛。

本书很多内容得益于丁烈云教授、骆汉宾教授的思想和观点，在此深表谢意！感谢参与本书编写的何万磊、罗盈、向然、祝倩、董倩、陈雨蝶、张济武、王月宁、胡朱敏等人员。

为了方便教学，本书还配有电子课件等教学资源，任课教师可以发邮件至 husttujian@163.com 索取。

本书编写过程中，参考并引用了国内外许多专家学者的论文、著作及其他资料，由于篇幅有限，不能逐一列举，在此一并表示衷心感谢。书中如有疏漏、不妥或错误之处，敬请广大读者批评指正，以利于进一步的修订和完善。

编 者
2024年7月

第1章 概论	1
1.1 工程与工程的社会性	1
1.2 工程伦理概述	6
1.3 工程可持续发展概述	16
1.4 工程伦理与可持续发展的关键议题	22
参考文献	26
第2章 工程价值与工程文化	**29**
2.1 工程价值	29
2.2 工程理性	33
2.3 工程文化与工程精神	35
参考文献	39
第3章 工程社会结构与社会互动	**41**
3.1 社会结构与分层	41
3.2 工程社会结构	43
3.3 工程共同体	50
3.4 工程系统中的层级与地位	54
3.5 工程社会互动	60
3.6 工程社会冲突与协调	62
参考文献	67

第4章 工程服务与公平正义 — 70

- 4.1 工程活动中的公平与正义 — 70
- 4.2 工程服务中的公平与正义 — 74
- 参考文献 — 78

第5章 工程的社会责任 — 79

- 5.1 工程中的社会责任 — 79
- 5.2 工程社会责任体系 — 82
- 5.3 企业的社会责任 — 85
- 5.4 社会责任的全球化 — 88
- 5.5 工程社会责任的履行 — 90
- 参考文献 — 93

第6章 工程社会问题与公众参与 — 95

- 6.1 建设工程中的越轨与失范 — 95
- 6.2 工程建设中的社会问题 — 98
- 6.3 工程社会控制 — 101
- 6.4 工程社会政府治理 — 105
- 6.5 工程中的公众参与 — 107
- 参考文献 — 111

第7章 工程的社会风险 — 112

- 7.1 风险及其度量 — 112
- 7.2 风险型社会 — 115
- 7.3 工程风险 — 117
- 7.4 工程的社会风险 — 121
- 7.5 工程风险可接受性与工程风险分配 — 122
- 7.6 工程风险的伦理评估 — 125
- 参考文献 — 128

第8章 工程的社会评价 — 129

- 8.1 社会评价 — 129
- 8.2 工程社会评价 — 131
- 8.3 工程社会评价实践挑战 — 134

8.4 工程社会评价的公众参与知情权　136
  参考文献　142

第9章　现代工程社会的工程师及其责任　143
  9.1 工程师角色　143
  9.2 工程师的责任　148
  9.3 工程师责任履行的环境　155
  9.4 工程师的工程良心与责任意识培养　158
  参考文献　160

第10章　工程可持续发展　162
  10.1 可持续建设发展战略的意义与关键因素　162
  10.2 建筑工人的竞争力和产业化　165
  10.3 工程组织的可持续　167
  10.4 可持续认证和激励政策　169
  参考文献　171

第11章　工程社会研究范式与工程社会意识培养　172
  11.1 工程社会研究范式　172
  11.2 工程社会意识内涵与培养现状　174
  11.3 工程社会意识培养路径　178
  参考文献　180

Chapter 1

第 1 章 概　　论

 学习目标

通过本章的学习,了解工程与工程社会性的含义;掌握伦理的立场视角,理解工程中的伦理问题;了解可持续发展概念的演化及其核心要素;初步熟悉全书主题,树立正确的工程伦理观。

1.1 工程与工程的社会性

1.1.1 工程的定义

工程是促进人类发展的直接和现实的生产力,工程活动可为人类社会的存在和发展创造物质基础,是人类最古老的、最重要的生存方式之一。工程的概念最初主要用于指代与军事相关的设计和建造活动,工程师最初指设计、创造和建造火炮弹射器、云梯或其他用于战争的工具的人。近代之后,工程的含义越来越广泛。人们把有目的地控制和改造自然物、建造人工物以服务于特定人类需要的行为称为工程。

基于近代工程的发展,一些学者对工程进行了更加具体和明确的定义。李伯聪认为"工程是人类改造物质世界的物质性建造活动,工程是对人类改造物质自然界的完整的、全部的实践活动和过程的总称"。王宏波等人认为"工程是一种创造和建构新的社会存在物的人类实践活动"。赵文龙认为"工程是人类利用和改造客观世界的一种有目的、有组织的实践活动,是科学知识(包括社会科学、资源科学、人文科学)和研究成果应用于各种资源的开发、利用和配置的过程"。

工程按广义与狭义可分为两种:狭义工程,即改造自然的实践活动;广义工程,即改造自然和社会的一切实践活动。从工程实践的角度来看,工程也可分为两种:为了经济社会的发展在某一领域实施的具体工程,如长江三峡工程、南水北调工程等;事关国家经济社会发展全局的战略性工程,如中国21世纪科技发展战略、高等教育"211"工程等。本书所讨论的工程倾向于前者。

总结上述观点,工程就是人类为了实现特定目的,根据科学技术原理与自然规律,通过有序地整合资源,以造物为核心的活动。换句话说,工程是人的造物过程,同时也是人类活动空间的拓展,构成了我们生活的场所,从某种意义上属于人的延伸。工程建造的实质是工程多要素集成的过程。工程要素可分为科技要素与非科技要素,工程是科技要素和非科技要素的统一体,科技要素构成了工程的内核,非科技要素(如经济要素、管理要素、资源环境要素、文化要素等)则构成了工程的边界,对工程建造起着约束作用,如图1-1所示。

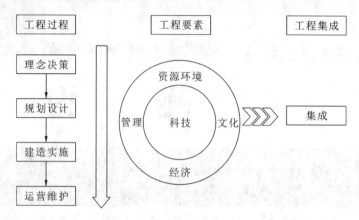

图1-1 工程全过程和全要素集成过程示意图

1.1.2 科学、技术与工程

科学与技术是两个被普遍使用的概念和词语,两者既相互联系又有着本质的区别。科学与技术无论是在概念、形态、职能还是目的上均不相同,但科学对技术具有理论指导作用,同时,技术对科学具有推动作用,科学与技术的关系已密不可分。

技术与工程都起源于人类的劳动。在我国《辞海》(1979年版)中,"技术"被解释为"人类在利用自然和改造自然的过程中积累起来并在生产劳动中体现出来的经验和知识,也泛指其他操作方面的技巧"。近代之后,"工程"广泛被认为是人类利用自然界的资源、应用一切技术的生产、创造、实践活动。技术和工程是有重大区别的,二者的起源、含义、活动主体、实践方式和劳动特点、任务及评价标准都是不一样的。同时,也应该注意到两者的紧密联系,没有无技术的工程,也没有无工程的技术。技术服务于工程,工程则是一种更具创造性的现实技术应用。

李伯聪在《工程哲学引论》中提出了"科学—技术—工程"三元论,他认为科学、技术与工程是三个不同的对象,是三类既有密切联系又有本质区别的社会活动。它们的区别和联系是:科学是工程的理论基础和共性原则,它以发现为核心,是对自然的本质及自然运行规律的探索、发现和揭示,并归纳为真理,科学家的探索往往出于好奇心,并没有明确的实用目的;技术是工程的基本要素,它以发明为核心,是改善人类社会生活的手段,可以是方法、装置、工具、仪器仪表、过程,它讲求的是技巧;工程是各项技术的优化集大成,它以建造为核心,旨在解决实际问题,是利用科学原理和技术在一定边界条件下进行集成优化和综合优化,有目的地完成设计、构建、运行等项目。

随着现代工程越来越复杂,三者之间的关系也越来越紧密,但工程并不是单纯的科学应用或技术应用的简单堆砌拼凑,而是科学要素、技术要素、经济要素、管理要素、文化要素、制度要素、环境要素等多要素的集成、选择和优化。

1.1.3 工程的社会性含义

工程,特别是大型工程,往往对社会的经济、政治和文化的发展具有直接的、显著的影响。工程本质上是技术的社会运用,社会因素是工程的内生变量。社会性是工程的根本属性,也是工程开发的原始动力和前提,社会需求决定工程是否立项,因需求研究不充分而导致的失败工程,会给社会带来严重损失。理解工程的社会性才能正确把握工程的概念,并更好地认识工程、技术和科学之间的区别与联系。

工程的基础性工作是社会需求预测系统研究,或者是工程发展战略系统研究,涉及的内容包括:国家发展战略和区域部门发展战略确定的工程发展目标、重点及对策研究,工程系统的社会经济效益预测与社会资源支持能力预测,国家的科学技术、工业基础现状、发展潜力和技术环境分析,国际环境与相关资源的利用前景研究与预测,工程系统发展与相应的自然环境、社会环境关系研究等。

工程项目具有目标明确、实施过程有组织性、计划性强等特点,相应地,社会对工程的制约和控制也比较强。对每一项实际工程,特别是大型工程来说,工程的每一阶段(策划、设计、施工、运营、人员组织,以及后期工程评价等)不仅涉及技术因素和管理因素,还涉及政治、经济、文化、科学、技术、伦理、信仰、国防安全等诸多社会因素。在实际工程中,工程的规划和实施方案不是唯一的,一个工程过程可以认为是在考虑不同自然和技术因素的各种可能性方案的基础上,根据社会需求,多方工程参与者与受益者(包括政府部门、专家、施工企业、运用企业、公众等)之间不同利益的博弈、协商、竞争、妥协、合作,以"寻求满意结果"的社会选择过程。特别是投资规模大、复杂性高,对国家政治、经济、社会、科技、环境、公众健康与国家安全等具有重要影响的大型公共工程(如大型桥梁、城市地铁、高速公路、铁路、大型水电站等建设),是经济发展程度的标志,它可以改变社会结构,在环境、主体、方案质量、形成路径等方面具有独特性和复杂性。

总结说来,科学与技术可能有唯一解、最优解,然而,作为满足人类社会需求而进行的社会建构活动及其结果,工程活动不仅会受到技术可行性方面的限制,也会受到社会需求方面的限制,因此只能具有"妥协解"。

当前,人们最关注的往往是工程的经济维度和技术维度。事实上,工程的社会维度也一样值得重视。在我国大规模城镇化和城市建设过程中,大量工程建设项目正在或有待实施,在此背景下,正确理解和处理工程的社会维度问题具有重大的现实意义。工程管理项目所包含的社会因素主要体现在以下三个方面:

(1) 工程目标的社会性,也就是工程的社会效应、环境效应等。开展工程项目建设,除应追求经济目标之外,还必须考虑项目对就业和环境等社会因素的影响。

(2) 工程活动的社会性。工程活动不仅包含物质性操作活动,还包括复杂的人员合作与协作等大量的社会行动。工程建设项目体现了人与人之间的各种关系,包括以合同为纽带的经济关系、以许可证制度为依据的行政和法律关系、以信誉为基础的合作关系等。

(3) 工程评价的社会性。在一个价值观多元化、利益分化的社会中,对于同一工程,不同的社会群体可能有不同的价值判断。

1.1.4 工程过程——一个社会过程

工程的社会性决定了工程过程是一个社会过程。一个大型工程项目的立项、实施和使用往往能反映出不同的阶层、社区和利益集团之间的冲突、较量和妥协,突出表现在工程决策、规划、实施、运行等环节上:

(1) 工程决策阶段。工程决策的核心不是技术问题,而是价值问题。对于工程的服务对象、建设与否、建设规模等问题,首先应进行价值判断。工程决策是一个多方博弈的过程,由于涉及不同的利益主体,社会评价的角度是多样化的,因此,工程决策需要考虑多方面的社会因素。

(2) 规划设计阶段。在此阶段,工程的技术要素相对确定,而与工程建设有关的社会变量将从不确定状态逐步确定下来。从某种意义上讲,这一阶段就是选择和确定与工程建设相关的各类社会变量和技术变量的过程。

(3) 工程实施阶段。这个阶段不仅涉及技术应用和物资投入的建设过程,还须有效组织和处理管理者、施工者、居民和其他参与者之间的关系,处理好工程建设机构与政府机构、社会机构的关系。这个过程必然涉及大量社会性因素和变量的整合与协调,与技术问题的解决过程相比要更为复杂。

(4) 工程运行阶段。随着工程的建成和运行,与工程运行相一致的社会组织形式也随之产生,人与人之间的社会关系也在一定程度上得到了重组。

工程社会是一个历史范畴,是一个从小到大、从弱到强的发展历程。工程的社会化和社会的工程化是现代社会的一个重要表征,我们就生活在一个真实的工程社会里。同时,工程社会还是一个共同体的范畴,在不同的社会中形成不同的群体模式,围绕工程活动形成具有工程文化的工程共同体。

1.1.5 工程与社会的相互建构

工程(尤其是大型工程)由于涉及经济、政治、文化等多方面的因素,因此对自然环境和社会环境具有持久的影响。工程的社会性要求工程人养成一种全面的工程观,工程与自然、社会之间不应被视为一种简单的征服与被征服、攫取与供给的关系,工程应是人类基于社会需求,以社会化的方式,通过技术手段与自然和社会进行的一次交互与对话。一方面,工程作为一个动态系统,其演化过程受到自然、社会、经济、科技、文化等外在环境因素的影响与制约,工程适应性的获得是技术选择、经济选择、社会选择与自然选择综合作用的结果,即社会对工程的构建作用;另一方面,工程在演化过程中也对自然、社会、经济、科技和文化等有反作用,促使自然生态系统、社会系统、经济系统、技术系统和文化系统不断进化,即工程对社会的反向构建作用。

1. 社会对工程的建构

任何工程首先是一个社会工程。作为人类改造社会、满足社会需要的产物,任何一项工程的建设都直接涉及对社会影响因素的评价、社会认同标准的识别和社会参与途径的选择。工程具有一定的社会属性,因而社会因素会影响工程的进程与实现。工程问题与社会的联系一般通过工程这一实体及其过程体现。

工程是社会建构的产物,研究社会对工程的建构,可以从两个方面进行:一方面,从工程发展历史、人类的工程观等方面,研究工程是如何满足人类社会发展需求的,工程是如何获得社会认同的;另一方面,从当前社会制度,特别是工程决策过程对工程的影响等方面进行研究。在一个价值观多元化、利益分化的社会中,不同的社会群体对同一工程可能有不同的价值判断和理解。工程首先来自利益相关者的集体决策。这个集体决策的过程,也是不同利益相关者基于不同的目标偏好和不同的风险态度,在一定的社会制度安排下目标达成一致的过程。

国家的介入和干预对工程的实现和工程问题的提出具有指导意义。国家可通过资金投入、工程审批等形式介入工程过程,并从宏观上把握有关工程问题的可靠性、可行性以及是否重复。

国家的介入也具有重要的社会意义,是有关工程社会制度的重要论据之一。国家对工程以及工程问题的重视就是注重工程及工程问题的社会性,将工程的意义上升到国家的意志,充分发挥国家的权力,以有利于工程的顺利完成和工程问题的顺利解决。另外需要注意到,国家的介入是有限的,特别是随着现代社会民主化不断发展,大量工程计划的提出,包括工程问题的提出,还需要结合广大人民的意愿、接受专家的意见。

工程伴随着人类社会的演进而产生并不断发展。任何工程,都是以满足人类的物质或精神需求为目的的,都是由人主导并由人建造的。因此,决策者在筹划、建造工程时,需要自觉考虑人的自然、社会和精神属性,着眼于人的多方面需求。工程的社会决策,也就是不同的利益相关者的博弈,将会产生什么样的结果,这很大程度上依赖于工程的社会决策的制度安排。在某些工程中存在的"长官意志""专家意志",正是特定类型制度安排的结果。工程的社会决策制度决定了工程不同利益集团和个体参与决策的机会及话语权,并决定了一项工程所产生的收益与风险的最终分配结果。工程决策安排下产生的工程,在其建成运营期间,会进入工程的社会认同过程,不能获得高度认同的工程最终会被废弃。

社会观念变化的同时也影响着工程的发展。观念、文化程度首先决定了人们对工程的认识层面和提出有关工程问题的角度。人类社会不断发展,各种观念随之变化,这无疑会带来工程观的改变,并最终影响工程实践。当前,随着人们资源意识、环境保护意识的增强,工程建设逐渐关注和强调绿色环保、节能、可持续建造等,无不体现着价值观念对工程建设的影响。就观念、文化来看,对技术领域影响最大的是人们对技术的认可程度和人们关于技术价值的社会心理与习俗观念,与工程相关的社会心理和社会习俗,会影响工程在人们心目中的地位和性质,同时也影响到工程问题的提出和解决。对于某些工程,尽管具有很好的前景,倘若人们没有认识到这个前景,就不会赞同和支持,反而会极力批评阻拦。同时,伦理观念对工程和工程问题的提出也具有很大影响,如果工程的性质和意义不符合人们的伦理观念,工程的实现同样会受到人们的批评。当然,从人的审美角度来看,工程的优劣性和工程问题的解决方法都是不同的。同时,由于人的审美情趣、美学水平和艺术水准往往有很大差异,因此人们对工程的评价通常具有偶然性。综上,工程的建立和实现,一定要通过大部分人(尤其是专家)的鉴定评价,保证其社会效益和使用意义。

2. 工程对社会的建构

工程活动是人类最基本的社会活动方式,它不但深刻影响着人与自然的关系,而且深刻影响着人与人、人与社会的关系。工程活动既是一种复杂的技术活动,也是一种复杂的社会活动。在工程活动进程中发生着技术要素与社会要素的集成与综合,并同时进行着与技术过程及工程活动结构相适应的社会关系结构的构建与重组。

工程,特别是大型工程,往往对社会的经济、政治和文化的发展具有直接的、显著的影响。当我们新建一项工程时,我们也在创造与这项工程活动结构相一致的社会组织形式,推动社会结构与社会关系的重组。在工程的实现过程中,与这个工程项目组织形式相一致的社会组织形态也会形成。当工程活动结束时,不仅塑造了一个物质性的工程实体,也塑造了一个新的社会结构和社会过程。研究工程的社会建构性,一个重要方面就是研究工程的社会功能以及这些功能的社会影响。这需要充分发挥社会学想象力,除了研究工程的显性功能外,还需要着重研究工程对社会的隐性功能,常体现在下面几个方面:

(1)建设工程不仅仅是技术和物料的简单集合与应用,实质上,建设工程本身也是一个复杂的社会系统。在建设的过程中,工程内部的组织、人员、物料无时无刻不在同外部社会环境进行着物质、信息和能量的交流,以保证工程建设获取足够的社会资源和社会支持。同时,建设工程也受到社会经济、文化、政治变迁等的影响,并对这些影响因素产生反作用。

(2) 建设工程记载了历史上大量的经济、文化、科学技术的信息,是人类文化发展历程的见证。建设工程自诞生之日起,由于体量大、年限长,自然而然地成为一种符号载体,不断地通过视觉与人类交流信息,传达建设工程内在的隐喻与象征。建设工程的细部特征,如建材的选择、空间的布置、群体的组合等也反映着建造者的自然观念、哲学思想、价值理念、民族性格等文化要素。因而,建设工程常被赞誉为凝固的音乐、永恒的诗歌。

(3) 建设工程对国民经济具有所谓的"乘数效应",即在工程建设过程中将消耗大量的自然和社会资源,最终能带来几倍于投资额的社会总需求和国民收入。

(4) 建设工程生态环境问题的实质是人类不适当干预周围自然环境而引起的生态系统的失调。建设工程作为人类改造自然的重要产物,对于生态环境的影响存在必然性和长远性。一方面,在工程的建设过程中,对自然环境必然存在不可避免且不可恢复的改变,衡量这种改变是否"合理"的社会学标准就是建设工程能否实现社会效益的最大化,而非单纯的经济利益或个体利益的最大化;另一方面,建设工程的使用寿命普遍较长,对生态环境影响的广度和深度将是复杂和深远的。因此,在建设项目立项阶段,不能单从人类社会自身的角度出发,还应综合考虑对自然环境的影响。

1.2 工程伦理概述

1.2.1 伦理与道德

在中国文化中,"伦理"的"伦"既指类或辈,又指条理或次序,常常引申为人与人、人与社会、人与自然之间的关系;"理"即道理、规则,引申为处理事情的法则。顾名思义,"伦理"就是处理人与人、人与社会、人与自然的相互关系应遵循的规则,同时蕴含着依照一定原则来规范行为的深刻道理。依此定义,伦理在工程上的问题主要体现为人与人之间的利益分配不均、工程建设对自然环境的破坏等,具体事件如温州的动车追尾事故、南水北调工程涉及的利益协调以及《寂静的春天》对环保的呼吁。而"道德"一词,在先秦思想家老子所著的《道德经》中就有阐述,"道"指自然与人和谐相处共通的真理;"德"指人的德性、品行。道德意味着具有良好的品德德行,遵循规则真理对自然的力量善加利用,并在生活中自觉地约束行为,唯此方可更好地在自然之中生存与发展,建立人类的和谐社会。道德体现在工程上主要指对工程师、管理员、作业人员等人的道德约束,侧重于体现个人的自我修养。

"伦理"通常与"道德"这个概念关联使用,甚至常常被相互替换使用。但"伦理"与"道德"是有着显著区别的两个概念,"伦理"侧重于反映人伦关系以及维持人伦关系所必须遵循的规则,"道德"侧重于反映道德活动或道德活动主体自身行为的应当。两者的共同之处在于,"伦理"与"道德"都强调以真善美为追求目标,强调普遍适用和遵循的行为方式。伦理规范更反映着人们之间相互关系的要求,并确定行为的选择界限和责任。由此,伦理规范既是行为的指导,又是行为的禁令,规定着什么是"应当"做的,什么是"不应当"做的,因而同时规定了人们的道德责任。

不同的行业领域或实践活动中有着不同的行为伦理规范,但一般而言,行业领域往往把具有一定普遍性的伦理规范具体化,或者从特殊行业领域考虑,制定一些比较有针对性的行为规范。在工程领域,也逐步将哲学、道德、伦理、文化等人文因素考虑进来,制定针对工程领域的一般伦理规范,以形成被严格界定和明确表述的行为规范,对相关行动者的责任与权利有相对清晰的规定,对这些行动者有严格的约束并得到这些行动者的承诺。而一些描述性的伦理规范,可能比较落后保守,已经不能很好地解释发生的行为,容易产生争议,此时就要考虑推陈出新,寻找合适的、有价值的、新的行为方式,在一定条件下经过进一步的探究和社会磋商,这些伦理规范有可能成为新的伦理规范。

随着近年来"中国制造 2025""互联网+"等重大战略的提出,国内工业的快速发展推动工程的系统性和复杂性不断增长,使得工程活动面临着严峻的技术挑战。以往的研究主要关注工程技术的自然属性,即如何恰当运用工程技术来获得更大的工程效益,却忽略了工程技术的社会属性,例如工程的社会性、风险性和公众性。"豆腐渣工程""江西丰台发电厂冷却塔倒塌"等一系列事件也反映出人们对于工程技术社会属性认识的缺乏。随着工程技术的复杂程度的不断提高以及社会影响的不断增加,工程的社会维度更加值得关注。

工程活动,是一个造物的过程。在这个过程中,所造之"物"与自然、社会、公众关系如何?工程师在其中承担什么样的义务和责任?这便涉及工程实践中的各种伦理问题。这些伦理问题包含对工程行为正当性的思考和价值判断,往往需要在价值冲突中做出合适的价值选择。作为工程科技人员,伦理道德是必须具备的核心素养。但是,工程伦理观并非与生俱来,要想提高工程技术人员的伦理意识和伦理决策能力,就必须开展工程伦理教育。

工程伦理涉及对工程和伦理这两个概念的理解,工程是人类有明确目的的造物过程及其结果,伦理一般来说是阐述、分析人与人之间关系的道理,工程伦理合在一起即是阐述、分析工程(包括活动和结果)与外界之间的关系的道理。工程伦理可从两个角度来解读:一是从科学和技术的角度看工程;二是从职业的角度看工程。但这两种理解方式都有缺陷,第一种视角将工程作为技术的一个应用部分,工程伦理易失去独立的社会行为,而沦为技术伦理;第二种视角又容易将工程伦理和其他职业伦理混为一谈,或仅仅归结为工程师的职业伦理,从而抹杀了科学技术在工程职业中的特殊地位,容易忽略工程活动的伦理维度。因此,戴维斯提出对工程伦理的不同理解,伦理至少有三种含义:"第一种是与道德相关联使用;第二种指的是一个哲学领域,试图把道德理解成一种理性的思维;第三种是那些仅适用于组织成员的特殊行为的标准"。戴维斯认为,工程伦理不能和道德混淆,是指第二种和第三种含义,在适用工程行业行为准则的规范下,工程伦理指导工程师理性做出符合道德规范的行为。

1.2.2 伦理的立场视角

从伦理的视角解释工程中人与人之间的行为,可有多种立场和角度。秉持不同的角度,对于伦理的看法观点便会不一致,由此也引发问题的思考和争议,从而形成不同的伦理学思想和伦理立场。大体上,可将伦理的立场视角分为功利主义、义务论、契约论和德性论。

1. 功利主义

功利主义(utilitarianism)的伦理思想可以追溯到古希腊的伊壁鸠鲁、中国古代的墨子等人。人类最明显的心理动机是避苦趋乐,他们都以追求最大快乐、避免痛苦为根本目标;而道德,就要看行为本身是否能带来快乐。但功利主义正式成为系统的、有影响的伦理学理论,是在18世纪末与19世纪初期,由英国哲学家兼经济学家边沁(Jeremy Bentham)和米尔(John Stuart Mill)提出。其基本原则是:一种行为如有助于增进幸福,则为正确的;若这种行为导致产生和幸福相反的东西,则为错误的。幸福不仅涉及行为的当事人,也涉及受该行为影响的每一个人。

功利主义者认为人的行为应该达到最大善,功利主义不考虑一个人行为的动机与手段,仅考虑行为的结果对最大快乐值的影响。能增加最大快乐值的即是善,反之即为恶。米尔强调人类行为的唯一目的是求得幸福,所以对幸福的促进就成为判断人的一切行为的标准。功利主义聚焦于行为的后果,以行为的后果来判断行为是否为善,因此也被称为后果论或效益论,其本质的特点是对后果主义的承诺和对效用原则的采用。

在工程中,"将公众的安全、健康和福祉放在首位"是大多数工程伦理规范的核心原则,功利主义便可以很好地解释该原则。一方面,工程师在采取行动时往往以成本-效益分析方法来对可能产生的结果进行权衡比较,以便最大限度地产生好的效应。而我们在制定伦理准则的时候,往往根据以往人们关于什么类型的行为使得效用最大化的经验来进行总结,从而形成基于过去经验的伦理规范指导。例如工程师对雇主要有一定的忠诚度,背叛雇主会给工程师的职业生涯蒙上污点,从而影响前途,在工程师职业准则中便"要求工程师在职业事务上,做每位雇主或客户的忠实代理人或受托人,避免利益冲突,并且绝不泄露秘密"。而另一方面,功利主义者认为,为了换取整体利益的净增加,降低对某些人的健康保护是正当的,但从尊重个体的立场出发,即使为了增加所有人的整体福利,也不应该以牺牲个体的健康为代价。

2. 义务论

功利主义关注的是行为的结果,而义务论则聚焦于行为本身,强调行为正当与否不应该仅仅以行为产生结果的好坏来判定,行为本身中人的义务和责任也具有道德意义。义务论是关于责任、应当的理论,主要思考的是在社会中人们应该做什么和不应该做什么,人必须遵照某种道德原则正当性去行动,强调道德义务和责任的神圣性以及履行义务和承担责任的重要性。义务论以研究道德准则或规范为目的,即研究社会和人们根据哪些标准(如行为是否符合道德规则、动机是否善良、是否出于义务心等)来判断行为者的行为是否正当,以及行为者应负哪些道德责任。

义务论在伦理学中极有影响,典型代表人物当属18世纪德国古典哲学家康德(Immanuel Kant)。康德在著作《道德形而上学奠基》中提出了一个理性主义的义务论:道德并不是建基在欲望之上,而是建基在理性意志之上。在康德看来,人是理性的存在,理性追求的是理想至善,强调要遵循理性的法则对自我进行约束,即道德自律。

在康德之后,罗斯(W. D. Ross)提出了客观主义的规则直觉主义义务论,以感性来克服康德绝对理性主义的弊端。罗斯认为,直觉不仅能发现正确的道德原则,还能正确地应用它们。道德原则有三个主要特征:① 道德原则是自明的(self-evident);② 道德原则构成一个多元的集合(a plural set),当中并没有一个最高的总原则将其他原则统辖在一起;③ 道德原则并不是绝对的,每一个原则在某一特定的情况下,都可以被其他原则压倒(override)。罗斯因而提出以下义务守则:

(1) 守诺言(promise keeping);

(2) 忠诚(fidelity);

(3) 感恩(gratitude for favors);

(4) 仁慈(beneficence);

(5) 正义(justice);

(6) 自我改进(self-improvement);

(7) 不行恶(nonmaleficence)。

伦理学中的义务论对工程伦理学也产生了很大影响,尤其是其责任观念推动了工程伦理规范的制定,比如:工程师在履行职业责任时不得受到利益冲突的影响,工程师应为自己的职业行为承担个人责任,工程师应将公众的安全、健康和福祉放在首位,等等。

3. 契约论

契约论最初把国家的产生说成是人们相互之间或人民同统治者之间相互订立契约的结果,即国家是共同协议的产物,可用来说明国家起源的必要性,后来演变成为通过一个规则性的框架体系,把个人行为的动机和规范伦理看作一种社会协议。契约论思想早在古希腊智者派那里就已萌芽,之后古希腊哲学家伊壁鸠鲁给出了关于契约论的比较明确的论述,视国家和法律为人们相互约定的产物。契约论最盛行的时期是17—18世纪,主要代表人物有荷兰的阿尔色修斯、格劳秀斯和斯宾诺莎,英国的霍布斯和洛克,德国的普芬多夫,法国思想家卢梭等,他们进一步发展了契约论的思想,提出了社会契约论。19世纪以后,契约论受到各种批判,逐渐趋于衰落。20世纪,又出现了一种新契约论,主要代表人物为美国学者罗尔斯。他讲的"契约"或"原始协议"不是为了创立一种特殊的统治形式而订立的,只是为了确立一种指导社会基本结构设计的根本道德原则,即正义原则。罗尔斯围绕正义原则这一核心范畴,认为它必然包括两部分内容:一是平等自由原则,二是社会的公平平等原则和差别原则的结合。

工程伦理最初便是作为工程师职业道德行为守则而出现的,作用是将工程师们的职业行为制度化、规范化,通过建立基于经验的理想化的规章制度来达成工程职业的理性共识。具有理性能力的工程师从事具体的职业活动时,愿意接受统治者在契约中规定的行为约束条款即法律约束,其个人自由及权利就能在现实工程实践中得到有效保障,而这些规章制度也为他们提供了相应的评估行为的优先次序的指导。工程师们可以根据法律来保护他们的利益,或者根据法律去惩罚那些违背法律伤害了其他人利益的人。

4. 德性论

德性论(virtue ethics)也被称为美德伦理学或德性伦理学,功利主义或义务论以行为为中心,关注的是行为的结果或过程;契约论以契约为中心,注重对人的约束;而德性论则以行为者为中心,关注的是个人的品德,即"我应该成为什么样的人"。

推崇德性论的人认为,判断某一行为道德价值的最根本标准是人们的正确行为是否遵循适度的理性原则,这时人们心灵中的这种理性就具备了德性。由此看来,德性论关心的并非人外在行为的规则,而是人内心品德的养成,强调人要自发培养产生高尚、卓越的品格,而后基于这种高尚、卓越的品格来自发行动。

德性论的主要代表包括古希腊时期的亚里士多德以及当代伦理学家麦金泰尔等。在亚里士多德看来,德性是指灵魂方面的优秀,而不是指肉体方面的优秀,主张"德性就在灵魂中"。亚里士多德的德性论是西方德性伦理的源头,他坚持了道德的理性本质,反对道德学说中的反理性倾向,主张一种与情感、感受、行为相交融的理性,表现为由风俗熏陶而成的情感的中和与行为的合宜。

将伦理学中的德性论应用于工程当中,则表现为工程师个人应当自觉培养理智、勇敢、慷慨、诚实、公正等个人美德,以个人品德来指导工程行为,自觉履行工程中的义务和责任,拥有德性并在实践中践行德性。正如亚里士多德主张的德性是"在适当的时间、就适当的事情、对适当的人物、为适当的目的和以适当的方式产生情感或发出行动",使得工程师个人的行为也符合道德规范,体现了人类生活的实践智慧,承载了文明的传统。

1.2.3 工程伦理的形式与表现

根据伦理规范得到社会认可和被制度化的程度,一般可以把工程伦理规范分为以下两种。

一是制度性的伦理规范。在这种情况下,伦理指获得辩护的价值和选择,指称心如意的事。伦理规范往往得到了比较充分的探究和辩护,形成了被严格界定和明确表达的行为规范,对相关行动者的责任与权利有相对清晰的规定,对这些行动者有严格的约束并得到这些行动者的承诺。马丁(M. W. Martin)和欣津格(R. Schinzinger)也表示"工程伦理由责任和权利所构成,这些责任和权利被那些从事工程的人所认可,同时工程伦理也由在工程中人们所期待的理想和个体承诺所构成"。

二是描述性的伦理规范。在这种情况下,人们只是描述和解释群体应该相信什么和如何行为,而不去考察他们的信念和行为是否获得了辩护,所以并没有使之制度化,但描述性伦理规范为舆论调查、描述行为、揭示构成工程伦理的社会力量提供了可能。描述性的伦理规范往往没有明确规定行为者的责任和权利,因此可能在一些伦理问题上存在不同程度的争议。同时,描述性的伦理规范也比较复杂,其中既可能包括对以往行之有效的约定、习惯的信奉和维护,也可能包括对一些新的有意义的行为方式的提倡。因此,同制度性的伦理规范相比,描述性的伦理规范并不总是落后的或保守的,其中在实践中形成的有价值的、合适的新的行为方式,在一定条件下经过进一步的探究和社会磋商,有可能成为新的制度性的伦理规范。

工程伦理规范是一种依照社会道德风俗制定的约束个人行为的规范,我们应该科学合理地制定并严格地遵守,遇到特殊情况便可合理分析从而不断地对规范进行完善,以保障伦理规范的公正性、权威性和时代性。对待工程伦理规范主要有三种处理方式:① 鼓励工程利益相关者严格遵守工程伦理规范,以达到利益最大化;② 禁止违反伦理规范,对违反伦理规范的人可按照相关条例加以处罚,甚至使其受到道德的谴责;③ 激励工程实践主体遵守伦理规范,可采取一系列考评制度,以社会的良好道德风尚来引导伦理规范的走向。

不同工程领域以及不同地区的工程共同体,都在实践中不断探索适合当代的工程行业伦理规范,一方面要遵循社会伦理和公序良俗,另一方面要将工程行业的伦理规范与个人美德相结合——可通过自我反思达到对伦理规范的更新认识,并以实际行动来践行这种认识。由此,才能在复杂的、随机多变的、充满风险的工程伦理问题中寻求应对之法,进而真正实现工程实践"最大善"的伦理追求。一般来说,在面对具体的工程伦理问题时,可通过以下程序性步骤应对和解决所面临的工程伦理问题:

(1) 培养工程实践主体的伦理意识。培养伦理意识是处理工程实践伦理问题的第一步,许多工程师、决策者或管理者缺乏必要的伦理意识,造成伦理问题的产生。因此,加强伦理意识的教育培养是处理伦理问题的关键。

(2) 利用伦理原则、具体情境和底线原则相结合的方式来处理工程中的伦理问题。在处理伦理问题时,会出现个人的道德价值、社会的群体利益、伦理原则的底线等相互冲突和矛盾的问题,需要具体情境具体分析。在不同的工程领域,不同类型的工程也有特定的行为准则和规范,具体情境有着较大差异。因此,在解决伦理问题时,要以伦理底线原则作为基础性的、必须遵守的原则,根据具体情境来综合考虑多个因素。

(3) 培养个人品德,多方听取他人意见。个人在加强工程伦理意识培养的同时,也要加强自我道德的学习培养,严格自律,遵守社会公序良俗,不做有损自我道德的事。同时,也应听取多方意见,可采用专家座谈会、调查问卷、工程共同体内部协商等形式,共同应对,综合决策。

(4) 建立健全相关工程伦理制度规范。工程实践中的新问题不一定能用现有的伦理规范解决,因此需不断及时更新修正工程伦理规范自身存在的问题,以便更好地指导工程活动。同时,我国目前相关伦理规范的制度保障并不完善,在发生工程实践主体利益矛盾冲突时,难以有效维护自身权益。因此,应逐步探索健全工程伦理制度规范,给工程伦理问题的解决提供保障。

以上是处理工程伦理问题的基本思路。工程实践活动具有复杂性、多样性和风险性,不同的工程活动也有着不同的伦理价值,并不存在统一的、普遍适用的工程伦理规范。因此,在面对具体的伦理问题时,需要工程实践主体结合各类工程不同的特点和伦理价值要求,选择恰当的伦理原则进行变通,相对合理化地解决伦理问题。

1.2.4 工程中的伦理问题

在现代社会生活中,工程活动不仅是一种单纯技术性的物质建造性社会活动,也体现出人与自然、人与人以及人与社会的复杂关系。工程活动的基本特点是其集成性和建构性,体现多种要素的集合,包括技术要素、经济要素、知识要素、管理要素、社会要素和伦理要素等。在工程活动中,伦理要素不仅必然存在,而且工程中的伦理要素常常和其他要素"纠缠"在一起,使问题复杂化,形成了许多可以被称为伦理"困境"的问题。将伦理维度运用到其他要素,就形成了工程伦理所关注的四个方面的问题,即工程的技术伦理问题、工程的社会伦理问题、工程的利益伦理问题和工程的环境伦理问题。在伦理视野下,工程活动面临着更为复杂的挑战。

1. 技术伦理

工程活动是一种科学技术活动,在工程活动实践过程中,科学技术的合理应用是工程项目取得成功的关键因素。然而,在道德规范、伦理意识缺失的环境下,对于工程中的技术活动是否涉及道德评价和伦理干预也存在较大争议。技术工具论者一直主张技术中立,认为技术是一种手段,本身并无善恶;科学知识社会学等相关领域的学者则认为,科学技术等客观评价标准知识都是社会建构的产物,与人的主观判断和利益纷争紧密相连。工程的技术活动本身具有人的参与性,是人与自然、人与人、人与社会等通过技术系统相互作用的过程。不同的工程各有特点,相同的技术应用于不同的工程也会产生不同的效果,这说明人在应用技术的过程中具有自主权,拥有选择运用何种技术、如何应用技术、将技术运用于何种环境下的自由。

因此,在工程技术活动中必须考虑到工程技术运用的主体和环境,人是道德主体,人有对客观技术进行评判的主观性。可见,工程技术活动牵扯到伦理问题,工程中技术的运用和发展离不开道德评判和干预,伦理道德评判标准应该成为工程技术活动的基本标准之一。

工程师作为工程技术设计及方案选择的主体,一方面要具有专业的工程背景知识,能因地制宜选择适合工程的技术方案,保障项目的顺利开展实施;另一方面要培养伦理道德意识,遵守伦理规范,坚守职业准则,对公众和社会负责。而工程师的道德要求又包含两方面,一方面是对雇主忠诚，服从决策和管理，利用技术为雇主创造最大的工程价值；二是坚持工程师的职业操守，坚持工程活动质量的技术标准和伦理标准，把好工程质量和安全关，对社会公众负责。工程技术伦理表现为在工程活动实践过程中，要坚守工程技术的伦理标准，在利益和伦理相冲突的情况下，特别是事关工程质量、公众与社会安全时所进行的伦理选择将直接影响工程技术伦理的标准和规范的实施。比如当雇主为了降低工程成本，提高经济效益，可能希望采用廉价劣质材料降低质量水平时，工程师应该坚持技术标准优先、伦理标准优先的原则，坚守职业道德，避免危害工程质量和安全，甚至直接危害公众利益或造成环境污染的行为发生。

2. 社会伦理

近年来，随着经济的迅速发展，由工程项目引发的社会风险事件越来越多。工程社会风险是指在一定的社会环境下，工程项目本身潜在客体因素与项目利益相关者能动因素相互作用而引发的社会群体性风险，影响了工程项目目标的完成。现代工程活动使得工程师扮演了一个极其重要的专业角色，不仅要求工程师精通专业知识和技术，能够解决技术上的难题，还要善于协调人与人、人与社会、工程与社会之间的复杂关系，自觉承担起相应的社会责任，避免引发工程事故，造成社会风险。

对项目社会风险的管理应该从主观的社会风险主体和客观的社会风险因素两方面进行规避，避免主观因素与客观因素相互作用下导致的人为社会风险，以保证降低社会成本，保障工程项目的设计与施工顺利进行以及项目后期效果的持续性发挥。社会风险主体对社会伦理秩序的影响主要是通过工程师、工程项目管理者等主体行为产生的，在技术伦理、职业伦理、责任伦理的规范和要求下，工程主体应严格自律，履行职责义务，秉持将公众的安全、健康、福祉放在首位的道德操守。在工程实践中，工程师在工程决策、实施阶段可能存在诸如"利益"与"经济"冲突、"忠诚"与"原则"冲突、个人利益与社会共同利益冲突等的两难抉择，这就需要工程师的主观行为选择，在多种可能性中取舍。工程师承担起相应的社会责任则能在做好本职工作的同时，做出符合伦理规范和道德要求的工程设计和决策，避免给社会带来灾害。

工程活动置身于社会环境之下，工程项目投资者、决策者、设计者、管理者、作业人员等工程利益相关者都应受到社会的监督与评价，避免给社会带来负面影响。工程活动主体要重视工程给社会带来的效益及负面影响，在尽可能降低社会风险的同时兼顾工程项目的经济效益，确保工程项目在安定、祥和的环境中顺利建成，实现双赢。

3. 利益伦理

工程活动不仅是一种技术活动，在一定程度上也是一种经济活动，涉及参与各方如工程投资者、项目管理者、设计者、建造者、使用者等相关群体的经济利益的协调和再分配问题，因而利益伦理也是工程伦理需要关注的一个重要维度。现代工程活动都有一定的共同目标，包括直接的经济目标、间接的社会目标及文化目标等，因而总有一定的工程共同利益。但由于工程活动的复杂性，工程活动中的利益主体并不完全一致，既存在统一的工程共同利益主体，又存在由于工程内部不同分工而形成的不同利益主体。因此，有效协调工程活动中的各种利益关系，争取实现利益最大化，是工程伦理的重要议题，也是工程伦理学所要解决的基本问题之一。

从总体上看，工程活动中的利益关系包括工程内部和工程外部两个方面。其中，工程活动内部利益关系指工程不同主体之间的利益关系，如工程决策环节中不同投资者之间的利益关系。工程活动外部利益关系指工程与外部社会环境、自然环境之间的利益关系，如工程的开发实施能给利益相关者和社会带来直接的经济利益、文化利益、环境利益等，但也可能对另一部分人的利益造成损害，可能造成"邻避效应"等。正因为工程活动中的利益关系非常复杂，如何有效协调各方的利益关系、实现效益与公平的统一就成为工程利益伦理所要着力解决的核心议题，也是衡量工程实践活动的一个重要评价标准。

4. 环境伦理

随着近代工程技术的迅速发展，工业化水平不断提高，人类工程技术活动对自然环境产生的影响越来越明显，人与自然的关系也成为当代工程活动必须面对的问题，工程环境伦理责任则由人与人、人与社会的关系向人与自然的关系扩展。工程活动在给社会带来一定经济利益的同时，也引发工程建造的安全质量等新问题，工程原料的利用和工程建造过程也会对环境产生负面影响，从而阻碍工程的可持续发展。

现阶段，我国的环境问题较为突出，如何协调促进经济发展与保护自然环境之间的关系，逐步实现工程的可持续发展是亟待解决的基本问题。党的十九大报告中也指出，我们要建设的现代化是人与自然和谐共生的现代化，既要创造更多物质财富和精神财富以满足人民日益增长的美好生活需要，也要提供更多优质生态产品以满足人民日益增长的优美生态环境需要。工程环境伦理可体现在工程项目的全过程，首先，工程项目开发之前，决策者应对可能造成的环境影响进行分析、预测和评估；其次，在工程项目实施过程中，应注重文明施工、环保施工，尽可能减少工程项目施工对周围人群及环境的影响，避免因工程建设造成较严重的生态污染；最后，在工程项目结束之后要进行跟踪、监测，做好工程的环境影响反馈。

如今的经济发展模式时常是以牺牲能源、消耗环境资源为代价，换取经济增长和社会飞速发展。但金山银山不如绿水青山，关注环境、保护自然成为现实而迫切的需要。工程活动需要在时代背景下发生变革，人与自然的关系也逐渐凸显出来，在保证技术伦理、利益伦理、社会伦理不被违背的条件下，工程活动要与自然环境、社会环境协调发展。

1.2.5 工程伦理困境与处理原则

1. 工程伦理的选择与困境

伦理标准的多元化以及人类现实生活本身的复杂性，常常导致在具体情境之下的道德判断与抉择陷入两难困境，即伦理困境。"电车困境"是伦理学领域最为知名的思想实验之一，最早是由哲学家菲利帕·福特（Philippa Foot）于1967年发表的论文《堕胎问题和教条双重影响》中提出来的，用来批判伦理哲学中的主要理论，特别是功利主义。

功利主义提出的观点是拉拉杆，拯救五个人只杀死一个人，以"为最多的人提供最大的利益"为原则。但是功利主义的批判者认为，一旦拉了拉杆，你要为另一条轨道上死去的人负部分责任。也有人认为，身处这种两难状况下就要有所作为，不作为将是同等的不道德。总之，不存在完全的道德行为，这就是重点所在，也是著名的伦理困境。

"电车困境"反映了在生命面前的抉择问题，其本质是在多元价值诉求之下，伦理规范不足以应对人类复杂的社会与道德生活，从而体现出道德判断与抉择的局限性。同样，现代工程是复杂的，工程伦理规范也面临着与时俱进的挑战和压力。工程实践中应该持何种伦理立场？功利论？义务论？契约论？或者德性论？这也是工程领域需要思考的伦理问题。

功利论以利益最大化为原则，认为行动的道德正确性标准在于产生最大化利益，为了换取整体利益的净增加，降低对某些人的健康保护是正当的；义务论认为行动本身具有内在价值，道德通过行为本身的特征或规则体现；契约论并不注重行为的结果，更注重行为的程序合理性，强调按照契约行动；德性论则为人的行动提供了内在的倾向性标准，比如诚信、正直等。价值标准的多元化导致人们在具体工程实践中难以抉择，工程活动本身的复杂性又加剧了行为者在反映不同价值诉求的伦理规范时的权衡难度。但伦理困境并没有标准的答案，工程实践中的伦理困境也更依赖于工程师们的选择，其不确定性深刻地体现出伦理规范的脆弱性带给人类道德生活的脆弱性。

面对复杂的伦理问题或伦理困境，我们到底该如何进行伦理选择和伦理决策？麦金泰尔曾指出，我们所具有的道德与个体所处的特殊伦理共同体及其文化传统和道德谱系有着历史的实质性文化关联，不可能有普遍有效的道德原则。当工程实践出现"超越道德"的情形时，我们只能在一个有限的伦理行为范围内，通过道德慎思为自己的伦理行为划分优先顺序，审慎地思考和处理几对重要的伦理关系，以更好地在工程中履行责任。

第一，个人与集体的关系。从伦理学上看，集体利益其实就是代表大多数人根本利益的联合体，是由广大民众组成的集团在政治、经济和文化等诸方面的利益总和，能够被社会中绝大多数成员共同分享。尽管集体利益与个人利益有时相互冲突与排斥，但两者本质上具有一致性，是一种有机统一和相互依存的关系。在追求工程的整体利益和社会利益的同时，应充分尊重和保障个体利益相关者的合法权益。反过来，工程实践也不能一味追求个人利益，而忽视了工程对集体、对社会可能产生的广泛影响。因此，应当建立起一种良性的协商制度和协调机制，使两种本质上一致的利益都获得较好满足。

第二，效率与公正的关系。效率与公正的关系应是相辅相成、对立统一的。基本的公正既是效率合法性的前提，也是制度长期高效运行的保障，更是伦理道德应遵守的原则。所以，在追求效率的同时，在以尽可能小的投入获得尽可能大的收益的同时，还要恰当处理利益相关者的关系，促进社会公平公正。

第三，自主与责任的关系。"自主"指行为主体按照自己的意愿行事的动机、能力或特性，但行为主体身处社会中，带有一定的社会责任。在充分尊重个人的自由、自主性的同时，要明确个人对他人、对集体和对社会的责任。责任反映了人的主动性、自觉性，也是对主体行为的一种约束。工程师们的社会责任强调的是工程师作为责任主体对社会的责任，在从事技术活动时，应当使所从事的技术活动有利于社会，并承担因技术活动有害于社会的后果，不能对他人以及社会造成危害。

第四，环境与社会的关系。环境与社会是互相影响、互相制约的辩证关系，工程活动运行在社会中，便会对环境产生一定的影响。工程项目在开展的时候，也要注意保护和改善生态环境，合理利用自然资源，保持生态系统的良性循环；减少和消除有害物质进入环境，防治在生产建设和其他活动中产生的废气、废水、废渣及噪声等对环境的污染和危害，使环境适合人类的生存与发展。

2. 工程伦理问题的处理原则

伦理原则指的是处理人与人、人与社会、人与自然间利益关系的伦理准则。随着工程技术的复杂程度不断提高，工程技术的负面效应也逐渐突出，使得工程伦理问题成为工程界、哲学界和社会都广泛关注的问题。从处理工程与人、社会和自然的关系层面看，处理工程伦理问题要遵守以下基本原则。

（1）人道主义——处理工程与人关系的基本原则。

人道主义提倡关怀和尊重，主张人格平等，以人为本。以人为本是工程伦理观的核心，是工程师处理工程活动中各种伦理关系最基本的伦理原则。以人为本就是以人为主体,以人为前提,以人为动力,以人为目的,人处于工程活动的中心地位。人道主义工程伦理原则有利于提高人民的生活水平,改善人民的生活质量,造福于人类社会。

人道主义主要包括两条基本原则,即自主原则和关爱生命原则。其中,自主原则指的是个人有权对自己的行为负责,体现的是对人类的关爱和尊重。自主原则意味着要保护工程的隐私数据,在互联网、信息技术高速发展的时代,个人及工程数据的泄露极有可能损害个人及社会的利益;同时,自主原则还意味着人要享有知情同意权,有权决定自己的利益。关爱生命原则指的是人人具有生存权,工程应该关爱和尊重人的生命权,要始终把保护人的生命放在首要位置,不从事危害人的健康的工程设计、开发,尽可能避免给他人造成伤害。这是道德标准的底线原则,是对工程师最基本的道德要求,也是所有工程伦理的根本依据,无论何种工程都强调"安全第一",即必须保证人的健康与人身安全,尊重个人的生命权。

(2) 社会公正——处理工程与社会关系的基本原则。

社会公正原则用以协调和处理工程与社会各个群体之间的关系,它建立在社会正义的基础之上,是一种群体的人道主义,即要尽可能公正与平等,尊重和保障每一个人的生存权、发展权、财产权和隐私权等。这里的平等既包括经济财富的平等,也包括权利和机会的平等。具体到工程领域,社会公正体现为在工程的设计与建造过程中需兼顾强势群体与弱势群体、主流文化和边缘文化、受益者与利益受损者、直接利益相关者与间接利益相关者等各方利益。同时,不仅要注重不同群体间资源与经济利益分配的公平公正,还要兼顾工程对不同群体的身心健康、未来发展、个人隐私等其他方面所产生的影响。公正不仅是工程师个人的责任和追求,也是作为一种社会工程职业的责任和追求。

公平正义原则要求工程技术人员的伦理行为要有利于他人和社会,工程活动中体现、尊重并保障每个人合法的生存权、发展权、财产权、隐私权等个人权益,工程技术人员在工程活动中应树立维护公众权利的意识,不损害个人利益,对不能避免的或已经造成的利益损害给予合理的经济补偿。

(3) 人与自然和谐发展——处理工程与自然关系的基本原则。

自然是人类赖以生存的物质基础,人与自然的和谐发展是处理工程伦理问题的重要原则。人类的工程实践必须遵从规律。这种规律又包含两大类,一类是自然规律,例如物理定律、化学定律等,这些规律具有相对确定的因果性,例如建筑不符合力学原理就会坍塌,化工厂排污处理不得当就会污染环境;另一类是自然的生态规律,相比于自然规律,生态规律具有长期性和复杂性,例如大型水利工程、垃圾填埋场对水系生态系统和土壤生态系统的影响往往需要多年才得以显现,与此同时,对自然环境和生态系统的破坏影响更为深远,后果也更难以挽回。因此,人与自然和谐发展需要工程利益相关者了解和尊重自然的内在发展规律,不仅要注重自然规律,更要注重生态规律。

工程技术人员不从事和开发可能破坏生态环境或对生态环境有害的工程;工程师进行的工程活动要有利于自然界的生命健康和生态系统的健全发展;在工程活动中要善待和敬畏自然,保护生态环境。

以上三点是在工程实践活动中处理工程伦理问题的基本原则。为规范人们的工程行为,针对不同种类的工程实践活动,如在水利、能源、信息、医疗等工程领域各自形成了相对独立的伦理行为准则。这些行为准则是建立在工程伦理基本原则的基础上,兼顾了不同伦理思想和其他社会伦理原则的合理之处,结合具体实践的情境和要求制定的。

1.3 工程可持续发展概述

1.3.1 可持续发展理论

1. 发展与可持续发展

发展是一个哲学术语,指的是事物从小到大、从简单到复杂、从低到高、从旧到新的过程。事物发展的原因是事物之间联系的普遍性,而事物发展的根源是事物的内部矛盾,即事物的内部原因。唯物辩证法认为,物质是运动的物质,运动是物质的根本属性,向前的、上升的和进步的运动即是发展。发展是一个具有丰富含义的综合概念。这个概念最初是由经济学家定义的,现在已经从单一的经济领域扩展到关注人类需求和社会进步的领域。

可持续发展是 20 世纪 80 年代提出的一个新概念。1987 年,世界环境与发展委员会在《我们共同的未来》报告中第一次阐述了可持续发展的概念,将可持续发展定义为:"在不损害子孙后代满足其自身需求的能力的前提下,满足当代人需求的发展。"也就是说,可持续发展是指在不损害子孙后代利益的前提下满足当前需求的发展。这一定义得到了国际社会的广泛共识。《我们共同的未来》还提出了公平性、可持续性和共同性三项原则,即:① 资源的公平分配;② 兼顾当代与后代的需求,建立在保护地球自然系统基础上的持续增长模式;③ 达到人与自然的共同和谐相处。

总之,可持续发展就是要促进人的发展与自然的和谐,经济发展与人口、资源、环境的和谐,讲求共同发展、协同发展、公平发展、高效发展、多维发展,努力实现从单纯追求发展数量和当代人的利益的传统发展模式,到注重发展质量和后代人幸福的可持续发展模式的根本转变。

2. 可持续发展理论变化

可持续发展理论提出"必须改变发展模式,以造福当代人和下一代"。从 1992 年至今,以联合国环境与发展会议为标志,以《21 世纪议程》为指南,可持续发展战略已得到国际社会的广泛认可,许多国家从各个方面制定和组织了相应的可持续发展战略计划,并已在各个领域得到很好的应用和发展,可持续发展战略的内涵也从"弱"到"强"不断丰富。可持续发展的目的是实现经济、环境和社会的同步发展,而不是找到三者的交叉点,如图 1-2 所示。

"弱"的可持续性要素组合

"强"的可持续性要素组合

图 1-2 可持续发展理念的内涵发展

(资料来源:2008 年世界可持续发展大会会议资料)

"只有理性的政府引导与广泛的公众参与,可持续发展才能最终得以实现。"20世纪90年代以后,"参与"成为可持续发展领域中最常用的一个概念与基本原则,同时"公众"在可持续发展战略实施过程中的地位越来越重要,发展理念经历了"以物为中心"到"以人为本"的转变。其演变如表1-1所示。

表1-1 可持续发展战略推广中的"参与"与"公众地位"演变

领域	里程碑	重要观点或目标
可持续发展世界首脑会议	《关于可持续发展的约翰内斯堡宣言》与《可持续发展世界首脑会议实施计划》(2002)	① 在将可持续发展计划化为行动方面,除了政府发挥的重要作用外,公众发挥更主要的作用; ② 另外,社会所有部门都可扮演一个角色,积极投入并参与其中
	《2030年可持续发展议程》(2016)	实现全球可持续发展,消除贫困与饥饿,实现各国持久、普惠的可持续经济增长与社会包容
	第五届联合国环境大会(2020)	加强自然行动以实现可持续发展目标
中国21世纪人口、环境和发展白皮书	《中国21世纪议程》(1994)	① 完成可持续发展的目标,必须依赖公众和社会团体的支持与参加; ② 公众、组织与团体的参与方式、参与程度等决定可持续发展目标的实现
人居环境	《21世纪议程》(1992)	要实现可持续发展,基本的先决条件之一是公众广泛参与决策
	《伊斯坦布尔宣言》(1996)	解决"人人享有适当的住房与日益城市化进程中人类住区的可持续发展"问题,人是我们所关心的可持续发展的中心,要以他们为基础
	《联合国千年宣言》(2001)	① 作出集体努力以促进更具包容性的政治进程,让我们所有国家的全体公民都能真正参与; ② 强调人是可持续发展的中心
历史城镇和城区、古籍保护	《威尼斯宪章》(1964)	没有涉及居民的参与与公众参与
	《华盛顿宪章》(1987)	① 居民的参与对保护计划的成功起着重大的作用,应加以鼓励; ② 历史城镇与城区的保护首先涉及它们周围的居民
	《北京共识》(2000)	① 政府有关机构应当具有重视城市文化遗产保护的目光与胆识; ② 市民应当具有责任感与使命感,同时需要强大社会舆论的支持

自工业革命以来,大规模机械化生产取代体力劳动给我们的生活带来了巨大变化。但是,传统的工业生产方法也给我们带来了许多负面影响,例如不可再生资源的消耗和环境污染。这种传统的工业生产方法以消耗不可再生资源和高污染为特征,迫使我们认真思考自己的行为。如果我们继续使用这种生产方法,则相当于自我毁灭。

3. 可持续发展国家政策

2012年6月1日,国家发改委在国务院新闻办公室举行的新闻发布会上,正式发布《中华人民共和国可持续发展国家报告》。

中国实施可持续发展战略的指导思想是:坚持以人为本,以人与自然的和谐为主线,以经济发展为核心,以提高人民群众生活质量为根本出发点,以科技和体制创新为突破口,坚持不懈地全面推进经济社会与人口、资源和生态环境的协调,不断提高中国的综合国力和竞争力。21世纪初,我国可持续发展的总体目标是:可持续发展能力不断增强,经济结构调整取得显著成效,人口总量得到有效控制,生态环境明显改善,资源利用率显著提高,促进人与自然的和谐,推动整个社会走上生产发展、生活富裕、生态良好的文明发展道路。

4. 建筑业的可持续发展

建筑业在发展过程中会消耗大量的资源和能源,因此,建筑业的可持续发展成为学者们关注的重点。根据可持续发展的定义,结合建筑业的特点,建筑业的可持续发展包含两个层面的意思:① 建筑业的活动必须符合可持续发展的要求,即建筑业活动(包括选址、规划设计、建造、运营和拆除)涉及的各种环境建筑物和设施以及所用的生产、运输和安装材料及组件必须同时考虑当前和未来的需求,既要达到经济发展的目的,提高人民的生活水平,又要尽量减少对环境的不利影响;② 在满足可持续发展要求的前提下,建筑业还必须实现持续稳定发展。总而言之,建筑业的可持续发展是在遵守"可持续发展"原则前提下的发展。

1.3.2 可持续发展主要内容

在具体内容方面,可持续发展涉及可持续经济、可持续生态和可持续社会三方面的协调统一,加以科技创新支撑,要求人类在发展中讲究经济效率、关注生态和谐和追求社会公平,实现经济效益、环境效益、社会效益的统一,最终达到人的全面发展。

1. 经济可持续发展

《经济、自然资源不足和发展》的作者E. Barbier将可持续发展定义为:在保持自然资源及所提供的服务质量的同时,最大化经济发展的净收益。经济学家科斯塔恩扎(Costanza)等人认为,可持续发展可以无限期持续,而不会减少整个资本存量的消耗,包括各种"自然资本"的存量。可持续发展鼓励经济增长而不是以环境保护为由取消经济增长,因为经济发展是国家实力和社会财富的基础。但可持续发展不仅重视经济增长的数量,更追求经济发展的质量。可持续发展要求改变传统的以"高投入、高消耗、高污染"为特征的生产模式和消费模式,实施清洁生产和文明消费,以提高经济活动的效益、节约资源和减少废物。

2. 生态可持续发展

1991年,世界自然保护联盟、联合国环境规划署和野生动物基金会联合出版的《保护地球——可持续生存战略》给出可持续发展的定义是"在不超过维持生态系统承载能力的前提下提高人类生活质量",强调人类的生产方式和生活方式必须与土地的承载力相平衡,以保护土地的生命力和生物多样性,即可持续发展要求经济建设和社会发展要与自然承载能力相协调。发展的同时必须保护和改善地球生态环境,保证以可持续的方式使用自然资源和环境成本,使人类的发展控制在地球承载能力范围之内。因此,可持续发展强调了发展是有限制的,没有限制就没有发展的持续。生态可持续发展同样强调环境保护,但不同于以往将环境保护与社会发展对立的做法,可持续发展要求通过转变发展模式,从人类发展的源头、从根本上解决环境问题。

3. 社会可持续发展

可持续发展强调社会公平是环境保护得以实现的机制和目标。可持续发展指出世界各国的发展阶段各有不同,发展的具体目标也各不相同。真正的发展应包括改善人类生活质量,提高人类健康水平,开发和合理利用自然资源,创造一个保障人们平等、自由、受教育、人权和免受暴力的社会环境。这就是说,在人类可持续发展系统中,经济可持续是基础,生态可持续是条件,社会可持续才是目的。可持续的实现要通过维持、利用和合理加强自然资源基础,支持经济增长、生态改善、社会福利提升的良性循环,共同追求以人为本位的自然-经济-社会复合系统的持续、稳定、健康发展。

4. 科技创新支撑

目前,人类在资源、环境、人口、贫困、健康等诸多领域都面临新的巨大挑战。实践充分证明,可持续发展关系人类的生存和未来,是全球共同努力的目标,也是共同面临的挑战。除经济、生态、社会的可持续发展之外,科技创新也在支撑引领人类实现可持续发展中发挥着至关重要的作用。

大量耗费资源和破坏生态环境的经济发展方式难以为继,可持续发展需要以科技创新为支撑引领。联合国可持续发展委员会"科学促进可持续发展"报告(1997)指出:"没有科学就没有可持续发展。"以科技创新赋能可持续发展,开辟新的资源能源来源,合理利用自然资源,形成少投入、多产出的生产方式和少排放、低消耗的消费模式,努力实现绿色发展、低碳发展、科学发展。当今科学技术发展呈现出多点、群发突破的态势,正在孕育的新一轮科技革命,将有力支撑经济社会和生态环境的可持续发展。

1.3.3 工程可持续建设内涵

1. 工程可持续建设概念

可持续建设的概念最早是由 Kibert 在 1994 年召开的第一届可持续建设的国际会议上提出的,他认为工程建设要以节约能源和有效利用资源的方式进行,要尽可能地为人们提供健康、安全的生活空间,以实现人类、环境与建筑的平衡与可持续发展。

随着工程相关理论及可持续发展理论的不断变化,工程可持续建设具有以下变化:

(1)从建筑的某个阶段的可持续发展到建筑物整个生命周期的可持续性,它不仅关注设计、建造或运营的某个阶段的可持续性,还关注从项目启动和选址到该项目的拆除过程的可持续性。

(2)在环境保护和节能方面,我们不仅关注建筑物对环境和自然的影响,而且在建造和使用过程中也开始关注个人和社会的生活质量,以及建筑施工人员的安全和健康问题。

(3)对可持续建设不仅关注原始的纯技术层面,即如何实现工程项目的可持续发展,还关注可持续建设的经济问题。

现将可持续建设定义为：在建设项目的策划阶段、设计阶段和施工阶段，建筑企业既要注重质量和安全，又要通过创新管理手段和技术革新等，尽可能减少建筑物对环境资源的破坏和消耗，同时降低绿色技术的成本，从而为人们创造良好、健康和安全的生活环境，以可持续发展为目标实施建设项目生产活动。

2. 工程可持续建设——全生命周期

工程可持续建设不仅关注需要交付的产品指标以及产品技术的可持续性，还涉及产品建造过程和使用过程等全生命周期的可持续，如在设计阶段需要将使用者行为考虑进来，提供产品需要关注可持续的智能运营维护，形成可持续建设模式，在规划、设计、运营、建设的全生命周期内符合可持续原则。

3. 工程可持续建设——利益相关者

Ismael 和 Shealy 认为，可持续建设与传统建设的主要区别在于，可持续建设更加强调利益相关者间的合作，并强调减少资源消耗，注重环境保护和考虑全生命周期成本等核心原则。可持续建设不仅仅关注提供的产品是否低碳节能环保（即建筑产品可持续指标的满足程度），更需要关注产品建造过程中的利益相关主体，特别是公众、建筑者（如农民工）自身的可持续发展和健康。

4. 工程可持续建设——工程社会

从工程社会学视角即工程社会、主体博弈与互动等视角来分析可持续建设概念如何在工程中得到贯彻，以及实践中各类可持续建设技术在组织层面遇到的障碍等，工程可持续建设不仅涉及可持续建设的目标、技术和标准，还涉及工程建设与工程社会的相互作用和相互适应性。

5. 可持续建设与可持续建筑

可持续建设的概念常常与"可持续建筑""绿色建筑""生态建筑"等混淆，因为它们都是建筑行业实现可持续发展的重要途径。但是它们之间存在一定的区别。可持续建设强调的是工程项目的全生命周期的建设过程，而"可持续建筑""绿色建筑""生态建筑"等是通过可持续建设的方式形成的结果，它们都为行业的可持续发展做出贡献。

从可持续发展的角度重新思考我们的生产方法，最大限度地减少其负面影响并使经济发展走上良性健康发展的道路成为我们面临的重要任务。尽管建筑业对经济建设做出了重大贡献，但不可再生资源消耗和由此引起的环境污染问题变得越来越严峻。如何实现工程项目的可持续建设已成为世界各地建筑专业人士必须认真考虑的问题。今天，可持续发展已成为世界上大多数国家的基本国家发展政策。将可持续发展理论应用于建筑工程是世界各地建筑商的责任和义务。

1.3.4 工程可持续建设核心因素

工程可持续建设要求在建筑的全生命周期内，最大限度地节约资源（节能、节地、节水、节材）、保护环境和减少污染，为人们提供健康、适用和高效的使用空间，紧扣资源、环境与健康三个核心因素，打造与自然和谐共生的建筑。

1. 资源

由于长期沿袭粗放的经济增长模式,中国资源消耗高、污染物排放量大,我国单位工业产值的污染排放强度为发达国家的 8~10 倍,主要污染物排放量远超过环境承载能力。工程项目是资源消耗大户,工程项目建设和使用所遇到的第一个问题即为资源问题。工程项目的建设和使用所需要的资源包括能源、水资源、土地资源、建筑材料及其生产过程中所需的各种矿产资源等。

能源是经济发展所需的重要资源。在能源的使用过程中,我们面临着两种困境:一是不可再生能源的消耗,如煤、石油等能源的过度使用,这将导致能源枯竭;二是可再生能源的使用,如太阳能、风能等,这些能源虽然不会像石油、煤一样面临枯竭,但是有使用成本过高的问题,如果这个问题不能妥善解决,充分利用太阳能和风能就会仅仅停留在实验室中。概括而言,节能的概念包含三层含义:第一是通常意义上的节约能源,即靠提高节约意识,从需求的角度减少能源消耗量,例如减少使用空调、电灯,尽量采用自然通风、天然采光等;第二是保持能量,减少能量的散失,例如增强围护结构保温隔热的性能;第三则是提高能源利用率,包括利用新技术提高能源综合利用效率和可再生资源的有效利用率,例如采用太阳能、风能等。

工程项目的资源消耗,不仅要考虑在建设过程中的资源消耗,而且要考虑整个生命周期的资源消耗。我国很多工程项目的建设,往往仅注重建设阶段的资源消耗,却忽略使用阶段的资源消耗和付出的成本,这是非常不可取的。工程项目的可持续建设,必须基于工程项目的全生命周期来系统规划项目的资源节约和有效利用问题。

2. 环境

环境问题主要包括大气污染、噪声污染、固体废弃物污染和水污染。

（1）大气污染。

在项目建设中,空气污染是最突出的问题,主要包括两个类型。一是由材料引起的空气污染。在某些特殊的施工环节中,由于施工过程对质量和尺寸有严格要求,必须在现场加工某些原材料,加工所产生的粉尘会随风进入大气,导致污染扩散,影响范围广。二是工程机械造成的污染。工程建设中使用的大型机械设备,例如挖掘机、起重机、推土机等,会排放大量的一氧化碳、二氧化硫等。此外,在设备操作和使用过程中,还可能加剧粉尘扩散。

（2）噪声污染。

噪声污染来源主要是工程建设中机械设备运行产生的噪声。噪声源具有明显的不确定性,如发动机和齿轮的振动等,会引起噪声问题。此外,噪声具有持续时间长、规律性差的特点。在实施工程项目时,挖掘机、装载机、推土机等是主要的噪声源,污染程度更大,对居民生产和生活的不利影响也更大。如果人们长时间处于噪声污染的环境中,不仅正常工作和休息得不到保障,还会出现情绪不稳定,甚至听力下降等问题。

（3）固体废弃物污染。

某些工程项目建设中的固体废弃物污染极为严重,主要是因为在项目建设中会产生大量的建筑废物,并且施工人员的日常活动也会产生大量的垃圾。一般而言,建筑垃圾主要指剩余材料、混凝土和沙子,以及拆除建筑物所产生的钢筋混凝土、砖石及其他废物。固体废物的存在不仅会占用城市土地资源,还会对城市生态环境造成破坏。

（4）水污染。

水污染是大部分项目建设中的主要工程问题。水污染问题通常是由混凝土浇筑和养护、机械操作过程中的废料、残油引起的。例如,工程排放废料中不可避免地会含有大量化学物质,如果处理不到位或直接排放将导致严重的水污染。不仅如此,工程项目施工的建筑工人将产生大量的生活污水,其中含有大量污染物,处理不当也会对土壤和农业生产产生不良影响。

3. 健康

环境问题关系人类健康,是我们必须立即解决的问题,也是实现可持续建设时我们首先要考虑的问题。

在空气污染物中,悬浮颗粒被人体吸入后容易直接沉积在肺中,影响肺功能并引起各种呼吸系统疾病;石棉、炭尘、纺织纤维或其他有毒有害物质进入人体会导致患癌风险升高;二氧化硫被人体吸入,会造成呼吸系统损害,并引起支气管炎和其他呼吸系统疾病;氮氧化物被人体吸入可导致肺部结构发生变化,也可能影响儿童肺的发育。水污染造成的人类健康问题也不容忽视,由水污染引起的细菌扩散将直接导致各种疾病,如果存在有毒有害物质,将带来更严重的后果。各种固体废物中所含的有毒有害物质(如铅、汞和砷)也会危害人类健康。

1.4 工程伦理与可持续发展的关键议题

1. 工程价值与工程文化

作为改革自然的造物实践,工程是一个综合集成了科学、技术、政治、经济、管理、社会、伦理、生态等各方面要素的整体,一般来说,一项工程总是包含着多种价值。单纯只谈论工程的经济价值,无疑是非常狭隘的。工程在这些方面的属性和功能体现了工程的多元价值,如工程能力、工程职业、工程实践、工程成果,这些是一个人、一个企业、一个社会、一个国家的宝贵资源和财富。如何分配和使用这种力量和资源,是造福于大多数民众,还是为少数人服务?这是关乎公平公正的社会伦理问题。建筑被誉为人类历史文化的纪念碑。建筑传承着历史,铭刻着人类文明和文化的发展轨迹,蕴含着厚重的民族精神和文化内涵,但工程文化并不仅是工程本身所蕴含的民族精神和文化,它是由众多的工程项目参与主体在工程建设实践中形成的精神财富和物质财富的总和。工程文化是任何工程所内含的要素,而不是某种外来的附加物,对国家和社会发展意义重大的大型基础工程,其工程精神、工程价值观以及引申出来的工程思维和行为方式等工程文化,不仅对工程的顺利圆满完成有重要影响,对建筑工程行业的发展以及工程建设综合能力的提高也具有重要意义,因此研究大型工程的工程文化的特征及其演化规律具有深刻的理论和实践价值。

2. 工程社会结构与社会互动

社会结构即一个群体或一个社会中各要素相互关联的方式。工程社会结构这一议题侧重于静态的研究,注重结构的二重性,即行动者利用结构,并且在利用结构特征时改变或再生产结构。工程社会结构分析,有助于我们更好地认识社会结构如何规定工程活动中的各种行为,以及更好地实施对社会结构的控制。建设工程是在社会大背景下以实际需求而发起的,它与社会经济发展密切相关,是一个社会组织人造系统,在这个系统中,通过物质和信息交换,形成一个具有特定功能和满足特定需求的生态系统。可以发现,这些工程的资源主要有人力、材料、机械设备、资金和技术规范等,其中人是在建设工程中最为活跃的因素,特别是工程项目的主要负责人。工程项目中的人与组织,出于一定的社会需求与特定目标,就必须进行该工程组织形态的社会控制,通过社会法规、工程领域法规、工程技术规范和伦理道德来约束组织和个人,以此实现工程项目的圆满完成。工程参与各方围绕工程活动进行频繁的社会互动,由于工程参与各方处于不同的社会地位,他们之间的互动方式及互动的向度、频度、深度和广度等差异很大。如何构建起一个良性互动平台是工程社会维度研究的重要命题之一。基于工程活动的互动,工程参与各方之间形成了各种关系,包括正式的和非正式的关系,譬如以合同为纽带的经济关系、以许可证制度为依据的行政和法律关系、以信誉和信任为基础的合作关系,等等。工程中的互动,在个体和组织层次上都呈现出关系网络特征。基于经济社会学研究参与主体间的各类关系,成为工程社会结构维度研究的重要内容。

3. 工程伦理问题与工程责任

工程活动,是一个造物的过程。在这个过程中,所造之"物"与自然、社会、公众关系如何?工程师在其中承担什么样的义务和责任?这便涉及工程实践中的各种伦理问题,如技术伦理问题、利益伦理问题、责任伦理问题、生态环境与健康伦理问题。这些伦理问题包含对工程行为正当性的思考和价值判断,往往需要在价值冲突中做出正确的价值选择。作为工程科技人员,伦理道德是必须具备的核心素养。我们需要关注到,工程建设过程会带来很多负面的影响,这些影响有显性的,也有隐性的,有长期的,也有短期的,同时会产生很多风险。需要注意的是,工程师在设计和建造过程中是否意识到了这些影响和风险,是否尽到了"考虑周全的义务",是否做到了社会公众对工程师的"合理关照"社会期待,是否做到了"始终将公众的健康、福祉放在首位"。另外,工程师应当考虑到这些风险和影响在群体中的分配与承担,在造成实际的影响和风险时,尤其需要注重合理的补偿,特别是对弱势群体的保护。

4. 工程社会问题与社会控制

越轨行为一直是社会学研究的重要内容。作为社会大系统的一个子系统,工程社会中存在各种越轨现象。这些越轨行为很大程度上破坏了现有的工程秩序,给工程建设的顺利进行带来了障碍。工程中的越轨行为集中表现为对工程建设的各项程序的不遵守和对工程资源的不合理争夺。除了个体越轨外,工程中还往往表现出群体性越轨,譬如工程招标中的围标行为、承包商的偷工减料行为、克扣或拖欠工人工资的行为等。长期的大范围内的越轨行为导致了大量工程问题。工程问题本身具有显著的社会特征。在当前,工程环境问题、质量安全问题、农民工问题、工程腐败问题等已引起社会的广泛关注,成为亟须解决的社会问题。社会问题作为社会学研究的一个中层理论,介于抽象的综合性理论与具体经验性命题之间。对工程社会问题的研究是工程社会维度研究的一个中观视角,也是工程社会维度研究的应用属性特征的体现途径。

5. 工程的社会风险

传统的工程风险研究将工程风险定义为影响工程活动目标实现的各种不确定因素的集合,主要关注给工程可能带来的风险,侧重于对工程项目成功建设本身的风险管理和风险分析,针对工程的社会风险研究较少。现代社会是一个风险社会。德国社会学家乌尔希里·贝克的风险社会理论着眼于人类进步的负面性,尤其是工业和科技对自然和人类自身的危害。作为改造世界、推动社会现代化进程的活动,工程活动不仅是科学与技术的实践场所,也是工程创新的主战场。由于工程具有复杂性、多因素制约性等特点,在工程的规划、实施和运行管理过程中必然会面临诸多方面的不确定因素,从而存在着社会风险。社会风险是影响社会稳定与发展的重要因素,一旦发生将直接危及工程的正常运行,同时也将对社会经济产生重大影响。工程的社会风险是工程系统所依赖的有关社会环境因素(包括政治、经济、法律、教育、科技、文化、军事、外交等)发生变化而给工程带来的风险,主要指工程实践和社会性因素所引起的造成危害的社会事件。如何管理及规避工程的社会风险,是保障工程的实施与运行的关键问题之一,也是工程在实施和运行过程中必须面对和解决的问题。

6. 工程的社会评价

工程的社会评价是工程的社会建构性研究的另一个重要方面,主要包括工程对社会的影响、工程与社会的互相适应性分析、工程的社会风险分析等。需要指出的是,当前所进行的社会评价更多的是一种经济学范式的社会评价,这种范式主要从经济角度出发,应用经济学方法进行评价。正确分析并处理工程的社会问题,仅基于经济学的范式显然是不够的,应该补充社会范式评价。一个工程就是一个社会,因此,工程社会评价的主体除了经济学家和管理学家等以外,社会学家也是必不可少的参与方。社会学家所进行的社会学范式下的工程评价研究和实践,应从社会学角度出发,应用社会学方法对工程进行社会评价,研究工程的社会属性、工程的社会建构、工程的社会功能,以及社会对工程建构的影响和制约等内容。此外,工程的社会评价需要积极引入公众评价和社会参与,从工程活动的社会性内涵出发,采纳诸如工程质量与安全、公众满意度等社会性指标进行评价。简而言之,需要从社会维度对工程进行评价。

7. 现代工程社会的工程师及其责任

在现代社会,工程的规模越来越大,复杂程度越来越高,与社会、经济、产业、环境以及伦理价值观念的相互关系也越来越紧密。现代工程社会的工程师需要采取系统科学的思维和分析方法来看待工程。新技术变革环境下的工程师除了要具有突出卓越的工程建造能力外,还应当具有工程伦理意识、强烈的社会责任感和人文情怀,要更加深刻地理解工程实践给社会、环境造成的影响,理解建筑产品给社会、用户带来的价值以及如何去实现这些价值。随着生产力的进步、生产方式的变革,工程师的知识面越来越广,能力越来越强,工程师在推动社会经济发展方面发挥着越来越重要的作用,工程师的社会责任随着人类物质生产方式变革而演进。然而,有关工程师在实践中出现的质量缺陷、设计缺陷、人员渎职、破坏环境、贪污腐败等问题,反映了工程师社会意识培养方面的缺失。工程师需要意识到自己对于社会的责任和影响,考虑到作为工程师的周全义务。

8. 工程可持续发展

工程对社会的价值体现在多个方面,工程除了技术价值外,还有社会价值、政治价值、人文价值等。因此,工程的目标要符合社会的需求和时代的价值观风尚,例如智能、绿色、健康、和谐等价值观。智能建造与可持续发展进一步契合,未来对于建筑的要求就是健康、智能,可持续的概念更加需要关注。当前,社会发展理念重点关注工程的可持续发展,新技术变革下的行业迎来了产品的转型,同时对社会和环境也将产生更加复杂的影响。保证社会可持续发展,要求充分考虑工程的生态价值,保证资源、环境的可持续发展,创造更加健康的产品。关注工程人才的社会意识与伦理道德,可促进工程对于社会的建构,从而更加有益于生产生活和社会的可持续发展,实现工程和社会的相互构建。

案例分析

印度博帕尔农药泄漏事故

　　1984年12月3日零点刚过,印度中央邦首府博帕尔市农药厂储存有45 t甲基异氰酸酯的3号储罐温度迅速升高,保养工试图扳动手动减压阀(自动阀门已坏)未成功,急忙报告工长,4名工人头戴防毒面具进行处理,但毫无结果。温度在上升,这意味着罐内介质开始汽化。在工厂上班的120名工人惊恐万分,抛下工作,各奔家中,只有1名工人仍在3号储罐前孤军奋战。工人拉响警报,但太晚了。惊天动地的一声巨响,3号储罐的减压阀断裂,一股乳白色的烟雾直冲天空。1小时后,博帕尔市政当局从巴哈喇特重型电器有限公司派来技术人员,他们成功地封闭了3号储罐,但罐内甲基异氰酸酯已泄漏25 t,酿成了人类历史上最惨重的工业事故。事故致使3859人死亡,5万人双目失明,10万人终身残疾,20万人中毒。人们称之为人类历史上的灾难。

　　印度博帕尔农药泄漏事故是现代史上一个十分惨痛的事件,而造成这个事件的主要原因是工程师的违章操作(至少有10处违反操作规程)、机械设备的设计缺陷和机械设备缺乏维修,究其真正原因,还是工程师对产品的生产过程和质量不够关心造成的。

　　在工程实践中,工程师的一项主要工作就是设计和监督制造产品,而且我们知道,设计是工程的核心。但是,设计是一种目标明确、有时间和资源限制的活动,所以追求尽善尽美的设计是不现实的。在现实的设计活动中,所使用的主要方法是模型法。但是,只以基于模型法的技术指标来表征这一项工程,也会造成工程的不确定性。而且,即使技术工艺与当初的预期一致,其附带的作用也是难以预见的,可能严重抵消技术在处理问题时所发挥的效能。

　　工程项目尤其是复杂的大型的工程项目可能有长期的或许不可逆的后果,这就要求有关的工程师承担教育普通用户和一般公众的责任,以使他们了解与工程有关的事项及可能存在的其他选择方案,因为他们比其他人更了解情况。米切姆在分析工程师的社会责任时指出,单单是工程师"把公众的安全、健康和福祉放在首位"还不够,因为它忽视了公众参与决策方面的内容。

　　这次事故给我们的惨痛教训是,在把技术从一个国家转移到各方面完全不同的另一个国家时,需对社会因素给予更多的关注。事故发生前,联合碳化物公司已经将安全检查的法律责任转移给了博帕尔市农药厂,只留下一半管理和技术控制人员,但是我们要问:保证工人安全的法律责任转移了,难道道德责任也不存在了?在外国的工程师,他们的道德责任究竟是什么?

　　这次事故警示着世界各地从事工程设计和研制的技术类人员,在技术转移的过程中,应该充分考虑"适用技术"这个概念,其中包括法律道德和各种社会因素,也就是说,在技术转移过程中,技术是否适用,不能单纯地以这项技术是否先进为标准,就如在这次事故中,在美国人看来先进而严格的工艺趋于完美,却在印度引发了如此惨痛的事故,所以在技术转移中,还要充分考虑该技术是否与特定的社会环境相匹配。

此外，适用技术还意味着技术应该为东道国的可持续发展做贡献，而不是破坏其环境，耗尽其自然能源，危害其可持续发展。在这方面，适用技术可以为珍惜和保护珍贵的自然资源、防止环境恶化超出其承载能力等提供支持。

思考：根据以上材料，从工程社会性的角度，你认为工程师在管理具体工程项目时需要考虑哪些问题？

参考文献

[1] 李伯聪.努力向工程哲学领域开拓[J].自然辩证法研究,2002,18(7):36-39.

[2] 王宏波,张厚奎.社会工程学及其哲学问题[J].自然辩证法研究,2003(6):48-50+74.

[3] 赵文龙.工程与社会：一种工程社会学的初步分析——以中国西部地区生态移民工程为例[J].西安交通大学学报：社会科学版,2007,27(6):65-69+88.

[4] [美]卡尔·米切姆.通过技术思考：工程与哲学之间的道路[M].陈凡,朱春艳,译.沈阳：辽宁人民出版社,2008.

[5] 辛宏妍.面向数字建造的工程设计组织模式研究[D].武汉:华中科技大学,2017.

[6] 马强.浅论科学与技术的关系[J].山西师范大学学报：自然科学版,2011,25(S1):105-106.

[7] 李伯聪.工程哲学引论[M].郑州：大象出版社,2002.

[8] 郭静.以哲学的视角区分技术与工程[J].成功（教育）,2011(10):281-282.

[9] 陈清泉.工程是社会经济发展的发动机[J].中国高校科技与产业化,2008(11):47-48.

[10] 袁晓静,王汉功.工程问题的社会性研究[J].科技进步与对策,2003,20(8):34-36.

[11] 曾赛星.重大工程管理[J].科学观察,2018,13(6):45-47.

[12] 丁烈云.工程管理：关注工程的社会维度[J].建筑经济,2009,5:8-10.

[13] 安维复.工程决策：一个值得关注的哲学问题[J].自然辩证法研究,2007,23(8):51-55.

[14] 蔡乾和.哲学视野下的工程演化研究[D].沈阳:东北大学,2010.

[15] 杨建科,王宏波.论自然工程与社会工程的关系[J].自然辩证法研究,2008,24(1):57-61.

[16] 郑中玉,王雅林.从社会工程学转向系统的工程社会学——兼论基于"系统主义"的工程社会学知识分工[J].哈尔滨工业大学学报：社会科学版,2011(5):32-41.

[17] 毛如麟,贾广社.建设工程社会学导论[M].上海：同济大学出版社,2011.

[18] Becker L C. Encyclopedia of Ethics: Vol. I [M]. New York: Garland Publishing Inc. ,1992:329.

[19] 黄明非.资产评估机构组织伦理气氛类型研究[D].杭州：浙江财经大学,2014.

[20] 宋希仁.论道德的"应当"[J].江苏社会科学,2000(4):25-31.

[21] 朱高峰.对工程伦理的几点思考[J].高等工程教育研究,2015(4):1-4.

[22] 丛杭青.工程伦理学的现状和展望[J].华中科技大学学报:社会科学版,2006(4):76-81.

[23] Davis M. Thinking Like an Engineer[M]. New York:Oxford University Press,1998.

[24] 潘磊,丛杭青.工程伦理的概念与案例[J].工程研究-跨学科视野中的工程,2005,2(1):253-258.

[25] [德] 康德.道德形而上学奠基[M].杨云飞,译.北京:人民出版社,2013.

[26] 徐勇志,陈嘉玉.权利与权力关系的辩证思考[J].钦州学院学报,2014,29(7):1-5.

[27] 吴旭龙.从契约论到功利主义再到改良功利主义的转变——论英国政治改革的法理正当性[J].法制与社会,2017(8):131-132.

[28] [美]约翰·罗尔斯.正义论[M].何怀宏,何包钢,廖申白,译.北京:中国社会科学出版社,1988.

[29] 李凯歌.对罗尔斯《正义论》的解读[J].学理论,2013(20):24-25.

[30] 张海.亚里士多德的德性观[J].沙洋师范高等专科学校学报,2005(6):8-10.

[31] 唐凯麟.西方伦理学名著提要[M].南昌:江西人民出版社,2000:58.

[32] Martin M W,Schinzinger R. Ethics in Engineering[M]. 4th ed. New York:The McGraw-Hill Companies Inc.,2005.

[33] 李伯聪.关于工程伦理学的对象和范围的几个问题——三谈关于工程伦理学的若干问题[J].伦理学研究,2006(6):24-30.

[34] 朱海林.技术伦理、利益伦理与责任伦理——工程伦理的三个基本维度[J].科学技术哲学研究,2010,27(6):61-64.

[35] 张桢远.工程项目管理中若干工程伦理问题探讨[J].山西科技,2018,33(5):112-115+118.

[36] 喻国明,陈艳明,普文越.智能算法与公共性:问题的误读与解题的关键[J].中国编辑,2020(5):10-17.

[37] 何菁,董群.工程伦理规范的传统理论框架及其脆弱性[J].自然辩证法研究,2012,28(6):56-60.

[38] 周岱,包艳,韩兆龙.工程可持续发展理论和应用[M].上海:上海交通大学出版社,2016.

[39] 杨帆.旧城住区更新工程的公众参与研究[D].武汉:华中科技大学,2008.

[40] 王卫.可持续发展导论[M].西安:西安地图出版社,2001.

[41] 董婧,马宏亮,王国维.工程项目可持续建设内涵研究[J].企业技术开发,2014,33(26):103-104.

[42] Ismael D, Shealy T. Sustainable Construction Risk Perceptions in the Kuwaiti Construction Industry[J]. Sustainablility,2018,10(6):1854.

[43] 施骞.工程项目可持续建设和管理[M].上海:同济大学出版社,2007.

[44] 帅小根,李惠强,柯华虎.工程建设及资源消耗对环境影响的定量评价[J].华中科技大学学报:城市科学版,2009,26(2):34-38.

[45] 程祖波.市政建设施工中环境保护的方法分析[J].工程技术研究,2020,5(2):25-26.

[46] 朱振涛.工程文化的系统复杂性及其演化机理研究[D].南京:南京大学,2012.

[47] 杜澄.工程研究——跨学科视野中的工程(3卷)[M].北京:北京理工大学出版社,2008.

[48] 李保红.浅析社会评价在工程建设中的作用[J].前进,2006(9):53.

Chapter 2

第 2 章 工程价值与工程文化

> **学习目标**
>
> 通过本章的学习,掌握工程的多元价值,学会做出工程价值选择;理解工具理性、价值理性的含义,以及二者的辩证统一;了解工程文化的含义;理解工程造物、工程互动与工程精神三层次的工程文化系统结构。

2.1 工程价值

2.1.1 工程的多元价值

工程活动就是从人类生存的现实出发,自觉依循主体尺度和客体尺度,变革现存世界,创造价值,并通过价值评价进而实现价值的过程。因此,对工程价值进行探究,可以更好地指导工程实践。工程价值是指工程活动中所产生的、满足人类某种预期的一种成果。同时,人们又总是根据工程价值来指导工程实践,评估工程目标。可以说,工程活动与工程价值是互相催生、共同进步的。

1. 社会价值

社会性是工程的重要方面,工程的社会价值也是工程多元价值的重要方面。随着城镇化的进程,工程逐渐成为社会的中坚,在推动社会发展的同时,改变社会的结构。工程建造将经济、社会、科学、技术、环境整合起来,此过程在创建一个人造物的同时,也创建起一种社会意识和相应的社会结构。当工程项目结束时,建造活动不仅塑造了一个物质性的工程,也塑造了一个新的社会结构和社会过程。

在工程的社会价值上,一方面,工程提供大量的就业岗位。根据我国的发展战略和社会区域平衡的要求,我国进行了大量的工程建设。以我国城市化进程中房地产建设为例,房地产建设需要将近 5000 万建筑产业工人,房地产业在创造价值的同时带动了广泛的就业。另一方面,工程作为一种技术的集成,将科学技术具体实施,强有力地推动社会各行各业的发展进步。譬如,我国高铁的建设,首先,高铁建设是车辆设计、通信、道路等技术的集成,不仅大大降低了交通运输的社会成本,还缩短了旅客旅行时间,改变了人们的出行方式;其次,高铁建设在区域经济发展中发挥了促进和平衡的重要作用,促进经济发展和土地开发,使中国经济血液流动的同时,还对中国的地缘政治关系有深刻影响,优化人文环境;最后,高铁还将有助于消除贸易瓶颈,提高货物运输速度,节约能源并减少环境污染。

2. 文化价值

工程文化就是人类在改变物质世界的实践活动中产生的一种文化,是工程价值的映射。文化由人产生的同时又影响着人的决策,例如,工程设计水平取决于工程设计师的理念和文化底蕴,工程设计师的理念和文化底蕴则源于他所拥有的工程文化修养。所以,工程文化直接影响着工程设计的结果。对于工程文化而言,工程是工程文化的承担者和孕育者,工程文化是工程价值的体现,影响着工程的发展。

一个"好的工程"代表了当时社会经济、技术、人文的最高水准,例如,中国古代的长城、迪拜的哈利法塔等,都是一个时代的智慧结晶。对于一项工程,单纯从土木施工的角度看,它不含任何文化气息,仅仅只是钢筋混凝土的简单组合。但是,如果从人文和社会角度看,例如:建设的目的是什么?建设的过程是什么?这项工程体现了什么样的认识社会的视角?视角是静态的还是动态的?可以反映怎样的时代审美和价值观?这项工程是否提升了我们的认识层次和水平?如此等等。对于上面的问题,单从建筑角度并不能回答,必须借助于丰富的人类文化,特别是文化精神才能完美地解释。工程正是因这些特定的文化精神而被赋予重要的人本主义精神价值。

工程本身就是一种特殊的文化活动,如长城和金字塔,都具有自身的文化内核。工程文化出了问题,工程就会出问题。

3. 生态价值

水能载舟,亦能覆舟。人类利用工程活动与自然发生物质交换的同时,对生态环境造成巨大的影响。一方面,传统工程(这里主要指传统意义上的变革和改造自然界的自然工程,不包括社会、文化等领域的工程)以自然界为作用对象,并从自然获得资源和能源来改变生态环境,满足人类生存和发展的需要。如苏联的"北水南调"工程除满足工农业用水之外,同时缓解了因里海水位下降过快而对环境的影响。我国的"南水北调"工程,不仅解决了北方缺乏饮用水的困难也大大地缓解了南涝北旱对生态环境的恶化影响。另一方面,在工程建设过程中,人类可能无限制开发利用自然资源,随意向自然环境排放废物,造成环境污染、生态系统功能退化等严重危机,威胁着人类的可持续发展。例如,一些重大水利工程就容易引发地震;在建设过程中由于管理的缺失,工程废料被胡乱排放,当地的自然环境严重被影响;对于一些水利改变地区,一些物种因生态环境的改变而灭绝。

随着生态环境意识的增强,人们逐渐意识到工程的优缺点,工程也开始向节能降耗、绿色环保的方向发展,项目的生态价值的本质也在发生变化。以防治环境污染、改善环境质量为主的环境工程专业应运而生。此外,我国开展了三北防护林体系建设等重大生态修复工程,以及一大批矿山地质环境治理、江河湖泊生态环境保护项目。

4. 经济价值

工程建设作为经济建设极其重要的组成部分,为国民经济的发展提供了必要的物质基础,使国民经济持续稳定发展。首先,工程建设投资提供社会经济发展的基本资本,为相关产业的发展奠定了经济基础,加快了各产业、各地区生产要素的流动;与此同时,工程通过建设活动促进相关产业结构的调整,例如,建筑业的发展带动交通运输业发展。其次,建筑业带动建筑材料行业发展,如砖、瓦、沙、石、灰、五金、化工材料等,由此形成了良性的产业链条,人们的收入增加,政府财政收入增加,财政投入幅度提高,进一步导致基础设施投入增加,人们的生活质量得到提升。

工程建设的规模水平与国家经济发展的水平是相互协调的。国家经济的飞速发展,为工程建设提供了大量的资金。同时工程中各项资金必然会作用在相关行业,对相关行业的需求产生明显拉动作用。

5. 技术价值

工程在一定程度上是科技的应用和实践,技术发展为工程发展提供动力,工程在实践中检验技术的有效性,使得技术更加稳定成熟;同时,工程实践还往往促进新技术的产生,工程问题成为技术产生和发展的根本动力,譬如,随着城市地铁的飞速发展,盾构技术被广泛应用,盾构的姿态调整技术也得到了关注和研究。

一个工程的建设包含多种技术,主要分为通用技术和专用技术两种。对通用技术而言,它的发展与工程本身无直接关系,只是应用于工程活动中,如大数据技术、GPS技术等。专用技术与通用技术相比,与工程密切相关,它起源于工程,又应用于工程。

专用技术与工程之间不是单向作用的,两者是相互促进的。一方面,技术支撑工程的实施,面对越来越复杂的工程,如三峡大坝、港珠澳大桥,没有相应的技术支持,工程是很难进行的。另一方面,工程促进技术的发展。工程对技术的促进主要有两个方面,即动力作用和桥梁作用。

(1) 工程的动力作用。

新型工程,特别是大型工程对技术的推广起着很大的作用。例如青藏铁路,在高原冻土上如何修建铁路是整个工程的核心问题。该问题的关键是冻土融化时路基会发生坍塌,如何保证路基的正常使用是攻关的重要方向。为此,我国工程人员和专家经过大量的实验和论证,解决了冻土路基保护的关键问题,为世界在冻土上修建铁路积累了宝贵经验,对促进我国工程技术的进步起到了重大的推动作用。值得一提的是,一些大型科学和军事工程,如月球基地建造工程和海洋钻探工程,这些工程的实施往往面临着不同的困难,这些困难也往往需要一些新的技术来解决,因而这些工程对推动技术进步具有重要的意义。

(2) 工程的桥梁作用。

一项复杂技术的成熟过程分为三个阶段,即技术研发阶段、中间试验阶段和继续改进阶段。第一阶段是在实验室根据科学理论进行技术试验;第二阶段是通过实践来检验技术,发现存在的缺陷,例如不稳定、不经济等问题;第三阶段是通过改进现有方法来进一步促进技术的发展。现代工程提倡产学研相结合,并以企业为主成立工程中心,进行中间试验。所谓的"工程中心"正是工程桥梁作用的体现。

2.1.2 工程价值的选择与协调

一项工程总是包含着多种价值,有科学价值、经济价值、社会价值、生态价值等,这是由工程的内在要求和工程参与主体的多元化决定的,但不同领域的工程活动,其主导价值一般不完全相同。譬如,经济领域的工程,是以生产和发展为目的的,主要追求经济价值;环保领域的工程,旨在改善生态环境,追求工程的生态价值;社会领域的工程,主要解决社会问题,如缓解城乡居民用水难的引水工程,追求的是社会价值。

工程价值的多样性决定了工程的属性和目的。也就是说,工程可以应用在不同的领域和方面,以发挥不同的功能。除了上述价值外,工程的内在价值也值得关注。一个工程的内在价值一般具有非道德性质,其本身并不直接是道德意义上的善或恶。工程内在价值的非道德性决定了工程的最终价值,即工程应用于什么目的、怎样应用,所以工程的实际价值主要取决于社会要求和社会环境。这是工程具有好坏双重效应的重要根源。

在现实生活中,工程活动往往存在着多重价值的冲突。这使得任何一个工程师在这种矛盾的情况下都很难做出选择,但是任何一个有工程责任的工程师都无法避免做出选择。在工程活动中,复杂的利益关系不是单一的价值原则可以处理的。这些社会利益关系也具有不确定性,有时其一致的一面是主要性质,有时其矛盾的一面是主要性质。过去,我们常常强调利益和价值观的一致性,而忽略了矛盾的一面。例如:(1)推动经济快速增长与文物保护、文化建设之间的矛盾;(2)工程技术创新、理论进步与科学技术成果运用之间的矛盾;(3)工程师的雇主忠诚与个人道德信仰之间的矛盾。

由此我们有必要分析工程活动中复杂的价值情况,对项目目标值进行审查和分析,从实际出发确定项目的实际目标值。在进行不同领域的工程活动时,需要在这些不同的价值之间进行权衡和协调优化。我们应该避免和防止以牺牲其他价值为代价的极端追求。例如,在经济和生态方面,任何经济系统都不能脱离生态系统,也就是说,经济系统需要依赖于生态系统而存在,离开生态系统的经济系统是不存在的。反过来,任何一个生态系统都存在着经济价值,当人类进入一个生态系统从事经济活动的时候,这个系统也就成了生态经济系统。忽视经济或生态任意一方,这项工程活动就不是一项成功的工程活动。此外,在一项工程中多种价值之间可能是对立冲突的,协调这些冲突是当代工程决策的关键。所谓"工程决策"就是决策方或主体方根据工程的预期目标和工程问题进行规划和设计,以及对将来工程活动的方向、程序、途径、措施等做出选择和决定。工程决策作为工程活动过程中最复杂、最重要的环节,其正确与否直接影响着整个工程活动及其结果的成败。工程决策使工程与社会紧密联系,是工程活动中社会维度要素作用最为密集的阶段。从这个意义上,工程决策首先是一个社会决策的过程。

从工程决策的过程和涉及的因素来看,工程决策是非线性的社会系统决策,工程决策还是工程活动中涉及的社会、技术和环境等要素之间的非逻辑整合,因而工程决策具有多目标、分层次和多主体性等特征。

工程的功能是满足社会需求、满足社会利益。然而,在一个利益分化的社会中,不同阶级甚至同一阶级的群体往往有着不同的利益,具体的工程活动会影响利益相关者的利益。而工程决策主要解决人与人之间的利益关系,主要包括政府方、建设方、监理方、业主和当地社区公众。工程社会决策是工程利益相关者之间的博弈、合作和权衡。然而,不同的社会制度和形式决定了参与决策的各个群体的话语权和利益分配。事实上,工程活动的整个过程也受到工程观和工程理念的支配,工程观和理念不仅在决策中存在,在对工程的实施和评价中也一样存在,而工程决策所定义下来的工程目标往往是后续工程评价的主要准则,是衡量工程成功与否的主要标准。

在工程决策过程中,最重要的就是处理价值问题。拉尔夫·L.基尼认为,"任何决策情况中,价值都是极为重要的。选择方案之所以事关重大,只是因为它们是实现价值的手段。因此你的思维首先是把重点放在价值上,然后才放在可以实现价值的选择方案上。自然在明确价值和制定选择方案之间应当常常有一种翻来覆去的过程,但原则却是'价值第一',这种思维称为以价值为中心的思维方式"。任何工程决策都有一定的价值指导,不同的价值影响着工程决策。工程决策要做到综合平衡,避免单一的价值决定论。人们往往很难从不同的工程方案中选择一个各方面都最优的方案,只能根据自己的需要和目标选择更满意的方案。

工程的价值具有多样性。人们批评工程的负面影响,实际上是批评工程的价值选择,问题出在工程的预期和工程决策上,出在人的问题上。工程应当能促进人的全面发展、社会进步,而不是满足少部分人的狭隘的短期的物质利益。社会应将工程价值利益最大化,合理利用好工程的宝贵资源,造福于大多数民众。

2.2 工程理性

为了获得知识,一个人除了感性和理解力外,还必须具备理性。理性作为一个哲学概念,是人类按照自己掌握的知识和规律进行活动的意志和能力。它起源于人类的认知思维和实践活动,是支配人类认知、思维和实践活动的主体。在马克斯·韦伯看来,理性是一个复杂的哲学范畴,他在《新教伦理与资本主义精神》一书中将理性分为工具理性和价值理性两种。价值理性强调目的和价值,注重实质合理性;工具理性则不管目的恰当与否,注重工具和手段意义的合理性。

2.2.1 工具理性

工具理性是指人类的行为仅仅是由追求功利主义的意识形态动机所驱动的,在理性的帮助下,行动才能达到预期的目的。行动者从利益最大化出发,忽视人的价值和精神追求。工具理性的内核是功利主义:每干一事都要去考虑效益,衡量是否有用,思考会产生何种影响。当这样的思维方式成为一些人面对问题的思考本能的时候,他们缺少的是一种思维活力,一种对待精神世界的敬畏心。

近代以来,工业革命和科学的发展促进人类社会极大的发展,也使工具理性急剧扩张。全球化的社会背景下,科学的飞跃和现代工业革命的巨大成就是对工具理性的有力证明。同时,工具理性已经成为现在许多人的基本价值取向,近代工程师的传统工程思想便是工具理性至上,认为工程实践中人只是工具意志的践履者。

但工具理性在技术方面的双重性和对人类有害的负面影响让人们开始权衡其利弊。一些工程技术的运用明显违背造福人类的初衷,只专注于技术优势而忽视所带来的麻烦,如:大规模工程建设没有考虑对历史文物的保护;工程设计中只强调经济因素而不注重生态环境保护;工程建造过程仅考虑社会因素而忽略生态问题等。因此,在技术飞速发展的时代,工程技术的应用需要自身的管理特色,才能避免技术应用带来的社会危害。

2.2.2 价值理性

价值理性也称实质理性,即"有意识地对一个特定的行为——伦理的、美学的、宗教的或作任何其他阐释的——无条件的固有价值的纯粹信仰，不管是否取得成就"。也就是说，人们以"绝对价值"来评价行为本身，而不管它们是为了道德、社会还是出于忠诚、责任等目的，是以一种内在坚守的价值来执行自己的行为。因此，价值理性是指行为本身所代表的价值，是从某些实质的价值理念的角度来看行为的合理性，而不是看重所选择行为的结果。

随着自然科学的发展，科学技术与生产是相互作用的。一方面，生产依赖于技术，而技术遵循科学规律。另一方面，科学发现离不开先进的技术工具和手段，同时，技术的进步离不开产业的培育作用，科技与产业的链条作用逐渐加强。在科学-技术-工业的连锁反应中，科学技术的力量被反复加强，影响遍及社会的各个角落。但这种理性越来越趋向于工具理性，缺乏应有的人文主义关怀，导致价值理性在追求人的力量的本质意义和价值时被边缘化。但工具理性本身没有善恶等伦理标准，其目的取决于人的主观意志活动，因而受到价值理性的制约。

价值理性追求行为本身的合理性，强调满足人的当下需要，并不忌讳也不避讳功利目的。价值理性并不反对满足需要，强调在满足需要的同时兼顾需要的合理性，促进人自由而全面的发展。工具理性强调技术，肯定"物"的存在，而价值理性是工具理性的补充，以人为中心，体现人文主义关怀。价值理性视野中的世界是一个人文的世界，是以人为中心的、主客体混一的世界。价值理性支撑、鼓舞、引领人通过实践去变革现存世界，从而让人得到更大程度的满足。

现代工程思想以工具理性至上，但随着生产力的变革，人类开始考虑工程活动所涉及的伦理价值。建设工程活动在过去有时会忽视一个人的价值需求，例如建设追求快速、高质量的施工进度而不考虑劳动者的工作环境，极大地增加了劳动强度，忽视劳动者的情感和精神价值，这显然违背了以人为本的工程的初衷，因此必须考虑工程的伦理价值。价值理性追求善，引导决策和行动，是人作为自由意识存在的象征。劳动者是工程实践的重要部分，控制着工程活动的实施。一旦劳动者在工程中的目标价值出现偏差，工程实践也必然是盲目的。因此，我们要倡导人本主义精神，在工程活动中充分关注劳动者的身心健康，追求高品质的工程的同时也要维护人的尊严。

2.2.3 工程理性在工程实践中的统一

长期以来，工程实践体现了浓厚的功利主义和强烈的工具理性，没有或很少考虑工程的人文性和社会性。工具理性的扩张忽视了人的主体性，将工程的目标纯利益化，导致工程的人文气息丧失，让工程的反人文性、反自然性和反社会性更加突出，恶化了人-自然-社会关系，铸成了生态危机。同时，由于缺乏对价值理性的认识，我们常常见到很多相似的建筑，由工程导致的生态恶化等问题也时有发生。因此，将工具理性同工程价值理性统一是时代的必然要求，也是未来工程师们面临的重要挑战。

从表面上看，工具理性和价值理性是一对矛盾的主体；在现实生活中，两者之间的关系确实很难权衡。但在本质上，工具理性与价值理性是辩证统一的。它们共同诞生于人类的理性实践活动中，相互渗透、相互交织。在技术发展的背景下，技术孕育了工具理性，每一次技术革命和技术创新都为价值理性提供了丰富的营养。但是，由于内外部因素的影响，工具理性与价值理性之间往往存在着一种对立而不渗透的关系。为了使项目目标价值的效益最大化，工程活动往往忽略价值理性。

价值理性和工具理性存在着以下逻辑关系。

1. 工具理性为价值理性提供现实支撑

没有工具理性,价值理性只能浮于空中。工具理性反映了主体对思维对象的规律的理解和控制,以目的为导向,促进社会发展和工程实施。在实践中,人们依靠工具理性进行实践活动,工具理性的存在和不断深化使价值理性从自发状态向自由状态发展成为可能,同时工具理性通过对自身生活环境的不断开拓,促使价值理性不断更新终极意义与目标,为价值理性的升华提供现实支撑。

2. 价值理性为工具理性提供精神动力

马克思主义哲学告诉我们事物是一直动态变化的,对事物本质的认知是一个永无止境的过程。在把握自身和客观规律时,人们必须有坚定的信念和顽强的意志去克服认知路上的重重困难,这主要来自价值理性为工具理性提供的精神支持。

3. 价值理性与工具理性统一于人类的社会实践

人作为实践活动的主体,为了达到一定目的而进行相应的实践活动。有了一定的目的,才会引发人们对相应工具的需求。在实践活动中,人们对某种认知对象和操作对象的选择,是具体的工具手段存在和实现的前提条件。价值理性解决主体"做什么"的问题,而"如何做"的问题只能由工具理性来解决。在工程实践中,价值理性和工具理性是相互支持、和谐统一的。仅仅强调工具理性就会导致社会的片面发展,仅仅强调价值理性也不能使项目更好地实现。两者应该结合起来,以平衡的方式实现工程目标。当代工程师既要具备工具理性,又要考虑价值理性,不仅要对知识有科学严谨的态度,还要具备人文情怀,从而提升工程决策的科学性,使工程实践与社会效益相结合。

2.3 工程文化与工程精神

建筑被称为"人类历史文化"的纪念碑,承载着一个民族的发展历史,记录着人类社会进步的足迹。工程文化不仅仅是建筑物本身外在所呈现的文化,更是在工程实践中所产生的物质和精神的总和。工程文化是工程的内在要素,而不是某种外在的附加。对于促进时代发展的大型工程,其中的精神、核心价值观和由它扩展出来的思维方式,对工程行业的发展以及工程建设综合能力的提高具有重要意义。因此研究大型工程的工程文化特征及其演化规律具有深刻的理论和实践价值。

2.3.1 文化的含义与构成

"文化"一词,最早出现在《周易》中,其中有云"观乎天文,以察时变;观乎人文,以化成天下"。以文教化则是"文化"一词的基本含义。汉代刘向在《说苑》中提到"凡武之兴,谓不服也;文化不改,然后加诛",文治教化则是文化的延伸含义。从词源学角度看:文,是文明,是人类通过实践活动创造的成果;化,是自然化育,是通过创造成果反过来自然教化、哺育人类文明和文明的创造者自身。所以,词源学上的文化就是文明化育,即人类用实践活动成果反哺自身。关于文化的含义,历来众说纷纭,但总体来说可以分为广义的文化和狭义的文化。

广义的文化指的是人们在长期创造中形成的产物,是一种社会现象,可以分为三大类,即意识文化、制度文化和物质文化。它包含一个国家或民族的历史地理、风土人情、行为方式、思考习惯、价值观念等。在上海辞书出版社出版的《辞海》(缩印本1989版)中,"文化"一词的广义解释是指:人类社会历史实践过程中所创造的物质财富和精神财富的总和。该解释被人们广泛认同。

狭义的文化则主要指意识文化,指社会的意识形态,以及与之相适应的制度和组织机构。意识文化随着社会物质生产的发展而发展,与当时的社会相匹配。作为意识形态的文化,是社会政治和经济的反映,又作用于社会政治和经济。

文化是人类全部文明教化(精神活动)及其产品的总称,属于人文或人本主义精神范畴;文化在本质上是一种认知方式、情感方式,是一种人生观和宇宙观(主要是价值观和信仰),也是一种生活行为方式。

2.3.2 工程文化的含义与系统构成

张波在《工程文化》一书的绪论中明确指出:"工程文化"是"工程"与"文化"的融合。一方面,"工程文化"是以工程为载体形成的领域文化,由"工程"和"文化"两个概念组成,这使得"工程文化"在概念内涵上与"工程"和"文化"相关。另一方面,"工程文化"又区别于"工程"和"文化",它由工程的特殊性和文化的普遍性组成,是工程内容与文化形式的有机结合。

工程文化是从文化方面结合工程这个具体对象而产生的,对工程文化的理解也有广义和狭义之分。

1. 广义的工程文化

广义的工程文化是指工程组织(共同体)在长期工程实践过程中逐步生成和发育起来的、体现自身特色的、为工程参与方全体成员所认同和共有的精神财富、活动方式,以及蕴含于工程实体中的理念、风格、传统、技术、艺术等器物文化的总和,具体包括环境文化、物质文化、行为文化、制度文化和精神文化。

2. 狭义的工程文化

狭义的工程文化是指工程组织逐步培育形成的以价值观为核心的、以物质文化为基础的、植根于整个组织成员灵魂深处的、独特而稳定的思想意识、价值观念、思维方式、道德规范和行为准则等的有机综合体。

广义的工程文化是从整体给工程文化下定义的,表明一种看问题的视角和思考问题的方式,具体表现为物质、制度、行为和精神等形态的成果;而狭义的工程文化主要指精神形态的成果,它的核心内容是价值观。本书探讨的工程文化是广义的工程文化。

工程文化是一个文化系统,是一个层级结构,有学者将文化划分为物质文化、社会文化(或制度行为文化)、精神文化三个层次,借鉴已有的研究成果,将工程文化同文化相对应。我们认为,工程文化系统结构亦可分为三个层次,即工程造物本身的文化、工程互动中的文化、工程精神文化,每个层次中又包含不同的文化要素,下面分述之。

2.3.3　工程造物本身的文化

物质性是工程的最主要特性。建筑本身就是一种时代的文化体现,作为一种服务于人的生产活动,其作用对象是客观存在的物质,其本身也是物质。工程包括技术设备、工程产品,还包括表达工程理念、风格、精神、艺术的各种人造物及其物质基础和生产资料,如工程形象和工程口碑、工程建造的劳动工具和物质材料等。

工程不仅需要满足人类的物质需求,也需要满足人类的精神需求。谈到工程,就不可避免地会涉及包含在其中的物质文化。工程物质文化不仅仅是工程本身,工程的各个环节也都是文化的表现,例如设计、决策、实施等都是文化的体现,工程也是一种特殊的文化活动。工程物质文化是表层文化,是通过工程的物质性表示的,是工程价值一种最直接的体现,能给工程参与者直接的熏陶和冲击。工程物质文化是工程文化系统的显性层面,没有特定的物质文化,其他文化也就无从谈起,工程文化的作用就无法发挥。

2.3.4　工程互动中的文化

工程的主体和客体都是人在起作用,工程既是"人为",又是"为人"。同样,工程文化也是因人而产生和形成的。一方面,工程互动中的文化由参与工程的个体所体现,本书称之为行为层工程文化;另一方面,个体行为本身受规章制度所约束,工程组织成员社会关系的规则形态、组织形态和管理形态也组成了工程文化,本书称之为制度层工程文化。

行为层工程文化又称工程行为文化,是工程参与者在工程建造过程中所形成的一种共同的行为习惯,是工程文化系统的主要承载者和中间层。行为层工程文化是在工程活动中得以形成和展示的。工程组织的行为文化虽然表面上看只是一种行为习惯,实际上却是工程参与者共同的理念、作风、核心价值观的折射。行为层工程文化是以人的行为为表征的文化,是工程精神文化和制度层文化的外在表现,又反作用于工程造物本身。

具体地,工程是群体性行为,主要由工程共同体完成。工程共同体由领导者、工人、工程师等不同角色的人组成。相应地,领导者、先进模范人物和员工(工程师和工人)的理念、作风和行为则共同构成行为层工程文化。首先,特别是以业主、总经理等为主的领导者,他们需要思考并回答工程的目标、愿景和核心价值观等深层问题,并从日常的管理和工作中将工程文化纳入公司发展。其次,工程中的先进模范的行为同样是行为层文化的重要体现,作为榜样,他们的行为很容易被模仿,他们的思想和行为准则往往成为工程核心价值的体现。最后,员工是工程组织的主体和最为活跃的群体,是工程文化的最终建设者,其行为可以在很大程度上反映工程组织和项目团队的整体精神风貌和文明程度。

制度层工程文化是工程组织成员社会关系的规则形态、管理形态和组织形态等的总和,是工程团队为了工程目标施加在员工身上的一种约束所形成的一种外显文化。制度层工程文化和行为层工程文化一样,都是工程文化系统的中间层,是联系其他层次文化的纽带。它塑造、规范和限制每个参与方团体和工程组织成员的行为特征,并且反映了工程组织及其成员的价值观和职业道德。制度层工程文化常体现为两方面:一是将工程文化物化为规范行为,为工程参与者提供具体行为准则;二是将工程文化升华为精神实质,为工程参与者提供精神支撑和精神约束。工程互动中的文化是各工程建设单位、国家和地方政府有关部门制定的一系列政策法规、组织形式、行为规范和工作标准,是工程建设活动合法化、规范化、标准化的具体体现,其关键要素是工程规则和管理系统。

2.3.5 工程精神文化

工程精神文化也称工程文化的精神层文化(精神层工程文化),它是工程各参与方认同并坚守的精神理念和道德规范,是工程组织成员表现出来的群体意识形态和精神状态。工程精神文化作为工程文化系统的核心,它影响和决定着工程文化系统,有什么样的精神层工程文化,就有什么样的其他结构层次文化。因而,工程精神文化从根本上影响着工程参与者的思想,侧面决定了工程的质量,它相对稳定,一旦形成就很难改变。工程精神文化主要从工程愿景和目标、工程哲学、工程价值观、工程精神、工程伦理等方面体现。

其中,工程哲学主要研究和分析在工程过程中出现的各种问题(如工程决策的哲学问题),指明了工程文化系统中各要素的发展方向。工程价值观是工程组织成员所信仰并支配他们精神的主要价值,是工程精神文化的核心内容,它通过全体员工共同的信念和价值观引导成员的行为取向和价值取向,塑造工程价值体系。工程伦理是由社会舆论、传统习惯、组织内部伦理和个人信念组成,是在建造过程中逐渐形成的伦理价值观,包括工程界的集体伦理道德及其成员(如工程师)的个人伦理道德,它反映了某些工程组织环境的客观要求和人们道德行为的组织目标,是对工程规则和管理体系的必要补充。工程精神是指工程参与者在工程实践过程中所形成的共同信念,是价值观、思维方式和行为的总和。工程精神是从日常工程活动中总结凝练然后升华得到的,是工程哲学和工程伦理的高度概括。王章豹曾将工程精神总结概括为务实精神、创新精神、理性精神、学习精神、奉献精神、协作精神、风险精神、伦理精神、人文精神和进取精神,共十种精神,他认为工程精神可展开为三个递进的层次,即认识论层次、社会关系层次和价值论层次,从各个方面对工程精神进行全面的认识。他认为工程精神是工程文化系统的灵魂,从根本上影响着工程从业者对工程的认识、情感、意志和行为。

由此可见,工程文化系统由工程造物本身的文化、工程互动中的文化、工程精神文化三个层次构成。这三个层次不是完全分离的,而是相互支持的,从内到外塑造了工程文化。工程精神文化是工程文化体系的核心和灵魂,它相对稳定且具有影响力,主导着整个工程文化系统的性质和发展方向。工程互动中的文化包括行为层面的工程文化和制度层面的工程文化,它是工程文化体系的中间层和外在表现,是工程文化在精神层面的保障和工程主体的行为规范,对工程造物本身的文化产生影响。工程造物本身的文化是工程文化系统的载体,是其他文化在不同层次上的物化形式和物质表现,是工程精神本质的直接体现。

工程文化本身也是一种工程,是物质工程中的精神工程。工程文化同一个国家的整体状况和社会环境有关,工程文化建设就是一个社会和文化的构建问题。中国已经成为建筑工程大国,但是,一方面我们不能被称为技术强国,因为中国自主开发的工程设备和技术专利在世界上还不够多;另一方面,我们也不能被称为工程强国,因为技术不够先进,工程事故频频发生,工程质量令人担忧。然而,通过分析发现一切重大工程事故的发生,在表面上看是技术上的问题,其实更深层的则是文化上的问题,从根源上可以说是缺乏一种健康的工程文化。

目前,我国工程体量大但质量整体偏低,工程的技术应用不强,更多是靠人力的堆积,缺乏顶尖的技术和管理人才。造成这些问题的原因当然是多方面的,缺乏工程精神是一个重要原因。工程精神是全社会的宝贵财富,是工程质量的保障,但良好的工程精神不是凭空产生的,而是在工程实践中和社会熏陶下形成的。倡导工程精神,才能激发出工程创新的潜力,增强国际竞争力,促进我国工程建设又好又快地发展。

案例分析

世界第一高桥——北盘江第一桥

2016年12月,中国建设的世界第一高桥——北盘江第一桥正式通车。北盘江第一桥,原称尼珠河大桥,桥面至江面距离565.4米,是世界第一高桥,因其高度而闻名中外。北盘江第一桥地处高原边界深山地区,跨越河谷深切600米的北盘江U形大峡谷,地势十分险峻,地质条件非常复杂。当地地质灾害频发,风、雾、雨、凝冻等恶劣的自然气候环境,给大型桥梁的抗风、冻雨条件下的结构安全和运营带来严峻考验。在建设中,施工单位按照"多彩贵州·最美高速"发展理念,在大桥设计、施工、运营全过程始终坚持最低程度破坏、最大限度保护,实现低成本、低污染、低耗能的建设目标。通过开展桥梁集中排水、主桥边跨顶推施工和应用500兆帕高强钢筋,最大限度减小桥面污水对土壤及水系的影响,极大减少对土地资源的占用,同时简化钢筋现场绑扎,方便施工,达到节能、降耗、减排和可持续发展的目的。

北盘江第一桥是杭瑞高速公路的控制性工程,大桥的建成结束了宣威与水城不通高速的历史,两地行车时间从4个多小时缩短至1小时之内,对构建快进快出高速公路网络具有重大推动作用;该桥有效改善云、贵、川、渝等地与外界的交通状况,提高区域路网服务水平,充分发挥高速公路辐射带动效应,促进地方社会经济发展,为中国"一带一路"建设添上了浓墨重彩的一笔。

国外媒体的"夸张"之词甚至超过国内媒体:美国CNN的标题是"世界最高桥,你敢在上面开车吗",《华盛顿邮报》刊登的图集称"这座'破纪录的中国桥梁'令人叹为观止";英国BBC报道"中国建造的世界第一高桥,有两个伦敦碎片大厦那么高",《每日邮报》的新闻标题是"'高'速公路!世界最高桥横跨1850英尺深的峡谷";日本NHK则报道,"中国建成200层楼高的大桥"。从人际传播来看,重大工程也赢得了广泛的"口碑"。中国工程本身也走出国门,成为塑造中国国家形象的有力载体。

思考:中国建设的大批重点工程,既传承强化了独特的精神和文化,也体现了国家建设现代产业体系的探索和总结。除了以上介绍的工程,你还能想到哪些令你印象深刻的重大工程?它们又对社会经济和中国形象产生了哪些影响?

参考文献

[1] 张秀华.工程价值及其评价[J].哲学动态,2006(12):42-47.
[2] 杨建科,王宏波.社会工程与工程的社会决策[J].科学学研究,2009,27(5):692-698.

[3] 殷瑞钰,汪应洛,李伯聪.工程哲学[M].北京:高等教育出版社,2013.
[4] 肖峰.从魁北克大桥垮塌的文化成因看工程文化的价值[J].自然辩证法通讯,2006(5):12-17+110.
[5] 田丰.水利工程建设与保护生态环境可持续发展[J].辽宁工业大学学报:自然科学版,2009(2):104-107.
[6] 沈珠江.论科学、技术与工程之间的关系[J].科学技术哲学研究,2006,23(3):21-25.
[7] 陈万求.工程技术伦理研究[M].北京:社会科学文献出版社,2012.
[8] 李正风,丛杭青,王前.工程伦理[M].北京:清华大学出版社,2016.
[9] 李双.建设工程对生态环境的影响[J].科技致富向导,2011(14):181.
[10] 杨建科,王宏波,屈旻.从工程社会学的视角看工程决策的双重逻辑[J].自然辩证法研究,2009(1):78-82.
[11] 刘艳.中国现代性问题的反思与社会主义核心价值体系的建构[J].延边党校学报,2010,25(3):24-26.
[12] 胡成广.论工程文化的本质[J].黑龙江高教研究,2012,30(4):29-34.
[13] 张波.工程文化[M].北京:机械工业出版社,2010.
[14] 王章豹,李才华.工程文化系统的结构和功能分析[J].工程研究-跨学科视野中的工程,2016,8(1):73-83.
[15] 王章豹.工程哲学与工程教育[M].上海:上海科技教育出版社,2018.
[16] 徐长山,梁权,赵艳斌.工程精神论纲[J].自然辩证法研究,2010(9):37-41.
[17] 王章豹.论工程精神[J].自然辩证法研究,2011(9):63-70.
[18] 洪巍,洪峰.从"过程主义"的工程本质观看工程文化[J].重庆理工大学学报:社会科学版,2007,21(11):87-90.
[19] 王章豹.大工程时代的卓越工程师培养[M].上海:上海科技教育出版社,2017.
[20] 杨继成.关于工程精神的思考——石家庄铁道大学徐长山教授访谈[J].石家庄铁道大学学报:社会科学版,2010,4(3):84-88+101.

Chapter 3

第 3 章　工程社会结构与社会互动

学习目标

通过本章的学习,了解社会结构和社会角色的概念、工程共同体的含义与责任;理解工程社会角色的组成、中国工人队伍建设的现状、工程社会互动的含义与形式;掌握工程社会网络的结构、科层制的结构特点及工程社会冲突的协调途径。

3.1 社会结构与分层

3.1.1 社会结构及其要素

1. 社会结构的界定

社会结构即某个群体或社会中的各个要素以某种方式相互联系而形成的体系,社会学家们把社会结构看作是社会地位和社会角色的相互关系。随着社会的不断演化,产生了群体、组织、社会角色、社区等概念,这些概念作为一个整体属于社会的局部,而不属于个体,在社会学中,这些自发产生的概念合起来就是社会结构。

2. 社会结构的构成要素

社会结构的要素是指人们为满足某种特定的需要而从事的特定活动及形成的相应关系,如经济活动及经济关系对全部社会生活来说只是一个要素,所谓"社会结构"就是由若干个这样的要素相互联系构成的。社会结构有四个构成要素:

(1) 经济要素:经济要素即通过社会资源的配置交换获得物质利益的要素。人们在社会结构中进行经济活动,满足基本的物质需求和生存需要。经济要素是所有社会结构中最具流动性的要素,它表明该社会结构中人们的经济关系。

(2) 政治要素:政治要素包括社会活动的目标和达成目标的手段,通过法律制度和政治制度等权力动员各种社会资源,保证社会的一致行动。政治要素是所有社会结构中最关键的要素,表明了该结构中人们的政治关系。

(3) 社会要素：社会要素表现为习俗与惯例，是人们在社会活动过程中产生的互动行为模式，它将社会结构中不同主体的行为进行整合，表现形式为社会中的义务和权力机构。社会要素是所有社会结构中最具标志性的要素。

(4) 文化要素：文化要素以道德价值为表现形式，是人们进行社会活动的价值观指引。文化要素维护着社会结构中的各种关系模式，是所有社会结构中最本质的要素。

工程社会中也对应有经济要素、政治要素、社会要素和文化要素。经济要素即指工程社会中资源配置和工程角色之间的经济关系；政治要素即指在工程社会网络中发挥宏观把控作用的政府角色及法律制度，如监管机构、法律法规等；社会要素即指与工程建设相关的社会组织，如工会、环保组织等；文化要素即指工程社会中的企业文化、工人社会关系、项目管理方式等。

3.1.2 社会分层

1. 社会分层的内涵

在社会结构中，社会成员依据一定的社会属性被区分为不同层级，这种层级形成现象即为社会分层。财富、声望、权力、职业的分工以及它们的社会价值和等级构成了社会分层的基础，因此社会分层也是社会分化的一种主要形式。

2. 社会分层的标准

根据各个理论的不同，社会分层标准略有差异。按照马克思主义阶级理论，阶级的划分标准为社会组织在社会结构中的不同社会地位，而阶层的划分还考虑政治因素和文化因素。按照韦伯的三位一体分层理论，分层标准分为经济原则、声誉原则和权力原则。经济原则根据个人在社会经济资源中占据的分量来决定个人在社会结构中所处的层级；声誉原则依据个人得到社会公认的名望来确定个人在社会结构中的位置；权力原则以个人行使政治权利的能力大小决定个人在社会结构中所处的层级。

总体而言，社会分层的主要标准有两类：一是以外显地位为划分标准，如职业；二是以潜在地位为划分标准，如收入、受教育程度。分层标准表现为对人们心理和社会具有较大或持续影响的因素，常用的社会分层标准有收入、职业、受教育程度和权力。在工程中，传统金字塔模式将工程社会分为三层，按照权力大小从上至下依次为最高指挥中心及其参谋部、中间管理层（包括各种职能部门）、基层（包括生产工段和小组）等。

3.1.3 社会角色与地位

1. 社会角色定义

早期对社会角色的研究以芝加哥学派乔治·米德为代表，他认为人们在可以预见的交往互动中形成了社会角色关系，这种关系说明了个人与个人、个人与社会的关系。综合诸多学者对角色概念的讨论成果，社会角色(social role)的概念可以定义为：个人在社会群体中所表现出的外在或潜在身份，个人所处的社会位置与社会发生联系，从而发挥出个人角色符合社会期望的作用。

2. 社会地位与地位等级

地位(status)指的是在某一群体或社会中某一确定的社会位置。一个人在生命历程中通过个人努力而获得的社会地位被称为自致地位(achieved status)。现代社会中的绝大多数职业都是自致地位,个人的受教育水平(大学毕业还是高中肄业等)、所属宗教教派、家庭内的地位(包括为人父母和配偶)都是自致性的。某人所拥有的被指定的并且通常不能被改变的社会地位被定义为先赋地位(ascribed status),包括种族、民族、年龄、性别和某些家庭内的地位,例如作为长子或者作为孙女的家庭地位。

从一般意义上讲,社会学所说的社会地位指社会或群体中的个体所处的位置。而在与社会分层联系的过程中,"社会地位"一词则有更具体的含义:在一个社会等级体系或分层系统中的等级位置。在社会学中,通常用社会地位来代指社会经济地位(social economic status,SES),SES是一种度量社会地位的方式,通常考虑到的因素有个人受教育程度、收入水平及职业声望等。

在现代社会中,对于大多数成年人而言,职业通常是人们的首要身份,个人的社会地位往往与职业相关,声望与收入水平都受到职业的影响。绝大多数的社会地位都可以在责任、收入、权力与声望等方面与其他地位相比较而被划入不同的等级。例如,一些职业相对于其他职业能给人带来更高的声望。表3-1列出了美国社会与工程相关的职业地位的相对声望等级。

表 3-1 声望等级分布(百分制)

职业	声望	职业	声望
建筑师	71	焊工	40
民用工程师	68	泥瓦匠	36
地质勘查员	67	技工	35
电工	49	推土机手	33
机工	48	卡车驾驶员	32
工头	45	码头工人	24
房地产代理人	44	电梯工	21
管道工	41	木工	40

3.2 工程社会结构

建设工程社会的核心角色即参与主体,是工程建设利益相关者,他们从各自角色的利益诉求出发,围绕着工程资源的流动和组织规则的运作产生了各式各样的外部互动,这些互动行为使得原来的工程资源重新配置,工程组织不断更新运作规则。同时,工程资源和组织规则也是工程参与主体实现自身利益诉求的保证,因此产生了工程社会结构内部的互动,与工程外部互动共同构成了工程社会的结构,如图3-1所示。

工程社会结构这一议题侧重于静态的研究,注重结构的二重性,即角色参与结构,并在外部互动和内部互动中改变结构特征或重塑生产结构。工程社会结构即可解释为工程社会中的利益相关者在工程相关规则下利用工程资源进行互动,并通过这些互动重新配置资源所重塑的工程

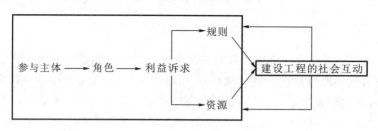

图 3-1 工程社会结构

生产结构。分析工程社会结构有助于我们更好地在当前工程社会中,认识社会结构对工程活动中的各种行为的约束,更好地实施对结构的控制。

一方面,工程是参与各方在现有社会结构(社会机制)安排和约束下建构的产物。工程参与各方间的合作、博弈、协商、竞争的具体形式、程序和结果都依赖于这种社会结构安排。另一方面,在既有的工程社会结构下,参与各方围绕工程活动展开互动,逐渐形成并不断演化出包括参与各方及其社会资源相互联系的方式,参与各方的地位、角色,以及彼此间的关系等,从而决定和改变一个工程社会的基本结构。

3.2.1 行动者网络理论与利益相关者

1. 行动者网络理论

行动者网络理论(actor-network theory)是由以法国社会学家卡龙和拉图尔为代表的巴黎学派提出的。这里的"行动者"可以指人,也可以指非人的存在和力量。行动者网络中的行动者之间联系是随机的,每一个行动者就是一个节点,节点之间相互连接形成一个组织网络。行动者网络没有中心,每个节点都可以是一个中心,与其他的行动者串联,因此每个行动者(节点)都处于相等的地位,他们的关系是相互影响、彼此依存的共生关系。此外,如果是物质性的行动者,也可以借助"代言人"的资格来获得中心的地位和权利,从而能够在人类行动者和物质行动者之间织造一个协调互动的行动者网络。

工程活动过程中,不同职能和岗位的复杂成员关系构成了关系网络。从网络分析的观点看,个体(如工人、工程师等)和群体或组织都是行动者,他们之间存在各种联系,而这些联系往往在工程活动过程中交叉重合并不断变化,不同个体和群体之间的联系又有着强弱程度的差别,从而动态构成了一个多层次的复杂工程社会网络。

2. 利益相关者

图 3-2 米希尔对利益相关者的界定

利益相关者的最早定义来源于斯坦福研究所,定义为一个无组织支持则无法生存的团体。20 世纪 90 年代初期,费雷曼将利益相关者分为广义和狭义两种,广义的利益相关者指在企业目标实现过程中受到影响的个人或团体,狭义的利益相关者则指企业生存所必须依赖的个人或团体。以费雷曼的研究为开端,逐渐形成了利益相关者的诸多理论,其中,米希尔(Mitchell R. K.)对利益相关者的界定方法被广泛应用,该方法主要按照利益相关者的权力性、紧迫性和合法性对利益相关者进行区分,如图 3-2 所示。

目前,界定利益相关者应用比较多的是米希尔于 1997 年提出的分类方法,如图 3-3 所示。

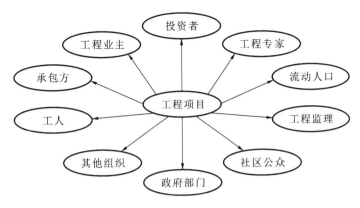

图 3-3　工程利益相关者

利益相关者理论指出,任何一个组织或团体都需要利益相关者的参与,工程活动作为工程建设组织的主要行为模式、社会活动的特殊形式,不可避免地需要许多人担任工程活动中的利益相关者。

除投资者、工程师、管理者和工人之外,工程活动还有许多其他利益相关者。在工程社会网络中,行动者之间存在不同的联系,并有共同的目标、期望等,这些明暗交错的目的网络和错综复杂的价值利益网络构成了一个内外部关系复杂的利益共同体和价值共同体。

3.2.2　工程社会组织系统

大型复杂工程建设参与主体众多,包括工程业主、承包商、供应商、工程监理、科研机构、政府机构等,参与主体具有自主性和多元性,是一类典型的社会协作系统。有效的组织协调对工程建设至关重要。从工程社会角度出发,工程组织系统中主要有以下行动者(工程社会角色)。

1. 公众

通过社会舆论、听证会等公众参与形式,社会公众可以对建设工程进行客观公正的评价并维护自身及组织的合法权益。许多项目经验证明,社会公众参与工程项目策划、实施与运营对于项目建设有着正向的影响。

公众群体既是工程共同体的服务对象,也是工程项目的参与者,只不过后者往往被人们所忽略甚至被认为是天方夜谭。美国土木工程师协会伦理规范的首条准则是,工程师应该把公众安全和健康放在首要位置,在履行职责的同时,坚持遵守可持续发展的原则。这一准则告诉我们,工程以为公众创造价值为目的,公众的安全和生活与工程息息相关,可见任何工程都不能做到完全隔离公众的视线。公众作为纳税方,有权对工程的过程和结果进行审查、监督甚至参与工程的决策。在建设工程项目中,公众参与的缺失可能带来不必要的怀疑和误会,例如,公众对于各类工程事故的发生也抱有天然的不理解和愤恨,这对于建设参与各方和公众而言都不是好事。然而,即使公众对于这一现象心知肚明,许多工程依旧保持"神秘感",部分原因来自公众民主意识的不足,也与工程技术的专业化性质相关,但公众对于工程项目而言是不可缺失的参与者,有效的社会公众参与机制是去除隔阂的手段。

2. 政府

政府依法对建设行业和建设工程项目履行行政管理职能,督促工程建设符合法律、社会公共利益和城市规划等的要求,并在宏观上把控项目建设,承担了建设工程活动的指引者和监督者的角色。而在一些政府投资项目中,政府既是工程项目的甲方,又是工程项目的乙方。

政府首先是公众利益的保障者,相对的是工程建设的支持者。全心全意为人民服务,一切从人民利益出发是我国政府开展工作的基本出发点,是党的根本宗旨。政府应当深入体察民情、反映民意,完善民众反映制度和重大决策的章程,建立健全与公众利益相关的工程项目社会公示制度和听证制度,以保障公众对于工程项目的知情权,防止决策的随意制定和权力的滥用。同时政府对于工程在各个环节、各个方面的工作开展应给予有力而全面的支持,"十三五"规划实施以来,政府与建设相关单位联系更加密切,政府与工程更是息息相关,无论是工程师、农民工还是管理者,他们的诉求应该被政府接纳,从而创造良好的社会环境、法治环境和投资环境。

3. 环保组织

联合国关于非政府组织(NGO)的定义是:"在地方、国家或国际级别上组织起来的非营利性的、自愿公民组织。"NGO在不同领域中有着各自的目标和活动范围,因而NGO也分为不同的类型,分别有社会服务、发展、慈善、文化、卫生保健、教育与研究、环境、公民与倡导、国际、商业、宗教、其他等12类。环保NGO属于环境类,这类组织在全球环境保护方面发挥着非常重要的作用。

在经济高速发展、工业化城市越来越多的背景下,世界各国都面临着不同程度的环境问题,许多西方国家在早期就开展了群众性环保运动,公众的环保意识在这个时期得到了极大的提高,也诞生了许多以环境保护为宗旨的社会团体和组织,这就是早期的环保NGO。它们围绕着生态环境的保护和维护人类的环境利益开展活动,在解决环境问题的过程中,发挥着独特的重要作用。伴随工程而来的环境问题也越来越凸显,近年来,世界各国都在探索建筑业的可持续发展,环保NGO为建筑业在如何建设绿色工程方面提供了多方面的参考建议。

4. 大众传媒

传媒是传播各种信息的媒介,也是有力的宣传和监督手段之一。大众传媒,顾名思义就是通过公众社会进行信息传播,进而反映公众舆论和民情民意。广义上的大众传媒包括报纸、杂志、广播、影像、图书、互联网等,传统意义上的新闻媒体正逐渐向新媒体转型。在建设工程领域,越来越多的公司和机构通过媒体手段进行宣传和线上商业来往。

媒体对于工程的影响常常与公众结合在一起,媒体可以提高公众在工程中的参与度,反过来也可能带来不良的示范作用,例如,2007年厦门市政府引入对二甲苯(PX)化工项目,通过媒体报道后该项目遭到了公众的强烈反对,之后这个投资总额达108亿元的项目被迫迁建。工程的社会性意味着它不可能是独立存在的,工程活动常常会受到媒体不同程度的影响。一方面,工程活动的立项决策和顺利开展需要借助媒体宣传来让公众了解工程从而获得群众的支持;另一方面,通过媒体的报道和评论,公众可以参与工程活动的监督和评价,提高工程决策的科学性、透明性和有效性。大众传媒正在以自身的方式影响着工程各个方面的活动。

5. 专家学者

世俗意义上的专家学者一般指在学术上有一定造诣的人,也代指一些拥有职称或知名学术著作和成就的学者。在社会学中,学者有时亦称为专家,广义上是指具有一定学识水平,能在相关领域表达思想、提出见解、引领社会文化潮流的人;狭义上指追求学问的人,或专门从事某种学术研究并在所属领域做出杰出贡献的人。按照此类定义,工程社会组织系统中的专家学者则是指在工程建设相关领域进行学术研究并达成相应成就的人。

工程中的研究领域主要体现在工程技术研究和工程管理两个方面,各个专家学者所从事的研究领域也属于这两类。工程技术研究指运用现代科技理论进行新产品、新工艺、新材料和新设备的研究、开发、设计工作,专家们运用现代科技理论解决复杂的工程问题,使得工程产品具有竞争力从而提高工程经济收益率;从事工程管理的专家则注重研究工程建设过程中的组织管理,他们的专业领域更加宽广,往往涉及经济、管理、社会学和心理学等学术范畴,对于工程发展具有宏观把控能力。

3.2.3 工程社会网络

1. 社会网络

(1) 工程活动中的社会互动与社会关系研究。

工程参与各方围绕工程活动进行频繁的社会互动,由于工程参与各方处于不同的社会地位,他们之间的互动方式,以及互动的向度、频度、深度和广度等差异很大。如何构建起一个良性互动平台,成为工程社会学研究的重要内容之一。

工程经济学对工程中互动行为的研究,集中在经济行为上,将工程互动中的行动者视为经济人,经济人按照自己的效用最大化原则行事。相比之下,工程社会学对互动的研究,应该看作是社会人之间的互动,以弥补工程经济学研究中"社会化不足"的情况。

从新经济社会学的"嵌入性"视角看,工程中的互动行为具有社会关系嵌入性。同时,工程活动中的参与主体所在的网络又与其他社会网络共同构成了整个社会的网络结构。关系的嵌入性使得在工程活动中,参与各方不只依据合约关系展开互动,参与各方间还存在各类非正式关系的互动。参与各方基于工程活动的互动,形成各种关系。这些关系包括正式的和非正式的两种,譬如以合同为纽带的经济关系、以许可证制度为依据的行政和法律关系、以信誉和信任为基础的合作关系,等等。工程中的互动,在个体和组织层次上都呈现出关系网络特征。基于经济社会学研究参与主体间的各类关系,成为建设工程社会学研究的重要内容。

特别是当前大型复杂工程,投资大,影响面广,参与主体多元,参与主体在组织层次上呈现出复杂的关系网络特征,其网络节点具有分散性、动态性、自主性,节点间的交互具有社会性,本质上可以看成是一个社会网络。工程组织社会网络是由工程参与主体在资源供应、信息传递、知识技术转移、工程交付等活动过程中建立的各种关系的总和,这些关系既包括基于信任的非正式关系,也包括正式的合作关系。

新经济社会学派认为,经济行为是嵌入社会网络的。工程参与主体间存在各种关系,关系网络对工程参与主体的行为和彼此间的协调有重要影响。随着工程市场的全球化,工程外包、工程供应链等不断发展,工程参与各方提供各自的服务以满足工程需求,工程项目组织呈现出典型的网络化特征。社会网络因可以用来解释绩效的提升、信息的流动、竞争优势的建立、创新的实现、资源的获取、行为的背后驱动力量等,成为当前管理研究热点之一。对工程参与主体,需要考虑它们的关系网络特征。

(2) 工程内部的人际关系。

工程内部人际关系的演变过程是,在工程没有进行分包之前,工程内部关系大都在工程建设过程中自然形成,工程分包后变成了雇佣关系,人际关系更多地体现为一种契约关系,工程中的社会分层也更加明显。

工程中人际关系的形成是一个渐进的过程,工程中的人际关系开始于工程组织的形成,由于工程组织被认为是一种临时组织,因此,人际关系的研究不太受关注,然而研究表明,工程中的人际关系,对于项目的成功非常重要,直接影响项目的顺利开展。工程中的伙伴关系伴随着工程的契约关系而发展。

在工程中,工程师与民工的关系最为普遍,工程全面质量管理,既需要工程师的参与,也需要民工的参与。参与工程活动者具有同等的主动性和相应的权利,在工程建设中,民工不是被动地接受工程师的安排,而是主动参与。特别是在知识管理角度,知识分布在每个民工身上,每个民工都是一个支流源头,工程师应该听取工人的意见,因为工人的意见具有很高的参考价值。

(3) 社会网络分析(SNA)。

社会网络分析指通过分析组织或团体内部个体与个体间的关系,来提供分析和描述社会关系网络的方法,它能够用来调查组织间各种关系,包括信息搜索、知识分散、绩效改善、协调机制等,并提出或开发了许多指标,用来研究社会网络的特征、结构和动态性,被视为对传统的组织分析方法的有效替代。

从组织的社会学角度来看,项目组织可以看作是随着时间推移其互动模式逐渐稳定的社会群体,因此,社会网络分析适用于分析建筑项目中的组织行为,并且可以提供有关建筑项目组织的整体情况。社会网络分析在20世纪90年代被应用于建筑项目管理(CPM),实际上在20世纪50年代,建筑业被视为"自然界中的组织网络",建设项目是一个临时的联盟网络,由专业公司组成,用于执行项目,因此,SNA可以在内部检查这些项目组织的正式和非正式关系。目前,SNA方法在工程管理领域正处于探索阶段,这些阶段包括介绍社会网络分析的基本思想和理论背景以及研究案例,工程项目联盟,社会网络结构与承包商绩效关系,从社会网络分析视角分析Web技术与信息网络间的关系等。

现有的研究表明,SNA在以下领域具有很强的分析能力:项目网络组织之间的依赖性和不确定性、跨界组织关系、项目结构的准确表示、涉及微观-宏观联系的多层次分析、整合定量和定性图形数据等。

2. 工程社会网络中的结构

传统的工程项目组织结构具有显性的、正式的和指令式的特点,组织结构中的关系通常基于合约关系按照发包模式组织它的子系统,以合同的执行来导向过程,并进行目标考核。建设项目各组织之间的关系被视为一种多层次的独立网络结构,建设项目成为基于项目目标共同工作的组织网络,即工程社会网络。通过构建项目组织的网络模型进行SNA的结构性研究,可以较好地分析建设项目组织的内外交互关系。

应用社会网络分析理论的关键是分析工程项目组织,即社会网络中的结构要素(节点)。建设工程项目通常包括业主、设计方、施工方、监理方和业主方等众多利益相关者,这些利益相关者构成工程社会网络中的节点。由于这些节点处在宏观的环境中,建设工程项目组织内部会形成一个小的社会网络,同时与整体社会网络相嵌套。

社会协作系统学派巴纳德的观点认为,组织是一个复杂的社会系统,在分析和研究组织管理问题时应融入社会学的观点,把组织作为协作的社会系统来研究。大型复杂工程组织是一类典型社会协作系统,社会网络在大型复杂工程组织的协调中起着重要作用。将大型复杂工程视为由参与主体间各种正式和非正式关系构成的网络,网络中"节点"代表工程参与主体。

大型复杂工程参与主体间关系网络概念模型如图3-4所示,包括动力学模块和行为模块。前者是后者的动力驱动,后者是前者的表现行为,工程通过行为模块互动得到实施。动力学模块包含信任、任务依赖、彼此协作经历三个层次;行为模块包含知识共享、信息交换、沟通三个层次。

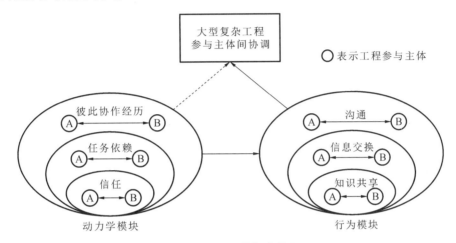

图3-4 关系网络概念模型

3. 工程组织中的非正式组织

非正式组织是指组织中因其成员之间的交往需要而自发产生的人际关系形式。非正式组织一般都不是组织的正式形式,即其成员的关系不是根据组织原则建立的正式角色形式。

在正式组织中,非正式组织的出现往往是因为利益认同、价值观一致、工作交往和社会背景相似等因素。在工程中,非正式组织随处可见。他们因为同乡的身份、共同的兴趣爱好、相似的家庭背景而聚集在一起,远离家乡外出打工的工人们有可能就互相称兄道弟、集结帮派。这样的非正式组织一旦形成,内部的关系不再像正式组织那样具有明确的等级性,内部的交流比起管理者和民工之间的交流更加随意和频繁,每个人都处于一种平等的状态。一项调查表明,有57.1%的人加入工程队伍是通过熟人或亲戚朋友等隐性的私人关系介绍的。

(1)非正式组织与正式组织在某些方面的区别。

由于多种原因综合促成的非正式组织伴随建设工程发展而不断变化和重组,非正式组织的工程参与主体和工程面向对象与正式组织有明显区别。

① 工程参与主体。

在工程建设过程中,除了正式组织中的参与主体,非正式组织中也存在着一些参与主体自发形成的组织或机构,包括工程师协会[如美国土木工程师协会(ASCE)]、工程社团[如美国工程师学会联合会(AAES)等]、学术研究机构(如中国机械工程学会)等;针对工人群体有相关工会(trade union),在工人运动的历史积累之下成立的大大小小的工会,是市场经济体制下劳资关系矛盾运动的产物,同时工会作为工人群体的代表以维护工会成员利益为首要职责,以期改善劳动人民的工作条件和生活条件。

② 工程面向对象。

工程的主要目的是为人服务,而在工程建设过程中往往存在许多难以预料的问题,一些工程用户和受工程影响者由于这些问题产生了非正式组织,例如与工会组织抗衡以维护雇主利益的雇主协会、对工程提出环保意见的绿色组织、产生邻避效应的社区组织,等等。

(2) 非正式组织的作用。

工程中的非正式组织对于建设工程而言也是一把双刃剑,从正面影响上看,这种非正式组织由于道德约束而更加便于规范行为、加强合作和知识共享;而从负面影响上看,非正式组织中的小团体容易产生帮派从而干扰组织纪律。

① 非正式组织的正面作用。

工程建设组织的临时性特征,决定了工程建设组织的凝聚力更多地依靠非正式群体。工程中的非正式组织由于频繁交流,内部形成了一定的凝聚力,合作起来更顺畅,同时工人们在平时的沟通交流中会更乐意分享自己的专业知识和经验。很多时候,一些包工头会介绍自己的亲戚朋友来到项目组工作,由于内部大多数人已经互相了解,相互信任,因此对项目的实施起到了积极的作用。

② 非正式组织的负面作用。

在非正式组织中,会存在着一名对其他成员有影响力的领头人,对组织内的其他工人们的思想和行为可以产生很大的影响。若项目组的利益和非正式组织的利益有所冲突,领头人就会拉帮结派对项目组的工作进行干扰,降低工作效率,甚至会和项目组起冲突,这将对项目的实施和顺利完成造成消极影响。如果某个人不跟从非正式组织行动,组织内部的人就会竭力排挤这个人,因此有些人为了不受众人的排挤,即使心里对组织内部的行动不认同,仍会跟从其他人行动。

因此,发挥非正式组织在工程项目中的积极作用需要扬长避短:

第一,支持项目组织中积极的、有着良好形式和内容的非正式组织,抵制不良影响的非正式组织。在项目中要有良好的工作氛围,积极的、具有良好形式和内容的非正式组织会对项目起到积极的作用,他们有着很大的干劲,团结和睦,相处融洽,这样的精神面貌是被提倡的。相反,消极懈怠的非正式组织会对项目的工期、质量等造成不良影响。

第二,对于非正式组织中的领头人要做好思想工作。领头人可能没有很高的文化水平,但因为能力以及人际关系,对组织内部的其他人的思想和行为有着强大的影响力。因此,做好领头人的思想政治工作,就可以产生事半功倍的效果。

第三,注意引导非正式组织的行为与思想。若能对非正式组织中的农民工的思想以及工作加以引导,使得非正式组织目标和正式组织的目标相一致,则能加快项目的完成,互利互惠。

3.3 工程共同体

工程共同体是在"内部"和"外部"关系上存在着多种复杂经济利益和价值关系的利益共同体或价值共同体。工程共同体是工程社会结构的重要构成要素。现代工程共同体主要是由工程师、工人、投资者、管理者、其他利益相关者组成的。李伯聪教授认为,在工程社会学的理论研究方面,工程共同体研究占据了核心位置。深入分析工程共同体在工程建设中的影响和制约关系,能够更好地理解工程参与各方围绕工程活动所展开的各种互动行为。工程组织社会学对群体与组织的特征、组织结构以及组织运行和管理模式进行研究,对组织社会学的研究具有很好的启示和借鉴意义。对工程群体和组织的研究不仅需要研究其工程组织的显性正式结构,还需要研究工程组织的各类隐性的非正式结构。事实上,由于工程组织规范具有一般性、机械性和非私人性等特征,因此工程组织中存在各式各样的非正式结构。

3.3.1 工程共同体定义与形式

传统社会与现代社会的团结分为机械团结和有机团结。工程活动的基本主体是工程共同体,共同体中各参与主体之间的关系主要体现为有机团结,他们各自分工合作,完成工程目标。"工程共同体"在不同情形下具有不同的含义,既能代表某一个具体的工程,也可以代称某种类型的工程,或者将其理解为总的"工程共同体"概念。工程共同体是一个在特定的工程活动背景下,为了实现共同的工程目标,由工程活动中各方主体组成的有层次、多角色、分工协作、利益多元的复杂工程活动主体系统,区别于社会中从事其他活动的共同体,工程共同体专指从事工程活动的人的集结。

帕森斯提醒人们注意区分共同体的特殊性,认为在社会情形中的关系不同于在共同体中的关系。在社会情形中,制度性规范架构里面的具体关系,大多是针对具体行动或具体行动复合体而言的,此时可以将它们看作是直接行动中各种成分的结果,表现为机械的关系,但共同体的关系在与其相应的意义上是有机的。因为要理解共同体关系的具体行动,必须将它放入关系各方的大背景下去了解,可以说从定义上就超越了那些特定的行动成分。

1. 工程师共同体

在现代的工程活动过程中,工程共同体由工程师、投资者、管理者、工人以及其他的工程利益相关者共同组成,在工程共同体中,工程师是不可或缺的,然而除了工程师外,其他的每一个角色也都是非常重要、缺一不可的。工程共同体是一个具有各种复杂连接的系统,其中囊括着各种各样的关系,工程师共同体自然也在其中。

从工程共同体的类型来看,可以分为"工程活动共同体"与"工程职业共同体",工程师共同体从字面意思上不难理解,是由某项工程活动过程中工程师所构成的共同体,属于工程共同体派生出来的亚共同体,服务于工程活动共同体。工程共同体内部存在着层次性结构,其中利益关系复杂,价值主体多样。构成共同体的亚群体的利益与价值的博弈在很大程度上决定了工程的目标、过程和结果。工程师共同体旨在维护在不同工程活动共同体中从业的工程师们的基本权益,形成工程师之间的职业规范,促进工程师之间的职业认同,同时也有助于培养工程师自身的专业能力和业务素质。

工程共同体中的工程师在很大程度上有别于投资者,工程师所考虑的不仅是工程活动中技术可行性的问题,也将很大一部分精力投入到工程的社会认可及社会效用中。工程师除了遵守基本的职业操守外,还要对社会的文化要求、社会道德以及社会价值取向有所了解,并努力使工程活动与之相符合。技术上的可行性仅仅是保证工程活动顺利进行的基本条件,而工程活动的造物结果在工程师共同体那里成了极为重要的标准,它关系到工程师能否在其共同体内部得到承认。

2. 工程职业共同体

工程职业共同体的组织形式或实体形式为工程师协会或学会、雇主协会、企业家协会、工会等,它的显著功能在于维护工程职业共同体的整体形象,以及其内部成员的合法权益,尤其是经济利益,确立并不断完善职业规范,以集体认同的方式为个体辩护。工程职业共同体既是工程事业的共同体,也是工程精神的共同体,能够根据自身职业责任自觉建立相应的职业道德与行为规则,共同维护工程事业的尊崇感。

在工程师自我提升道路上,各种工程社团以及委员会起到了非常重要的作用。一些工程社团之类的工程职业共同体能够对职业伦理的建设起到推动作用,如:提供一个讨论职业伦理问题的场所,奖励有道德的工程师和雇员,帮助受到指控的工程师,向面临伦理问题的工程师提供咨询,向公众宣传新技术,提供调查服务,以及帮助工程师理解如何应用伦理规范。

3.3.2 工程共同体伦理责任

1. 工程伦理责任主体

(1) 工程师与个人。

随着工程活动越来越现代化,工程活动的技术性得到创新,工程从业人员逐渐增多,工程分工也越来越细,从事工程活动的人员也细分为各个职业的工程师,共同参与工程活动的建设。工程活动中不仅有科学家、设计师、工程师、建设者的分工和协作,还有投资者、决策者、管理者、验收者、使用者等利益相关者的参与,他们在其中都具有相对应的职业责任以及对应的义务。因此,各个职业的工程师作为工程活动的主体,各自履行本职工作,降低工程风险,协作完成工程任务。

与人类其他活动相比,工程活动有着独特的工程知识要求。工程师作为工程活动方面的主控人员和专业人员,不仅具有专门的工程知识背景,更能够全面深刻地了解某项工程成果可能给社会乃至全人类带来的福利。同时,工程师作为工程活动的直接参与者,要比其他人更了解某一工程的基本原理以及潜在风险,因此,工程师的个人伦理责任在防范工程风险上起到了至关重要的作用。

工程责任不但包括事后责任和追究性责任,还包括事前责任和决策责任。工程师是工程责任伦理的重要主体,工程伦理研究首先从研究工程师的职业规范和责任开始。工程活动规模越来越大,活动内容越来越复杂,集中体现了现代科技发展面临的人与自然、人与社会、人与人之间的复杂矛盾,凸显出工程师这一职业群体在面对企业、政府、公众等不同群体时不同责任之间的冲突问题。工程责任伦理考验工程师在面临义务与利益之间的冲突时前瞻性地思考问题,预测自己行为的可能后果并做出判断的能力。随着工程哲学和工程伦理学的逐步兴起和发展,工程活动内部和外部的相关群体逐渐进入研究者视线,包括投资人、决策者、企业法人、管理者以及公众都成为工程责任的主体,他们也需要考虑工程的责任伦理问题。

工程师所处的社会地位决定了工程师在防范风险时有着不可推卸的伦理责任,工程师应有意识地思考、预测、评估所从事的工程活动可能产生的不利后果,主动把握工程实施方向;在情况允许时,工程师应该自动停止危害性的工作。对雇主忠诚是传统时代工程师职业伦理的守则,然而现代工程活动及其伦理后果的复杂性要求工程师除了履行职业伦理的基本要求外,还应承担更多的社会责任,在职业伦理与公众利益相冲突时,工程师应将公众利益置于优先地位。对自然负责、对公众负责乃至对人类负责,成为工程师社会责任的内在要求。

(2) 工程师共同体与组织。

一般来说,工程师是专门承担某一工程活动的责任人,应恪守职业伦理道德,对雇主的业务忠诚,并在此基础上延伸到对经济、社会的可持续发展以及对整个人类的福利负责。但随着现代科学技术不受限制地推进,人类逐步迈进世界风险社会。现代工程在本质上是一项集体活动,当工程风险发生时,往往需要工程共同体共同承担,而不是把全部责任归结于某一个人。在工程活动中,工程共同体是以共同的工程范式为基础的、以工程的实际建造管理为目标的活动群体。

工程活动的多方参与性造成了现代工程的匿名性和无主体性。现代工程活动是一个复杂系统,在这种高度复杂的系统中,个人作用在组织化作用的衬托下显得微弱起来,这种复杂系统工程背后所蕴藏着的巨大风险往往不能简单地归结为个人原因。

2. 共同伦理责任

(1) 正常事故理论。

查尔斯·佩罗(Charles Perrow)等在分析美国航空航天局(NASA)航天系统事故时提出了正常事故理论(normal accident theory),认为系统的强关联性及其复杂程度,会使得系统事故难以避免,甚至在某种情况下,小的故障也能在复杂系统的催化下造成大型事故的发生,产生严重后果,这一概念为系统事故的分析提供了新的角度。根据正常事故理论,安全控制的模式和方法不应在要素层次,而应在系统层次,并且要沿着复杂性去"顺藤摸瓜"地设计和安排安全控制系统,正常事故理论也引发了我们对大型复杂工程安全事故形成机理以及安全控制理念变革的许多新思考。可以理解为当工程出现意外事故时,由于工程事故背后的复杂系统,其"事故责任人"可能并非某个人,而是系统的强关联性和复杂程度。所以当工程事故发生时,应当查明事故的真正起因及其背后的作用机理,这也为探清工程事故的"责任人"指明了方向。

(2) 共同伦理责任。

工程社会效果具有累积性,而且这种累积还是潜移默化、不可预见的。比如克隆技术,目前人类还无法对它的危险系数进行判断。这些都使得由谁来承担以及如何承担起这种伦理责任的问题变得格外复杂。所以,在考虑工程师个人伦理责任的同时,还必须探讨工程共同体的伦理责任。

工程事故中的共同伦理责任是指工程共同体各方共同维护公平、正义等伦理原则的责任。这种责任不是指工程共同体各自恪守个人的职业伦理责任,不是说有了工程事故后所有利益相关者都要责任均摊,而是强调个人要站在整体的角度理解和承担共同伦理责任,通过工程共同体各方相互协调承担共同伦理责任,积极主动履行共同伦理责任。承担共同伦理责任的目的在于,从工程事故中反思伦理责任方面的问题,提高工程师群体的社会责任感和工程伦理意识,形成工程伦理文化氛围。

3.3.3 组织能够承担责任的辨析

组织不同于个体,组织责任是指组织内部全体成员共同担负的责任。组织责任本身是无可非议的,而且组织责任的加强还有利于集体智慧和才能的发挥。然而,组织责任决不能作为群体的遮羞板,来掩盖组织内领导者的失职。组织承担的责任可以从以下三方面理解:

第一,工程活动中一旦出现工程事故,工程师的责任巨大,组织也难逃责任。如:2016年江西省丰城电厂三期扩建工程在7号冷却塔筒壁顶部施工中,发生了一起特别重大坍塌事故,该事故造成73人死亡,2人受伤,直接经济损失超过1亿元。经调查发现,其中25名事故相关责任人涉嫌玩忽职守罪、滥用职权罪、受贿罪、贪污罪、行贿罪。在此次生产安全责任事故中,中南电力设计院作为工程总承包单位,被处以停业一年整顿的惩罚。

第二,组织对组织内部成员具有管理约束的责任,组织内部成员犯错,组织也有责任。组织成员对他人利益造成损害,原因是组织对其成员的管理不当或约束教育不足,这是组织的失职,此时他人可以向组织要求赔偿。

第三,若组织或组织内部成员对他人造成了伤害,说明这个组织内部机制还不够完善,需要对不完善的地方进行优化改革。在组织的优化改革过程中需要注意向组织成员提供信息,建立反馈,从错误中汲取经验教训,以便更好地推动组织改革,实现既定目标。

3.4 工程系统中的层级与地位

3.4.1 科层制

1. 科层制与扁平化

根据一般的社会管理经验,较大的组织在管理上总是要按功能来划分"科室",同时按照管理范围来划分"层级",并据以分解管理职责,这被称为"科层化"。科层化按照充任官员的职业化特点也被称为理性官僚制或官僚制,其主要特征是内部分工明确,且每一成员的权力和责任都有明确规定,组织中职位分等,下级接受上级指挥。可以说科层制是社会分层的制度体现。

在社会分层理论中,分层的主要标准有两类,一是以外显地位为划分标准,如职业;二是以潜在地位为划分标准,如收入水平、受教育程度。在工程共同体中,按照组织中角色的权力和职责形成组织方式和责任上的科层化。在组织层次上,组织权力的金字塔从上至下依次为最高指挥中心及其参谋部、中间管理层(包括各种职能部门)、基层(包括生产工段和小组)等;在职能定位层次上,有董事长、正副总经理、正副部门经理、正副车间主任、正副工段长、正副班组长,总工程师、高级工程师、工程师、助理工程师、技术员,高级会计师、高级统计师、会计师、统计师、助理会计师、助理统计师、会计员、统计员,以及具有不同技术等级区分的工人等。

传统科层制在工程项目中暴露出诸多缺点。目前,大型建设项目参与各方之间的组织结构大多是金字塔形结构。这种结构形式存在较多的缺点,一是员工管理成本高;二是缺乏横向联系;三是扯皮现象多,管理效率低;四是管理层次多,交流沟通困难;五是权力过于集中,难以提高创新能力;六是对变化反应慢。针对传统工程项目中的科层制度,越来越多的工程组织正朝着扁平化改进,即通过减少管理层次来提高管理效率。通常采用的做法是压缩职能机构,裁减人员,减少决策层和操作层之间的中间管理层级。组织扁平化可以使得组织最大可能将决策权延至最远的底层,由此建立起一种紧凑而富有弹性的新型团体组织结构。

2. 工程组织的扁平化改进

(1) 扁平化组织结构。

扁平化组织强调分权思维,随着管理力度的加大,组织中下级的人数和工作量也随之增加,一方面,若没有适当的分权,管理者会不堪重负;另一方面,让下级员工拥有充分的自主权,并对决策的结果负责,可以提高基层员工的参与能力,调动员工的工作热情,并能集思广益,提高决策的质量。目前合理的扁平化组织结构在组织管理上需要控制集权分权的平衡;在组织形式上应介于金字塔状和完全扁平化之间;在组织规模上需要精简组织部门,扩大管理幅度。

根据明兹伯格在《组织结构的建议》中提出的"五部门示范模型",其建议的组织结构层次应为三层,从上至下依次为战略层、行政管理层、实践操作层,见图3-5。

(2) 扁平化带来的工程信息化发展与组织互构。

图3-5 三层次组织结构

工程组织环境并非一成不变,为了适应日益复杂且多变的环境,扁平化组织结构的概念被提出,其特点在于减少组织管理层次和扩大管理幅度。但扁平化组织的健康工作需要具备两个重要条件:一个条件是需要提高组织成员的独立工作能力,管理者向员工授权组建各种工作团队,此时员工需要承担较大的责任,普通员工与管理者从传统的上下级关系转变为一种新型的团队关系;另一个条件是现代信息处理和传输技术能够处理和传输大量复杂信息,从而大大缩减原有的进行信息处理和信息传输的中间管理层次。

网络的发展,促进了项目管理组织的扁平化,也给组织带来了新的变化,赋予了组织新的特点。网络系统成为连接各参与方的神经网络,项目参与各方之间的互动联系密切。一方面,项目信息系统会对项目跨组织系统的社会网络产生冲击,自动化的信息传递会取代日常的电话交流或定期会议,甚至造成传统社交形式的衰落或瓦解。另一方面,网络技术在一定程度上建构着当代项目管理组织,组织也在某种程度上对技术产生建构作用,技术与组织之间是一种互构关系。

3.4.2 管理者

正如一切集体组织和活动一样,工程的有序高效推进需要管理和决策,建筑工程管理人员在施工组织管理活动中起决定性作用。

1. 工程中的管理者定义与分类

1955年,美国著名管理学家彼得·F.德鲁克(Peter F.Drucker)提出"管理者角色"的概念。他认为管理是一种通过各级管理者体现出来的无形力量。具体而言,管理者是管理活动的行为主体,一般由具备一定管理知识和经验、拥有一定的权力和责任、在组织中直接参与或帮助被管理者工作的人或人群组成。管理者对组织负有贡献的责任,因而管理者能够实质性地影响组织的管理效益,达成管理目标。在工程社会网络中,管理者就是负责搭建工程网络的角色,使工程建设参与各方(利益相关者)即工程网络节点之间相互联系,相互协调配合,保证工程建设有序实施,最终达成工程既定目标。

在现代管理学中,根据管理内容可将管理者大致分为三类,分别为管理工人和工作、管理一个组织和管理管理者。虽然大部分企业倡导组织扁平化,但管理层级仍然多按照金字塔式依次分层,按照金字塔管理者等级结构,分别对应于一线管理者、中层管理者和最高管理者。一线管理者又称为现场执行者或主管,主要涉及管理生产产品和提供服务的生产工人,在工程中对应于工程现场的工长、施工员、材料员、预算员等;中层管理者又称为中层执行者,中层管理者管理一线管理者的工作,在工程中通常对应于项目总监、区域经理、项目经理、部门经理等;最高管理者又称为最高执行者,是组织结构中的最高等级管理者,位于金字塔顶端,在工程建设中首先对应于工程建设方(通常也是项目业主),有时对应于公司总经理和职业经理人等。

2. 工程共同体中的管理者

在大型的工程活动中,工程往往以一个个项目的形式呈现,管理者角色也随之转换成项目中的管理者角色,下面我们将对工程项目中的两种典型管理者角色进行简单介绍。

(1)项目经理。

我国工程项目管理实行项目经理责任制度,一个项目经理只能担任一个施工项目的管理工作,项目经理一般由取得国家注册建造师资质的工程师担任。从法律意义上看,施工企业法定代表人所委托的对工程项目施工过程全面负责的项目管理者,是建筑施工企业法定代表人在承包的建设工程项目上的委托代理人,其主要任务是项目目标控制与组织协调。

项目经理就是项目的总组织者、总协调者和总指挥者,有时也称作项目管理者或项目领导者,他们主要负责项目的组织、计划及全面实施,保证项目目标的成功实现。项目经理的工作职责包括项目的行政管理和项目管理两个方面,在项目管理方面主要包含施工安全管理、工程合同管理、风险管理、工程信息管理、施工成本控制、进度控制、质量控制、工程组织与协调等;在行政管理方面包含人力资源管理、沟通管理、时间管理等。项目目标达成与否、效益高低,都取决于项目经理的管理能力,项目管理者在项目中起着关键作用。

项目经理尽管是一个管理者,但他与其他管理者有很大不同。第一,项目经理与部门经理的职责不同,部门经理只能对项目中涉及本部门的工作加以管理,例如技术部门经理只负责技术方案的选择、设备部门经理只负责设备的选择等,而项目经理对项目的管理更加系统和全面,管理范围比部门经理更加宽广;第二,项目经理与公司总经理的职责不同,项目经理是项目的直接管理者,属于工程管理者分类中的中层执行者,而公司总经理属于高层执行者,公司总经理通过管理项目经理进而间接管理大大小小的项目,通常情况下,公司总经理也是从项目经理做起的。

项目经理不仅要考虑项目的利益,还要考虑企业的整体利益,在积极推进工程项目施工、保证工程质量和工期的前提下,还要积极推广和应用新技术,实现安全文明施工,提高项目和企业的经济效益。他们在保持项目内部和项目之间的联系的同时,还要接受上级管理者的领导。

(2)职业经理人。

职业经理人制度是西方市场经济体制下诞生的一种企业制度,其产生的根源在于生产力的不断发展及专业分工的不断加强、企业所有权与经营权的分离和现代企业制度的完善,换句话说,由于企业的发展需要更多的专业化管理人员,职业经理人阶层得以出现,这是企业管理高度专业化的结果,也是企业管理成熟的标志。

在中国,建筑业的职业经理人被称为工程建设职业经理人,专门从事工程建设企业经营管理工作,具备综合管理能力和丰富的项目实践经验,掌握工程建设企业管理知识,并且能够熟练运用企业内外的各项资源以实现工程建设投资方的建设目标和经营目标。目前中国工程建设职业经理人分为三级,分别是高级职业经理人、中级职业经理人和初级职业经理人。2016年国务院发布的《国务院关于取消一批职业资格许可和认定事项的决定》(国发〔2016〕68号)中取消了工程建设职业经理人的职业资格许可和认定,而后该资格评价成为全国工程建设行业的自发自律行为。总体而言,中国工程建设职业经理人资格评价标准,必须达到品德、业绩、能力、知识等方面的要求,经过培训、考核合格的工程建设企业经营管理者才能成为合格的职业经理人。

3.4.3 中国工人队伍

在工程共同体中,工人、工程管理者、农民工之间的交往大多局限在工作联系,生活和其他方面的联系相对较少。

1. 中国工人的地位

目前,以职业为标准我国有十大阶层,依次为:国家与社会管理者阶层、经理人员阶层、私营企业主阶层、专业技术人员阶层、办事人员阶层、个体工商户阶层、商业服务人员阶层、产业工人阶层、农业劳动者阶层以及城乡无业失业半失业者阶层。

位于第八的产业工人阶层指在第二产业中从事体力、半体力劳动的生产工人、建筑业工人等相关人员。产业工人主要分为三类:一是第二产业基层监管人员,指直接管理一线生产工人的班组长、工长等;二是第二产业技术工人,指需要专门技能训练或技术资格认证的工人,如电工、锻工、机修工等;三是第二产业非技术工人,指无须专门训练或技术资格认证的体力、半体力工人,如搬运工、养路工、建筑工等。

在整个社会中,工人是一个在多方面都处于弱势地位的弱势群体。在政治和社会地位方面,工人的作用和地位受到传统思想的歧视而以不同的方式被贬低。在经济地位方面,工人的薪资水平一直处于社会低收入水平,在不同社会阶段下,工人的经济利益还受到了不同程度的侵犯,比如近年备受关注的拖欠农民工工资、工人下岗潮等社会问题就是工人群体的经济利益遭受侵犯的表现。在安全方面,工人群体承受着最大的施工安全风险,由于忽视安全生产和施工的安全保障,工人面临着人身安全甚至生命安全的风险。

工人被认为是科学共同体中的一个边缘成分,然而在工程共同体中,却是支撑工程大厦绝不可缺少的栋梁。工人阶层是推动先进生产力发展的基础力量,是在中国经济社会发展和社会化大生产中诞生的。随着我国工业化的不断发展,工人阶级将逐渐提高自身的政治文化素质,专业技能也将不断提高,从而为社会主义现代化事业做出越来越大的贡献。

2. 工程建设中的弱势群体

(1) 农民工的城市融入情况。

农民工的城市融入主要包括获得城市居民的身份和权利、农民工的自身身份获得感和城市化生活方式。在我国,自20世纪50年代开始实行的以户籍管理制度为标志的城乡分割制度是农民流动的最大制度成本和城市化适应的最大障碍,农民有了进城就业的权利,但农民不能在城市生根,由户籍衍生的其他一系列政策和制度,如教育制度、保障制度、医疗制度等成了农民工融入城市社会的制度障碍。这种制度障碍导致农民工的身份不能随着角色转换而转换,虽然农民工已经成为城市运转的一员,但仍然无法被城市户籍制度所认可,也就无法被城市居民认同,从而被贴上了"农民工"的标签。

这种制度障碍同时导致了多数农民工对于农民社会性身份的认同障碍。王春光等曾做过问卷调查,要求新生代农民工回答"是不是农民"的问题,有高达78.5%的人认为自己仍是农民,10.9%的人不再将自己当作农民,还有4%的人对这个问题拿不准、说不清楚。而对于农民工这一身份认同的原因,新生代农民工更加看重社会认同而非制度认同,即农民工自身的身份获得感才是他们融入城市的关键。

在城市化生活方面,新生代农民工收入水平低,难以维持他们在城市永久定居生活。同时新生代农民工城市融入存在着广度不够和深度受限的问题,"广度不够"主要是说新生代农民工的社会交往圈小,闲暇时间的生活单调;"深度受限"是指由于受传统观念的影响,新生代农民工难以快速改变对城市以及城市人的看法,难以形成对城市的归属感。在文化心理融入方面,新生代农民工的身份认同模糊,对打工所在城市缺乏归属感和责任感。

总体而言,农民工城市融入存在明显的群体差异,整体情况较差。虽然新生代农民工或本地农民工的融入状况明显好于老一代农民工或外来农民工,但新生代农民工的劳动权益仍缺乏保障,劳动条件差,收入水平低。40.5%的农民工有着不同程度的工资被拖欠的经历,最短为1个月,最长的为5年以上。农民工的城市融入状况不仅受经济因素影响,制度性因素也发挥着重要的作用,农民工的社会保障状况越健全,他们的城市融入状况也就越好;社会保险、就业保障及住房性保障对农民工城市融入的影响程度有一定差异。

(2)农民工的流动性与社会场。

农民工这种社会认同的不明确性和不稳定性加快了他们的"流动性",不被城市吸纳的农民工不断在城市与农村、内地与沿海之间来回流动。农民工的流动发生在规模略有缩小的较低阶层,其代际流动性主要在工人阶级之间。经济改革之前,工人家庭出身的人成为产业工人的概率高于经济改革以后;经济改革以后,农民家庭出身的人成为产业工人的概率高于经济改革以前,同时工人家庭出身的人成为产业工人的概率较高。最初,流动的农民工主要来源于产业工人阶层和农民这一阶层,少量来自中间阶层,即专业技术人员阶层、办事人员阶层和个体工商户阶层,这阶层几乎不可能来源于三大优势阶层。进入21世纪之后,农民工流动的主体由第一代农民工变为新生代农民工,新生代农民工受教育程度相比于第一代农民工更高,但对于农村和家乡的认同感也更低,他们缺乏务农经验和务农常识。在农村家乡和城市的归属感双重丧失中,新生代农民工的流动性更加频繁且多元,例如21世纪以来频繁出现的"民工荒"与"返乡潮",大规模向外流动与大规模返乡回流共存。

在工程建设过程中,农民工的流动性主要伴随工程项目的流动而流动,其中又以工头的流动性最大。从一份《北京地区建筑民工工作和生活状况调查》显示,建筑业从业人员的年龄分布大多在18~42岁,这个年龄段正是青壮年时期。农民工的文化程度不高,以初中及初中以下学历的人员居多,占到了84.5%,这些因素导致建筑业农民工的流动性更加具有随机性。

由于从事工程建设的农民工的流动性随机且频繁这一特点,因此农民工所处的工作环境和社交环境都处于一个关系比较弱的"社会场"中。社会场是指支撑社会存在的各种社会存在关系网络的结构,和自然场一样,不同的社会存在关系之间具有互相影响的能量,有时是正面的影响,有时是负面的影响。在弱社会场中,人与人之间的关系更加微妙,人们往往会在这种环境下更加注意自己的行为举止,体现在物理学意义上即为"斥力场";反之,在强社会场中,人与人之间的关系更加紧密,在这种环境下受到的约束(包括内在和外在约束)会更小,即在"熟人社会"中人们更加放松,体现在物理学意义上即为"引力场",这一现象在非正式群体中更常体现。

在工程中,非正式组织随处可见,这些非正式组织的负面影响和"社会场"的环境,使得工程建设可能出现许多安全和管理上的问题。譬如,当前我国工程质量问题频出,除了技术方面的原因外,工程共同体中农民工群体的出现是一个重要因素。在当前工程分包背景下,工程的大部分施工作业任务在经过层层分包后,主要由农民工完成。一方面,这些农民工技术不熟练;另一方面,农民工的安全意识薄弱。尽管很多企业为农民工提供了相应的培训,但质量安全意识仍然得不到有效的提高。从社会学角度,质量安全意识的提升,不仅取决于培训是否到位,监控是否严格,还取决于农民工是否将质量安全意识内化为价值认同,并自觉约束他们在工程活动中的行为。基于此,对工程质量问题的研究很有必要做社会学角度的思考:

其一,农民工从事工程施工,其初衷是改善生活,他们对不安全行为和风险的容忍度相对较大。农民工由于文化程度普遍偏低,对安全知识、安全技术和岗位知识了解甚少,安全观念淡薄,疏于防范,容易出现违章操作等工程问题。

其二,农民工的高流动性和高度匿名性,使得他们之间的社会场控制和约束力度极大地减弱。农民工大多从乡村这样一个熟人社会进入工地这样一个陌生人社会,彼此不知底细,熟人社会的各种约束不复存在,对自身行为的约束也大大淡化,这一淡化必然体现到了施工过程中。农民工和工程中其他参与方相比,显然属于弱势群体,对来自管理者等外界评价方面的顾忌和禁忌较少,施工越轨行为的精神成本较低。相比于正式的工人,农民工虽然受到更加严格的监督,但是这种监督的效果却大打折扣。

其三,在工程组织中,管理者对农民工存在一定的群体性偏见与歧视,对农民工的各种不礼貌、不文明的行为容忍度也很低,引发农民工的心理落差、精神上的不平等感,甚至是对管理者的仇视,并把这些情感带入工程施工当中。

在工程组织的内部网络中,人与人之间的关系既可能是合作、共赢的关系,也可能是冲突、矛盾的关系。当冲突、矛盾的一面凸显出来时,在一定条件下,组织中的弱势群体的利益就有可能受到不同程度的侵犯或侵害,并最终影响整个工程活动。需要提高农民工在工程共同体中的组织化程度,改善其弱势地位,更好地保护他们的利益,才能够更好地约束他们的施工行为。

(3) 工程中的女性群体。

女性农民工群体在城市就业、生活过程中承受着来自性别和社会阶层的双重歧视与压力。这个群体在农民工群体中是最需要社会的支持与帮助的。在工地上,基本以男性群体为主,即使有女性群体,也只负责工地上的伙食、内务或者从事简单的搬运工作。造成工程中女性群体现状的原因有:

第一,由于工程中任务十分繁重、体力消耗大、责任重大等原因,很少能看到女监理师、女项目经理以及女施工员。即使考了注册监理师或者注册建造师资格证,她们的工作通常也局限于室内,很少能对现场施工进行指挥。

第二,根深蒂固的传统思想让很多人认为女性群体不适合、无法胜任以男性群体为主体的工地工作,造成女性群体由于性别原因的就业高门槛。

第三,女性的劳动效率在总体上可能低于男性,但这并不意味着所有的女性在工作能力各方面上都要低于男性。因此如果只按照性别而不考虑工作能力来配置资源,显然就剥夺了女性在工程建设中平等竞争的机会。

女性群体要想在工程中同男性竞争,获得同等的地位,就要付出更大的代价,做出更大的努力。建筑行业对岗位有明显的限制条件和要求,要实现男女之间的就业平等,男女劳动者就必须能提供相同的劳动效益。首先,女性群体应努力提高自己的职业技能和职业道德。其次,由于市场经济的特点是优胜劣汰,因此如果想参与建筑行业,女性群体就应该积极适应和参加劳动力市场的竞争,自谋其路、奉献自我。

工程建设中的弱势群体一直是社会聚焦的人群,如何保障这些弱势群体的利益已经成为许多专家学者的研究课题,其中建立社会组织是众多解决方案之一。当工程建设中的弱势群体利益受到损害时,可以向这类组织求助,例如针对工程中的女性群体成立的妇女联合会,能够团结和动员广大妇女参与经济建设和社会发展,代表和维护妇女利益,促进男女平等;同样的,针对农民工群体也需要一个联合会来代表和维护他们的利益,农民工联合会可以联合当地的工会组织、劳动部门与承包商进行协商和交涉,督促劳动合同的签订,从而杜绝非法用工现象的发生。但是如何在现行政策体系内找准切入点,以及如何与其他组织部门进行沟通协商仍有待进一步探讨。

3.5 工程社会互动

3.5.1 工程活动的现代行动解释

工程活动作为一种行动,包括造物活动行动本身,也包括造物活动工程主体间的互动行动。工程行动是行动者具有动机的行为。许茨把行动者的动机分为两种类型:目的动机和原因动机。人们所要得出的结果、所要追求的目标的动机被称为目的动机;那些可以由人们根据行动者的背景、环境或者心理倾向做出解释的动机被称为原因动机。这两种动机构成了行动的动力,激发和驱动工程活动行动。

工程活动本身作为行动,集中体现在工程与社会的互动,也体现在工程与社会的相互建构过程中。围绕造物活动工程主体间的互动行动,始终贯穿在工程造物过程的各个阶段。工程各参与主体间的互动,是工程社会系统中的一类社会行动。

社会行动分为法人行动和自然人行动。工程社会系统中既存在自然人行动,也存在法人行动。工程活动不是个体化的目的性行为,而是群体化的、有目的性的社会行动。工程社会系统由各个组织和社团构成,他们建立规定各自权利与义务的法规、制度和权威机构,行动系统包括工程参与各方、利益相关者和资源三个基本元素。在工程社会行动系统中,工程参与各方都控制着能使对方获利的资源,并通过工程活动来获得。工程参与主体的一方利用自己控制的与自身无益或益处不大的资源与另外一方交换,而另外一方则控制着能使他获利最多的资源。在工程社会中,这些资源包括经济资源、工程事件(如质量安全事件等)、工程物资、工程信息、工程技术、情感等,构成了工程社会系统中参与各方行动的条件和保证。工程参与主体间的互动结构如图3-6所示。

图3-6 工程参与主体间的互动结构

工程参与各方的行动:既包括主体工程造物活动本身的行动,如工程决策行动、工程设计建造行动、工程评价行动等,也包括工程参与主体间围绕工程造物活动的互动。

工程场域:即工程活动的情景条件,是指工程主体、工程对象、工程行为所存在和发生的场域与情境条件。

工程环境:指整个工程活动及其特殊的场域与情境条件所依存的自然环境与社会环境。工程环境包括工程行动发生的特定地区的地理位置、地形地貌、气候环境、生态环境、自然资源等特殊的自然因素,以及该地区的经济结构、产业结构、基础设施、政治生态、社会组织结构、文化习俗、宗教关系等社会因素。

工程行动的场域不能视为工程行动结构的外部条件,必须将它当作内生变量来加以认识与界定。工程行动的场域具有以下特点:

其一,工程行动场域的动态性。工程从无到有,工程行动的场域是随着工程的发生、发展而建立起来的,它不是自然存在的,而是随着工程行动者的出现、工程活动的发生才涌现出来的。同样,随着工程活动的结束和工程组织的解散,工程行动的场域伴随着工程造物活动的结束而消失。

其二,工程行动的场域是工程主体互动的结果。场域与情境条件不仅是工程行动主体与客观环境相互作用的结果,也是工程共同体内个体之间交往和沟通的结果。参与主体间的互动形成了工程行动共通共识的主体间的境域。

其三,依据吉登斯的结构化理论,结构具有二重性,即行动者在利用结构特征时会改变或再生产结构。工程场域一旦产生,就又与工程行动者已有的知识经验储备相结合,共同构成约束工程行动者视界及行为的境域。

3.5.2 工程社会互动

1. 社会互动

社会互动是指社会上个人与个人、个人与群体以及群体与群体之间通过信息的传播而发生的相互依赖性的社会交往活动。社会互动是一种动态的社会关系,人们以相互交换的方式对别人采取行动,对别人的行动做出回应,互动双方通过相互沟通获得信息并交流情感。

评价工程社会互动过程时需要遵循的主要原则有:

(1) 全面性原则,也称整体性、综合性原则。从系统主义的观点看,工程社会评价必须考虑三个因素:第一,工程是否对社会产生较大的利益,即它是否符合行为功利的原则;第二,工程是否对环境带来破坏,破坏的程度如何,即它是否符合环保的原则;第三,工程是否有损人们的生命尊严,是否侵犯了少数人的利益,即它是否符合正义的原则和仁爱的原则。

(2) 公正性原则,也称客观性原则。一个社会根据阶级、职业等形成的不同利益团体在评价标准上具有不同的倾向,对于相同的技术也很难取得一致的评价结果,如政府和公众评价技术的标准往往不同,政府通常偏重技术的经济价值,而公众对技术的安全性更为关注。众所周知的PX项目事件就是由于政府和公众对它的评价两极化而造成的。对具体技术的社会评价,其标准因时因地而具有特殊性和变动性,不可能用一成不变的具体标准对所有的技术加以评价,那样会造成技术滞后于社会发展,或导致技术转移时的生搬硬套,也就发挥不了技术积极的社会价值和经济意义。

(3) 长期性原则。许多工程的成果和效应无法在短期内呈现出来,因此针对工程必须进行长期性的评价。

(4) 民主性原则,也称公开性原则。为了保证社会评价的客观和公正,必须建立一套由相关利益主体共同参与的社会评价机制,即民主的社会评价体系。民主化的社会评价可以吸收更广泛的观点、知识和经验,更有可能产生新的、原创性的思想。

(5) 生态型原则。要求把自然与环境、社会、工程看成一个统一的系统来考察和评价,即工程活动是否符合自然规律、是否与生态环境保持协调一致。把工程活动理解为整个自然生态循环过程中的一个环境,理解为自然生态系统之中的一种社会现象。工程社会评价需要综合考量工程的自然价值和社会价值。

(6) 以人为本原则。工程活动归根结底是群体的共同行为,以人为本原则就是要协调工程中不同利益群体之间的关系,保障大多数人的根本利益。

2. 工程与社会主体间互动

工程与社会的互动直接表现为工程的社会化和社会的工程化。工程社会化，即工程建设不单纯表现为技术特征，还与社会维度紧密联系。社会工程化是指，当前社会中许多管理体制和组织正朝着工程化的组织方式和运行模式发展。

在工程社会组织系统中，工程社会主体包括公众、政府、环保组织、大众传媒和专家学者等。这些主体间的互动既包括正面积极的分工合作，也包括负面的冲突。

（1）分工与合作：工程共同体分工既是社会分工的现代产物，也是社会分工的重要组成部分。工程共同体的分层带来了工程实践和组织之间的社会分工，其中常见的是工程内部主体之间的分工合作和工程外部主体之间的分工合作。工程共同体内部的任何异质因素都可以看作是工程内部主体间的分工，而分工本身也意味着之后的合作，分工和合作是工程中的必然活动。工程外部主体的分工合作主要是政府和社会组织（如环保组织和专家学者）、公众之间的协同合作，政府与公众参与者构成相互依赖的网络结构，交换各自的诉求和意见，针对工程项目共同做出决策，当公众的专业知识能力较弱时，则由专业水平较强的社会组织或专家学者作为政府的"合作伙伴"，如在三峡水利枢纽工程可研阶段，政府就工程对长江水群、环境和周边居民的影响征集公众、环保专家、水利专家的意见。

（2）冲突：在工程社会网络中，行动者依靠正向互动相互联系，也依靠负面的互动重新建立联系，即冲突作为社会互动的另一面重新构建了工程社会主体间的关系。其中常见的互动主体间的冲突是工程共同体与环保组织、公众的直接冲突，工程共同体与专家学者、大众传媒的间接冲突。工程建设是为了某个特定的建设目标而产生的群体性活动，其作业对象是资源、能源和环境，自然资源和社会资源是工程建设的基础。环保组织作为保护环境和维护人类环境利益的公益组织，对于公众和自然具有天然的保护意识，而对工程项目的可持续性发展保持敏感，因此工程共同体和环保组织、公众之间有时就会出现立场和利益的直接冲突。而在这个过程中，专家学者和大众传媒起到了冲突群体间的桥梁纽带作用，此时就与工程共同体有了间接的冲突倾向。

3.6 工程社会冲突与协调

3.6.1 工程社会冲突

1. 工程社会冲突含义

工程是社会建构的产物，它来自利益相关者的集体决策。不同的利益相关者有不同的利益诉求。在这些利益相关者当中，任何一个利益群体的利益受到侵害，都有可能酿成冲突。工程社会冲突就是指由工程引发的在社会不同利益群体之间产生的外部对抗行为。

第一，工程社会冲突是围绕工程活动产生的，它的冲突主体是工程活动的利益相关者。冲突主体不同，它的目标、手段以及工程社会冲突的结果、影响都会不同。因此对工程社会冲突主体的界定非常重要。

第二,工程社会冲突的来源是冲突主体之间的利益差别和利益对立。工程社会冲突首先是社会冲突主体之间的一种互动方式。工程社会冲突的原因是多样的,可以是经济上的,也可以是政治上的,还可以是文化上的。

第三,工程社会冲突是一种公开反对的互动行为。在工程社会冲突中,冲突主体之间的作用力方向是互斥的,并且以直接、公开的方式表现出来。也许整个过程不一定公开,但工程社会冲突的最终结果必然以某种形式表现出来。另外,工程社会冲突的表达方式可以是有声的,如声讨、抗议等,也可以是无声的,如文字等。

2. 工程社会冲突的形式

一般工程规模大、建设周期长,工程在共同的建设目标下存在着不同细分目标的分工,这些细化的分工过程构成了工程的各阶段,包括设计、决策、建设、运行等,这些环节通常由不同的群体来完成,任何一个环节有问题都可能引发冲突。

工程冲突的表现形式多样,切入角度也不尽相同,按照马克思的观点,最核心的是利益冲突。利益冲突是人类社会生活中普遍存在的社会现象。利益冲突并不仅仅限于工程参与各方以及工程师等个体,还包括管理者、公众等其他利益相关者,总体而言主要有以下两种形式:

(1) 工程共同体之间的利益冲突,或称工程内部冲突。工程建造者和管理者有相同的工程目标即共同完成工程项目,彼此之间是基于这一相同目标而产生冲突的。主要的冲突形式是工程师与工程建设公司之间的冲突。当工程师受到外部利益诱惑时,可能做出对公司不利的行为和判断,例如监理工程师在乙方单位的贿赂下而对建材质量和工程质量把控放水的行为,此时就可能造成工程师与公司之间的利益冲突。

(2) 项目和公众之间的利益冲突,或称工程外部冲突。这类冲突表现为两个群体即工程共同体与公众间的冲突,表现为对工程的认可等,主要包括工程师与公众的冲突和工程建设公司与公众的冲突。工程师与公众之间的冲突代表了个体利益和整体利益之间的冲突,这一冲突的产生主要是由于工程师作为个体,同时从属于工程师群体和公众整体,当群体利益和整体利益发生冲突时,也必然导致了个体与整体的利益冲突。工程建设公司与公众的冲突是指公司为了自身利益的最大化而做出有损公众利益的行为或决策,例如在社会学中的邻避效应就是这种冲突的典型体现。

目前在我国,工程共同体内部的典型冲突表现为业主与承包商、承包商与分包商之间。业主利用自身的地位,在合同中处于强势地位,很少给施工单位协商的余地。特别是当业主具有政府性质时,这种冲突更加突出,施工计划经常随着某些政治事件的时间而确定。尽管FIDIC条款规定业主、施工企业、监理三方的地位是平等的,各自承担相应的职责,彼此制约,但在中国工程建设的现有体制机制下,业主、施工方、承包方、监理方之间被划分了天然的地位等级。另外,由于工程建设往往会干扰周边群体生活,工程建设单位与项目所在地政府和公众之间的冲突也很突出,解决这些冲突的根本途径在于构建各方平等协商的机制。

3. 工程社会冲突的原因

工程在建构新的社会关系的时候,也在建构着人们的社会观和世界观。工程冲突归根结底是冲突主体之间的一种特殊互动方式,各种冲突的形式也是社会构建的表现,其原因主要有以下几点:

(1) 看待工程的角度不同。对于不同的工程建设主体而言,工程的意义不同,所带来的社会价值和自然价值对于不同群体也有不同程度的重要性。如对于一般的企业,工程的价值体现在工程建设完成之后带来的经济利益,在这种成果导向的激励下,社会价值和自然价值的存在变得微弱;对于政府和社会整体来说,一项工程的意义在于是否提高了行业水平,是否提高了社会福利,是否与自然和谐发展。不同的对待方式在同一个工程项目中就会造成冲突。

(2) 工程与社会的利益目标不同。虽然工程建设的目标随着项目的不同而变化,但首要目标都是一致的,即利益最大化和成本最经济,经济指标永远在工程建设中占据首要地位,管理者、工程师和基层工人都是按照这一准则开展工程建设的,而这种衡量标准有时在公众层面是次要的。工程问题已经逐渐成为一个公众问题,工程实践的社会影响一旦超越某些职业道德准则,就会导致市场失灵和政府失灵,由此形成工程与其他社会群体之间的冲突。

(3) 文化和意识形态的变化。工程建设,例如建筑,往往在不同的历史阶段受到美学、宗教和意识形态的影响,欧洲国家将钟表、气筒、喷泉和其他新颖的模型运用在工程设计上,表现了当时主要阶级对机械、装潢和艺术的痴迷;法国大革命时期的建筑设计大都体现了革命运动的思潮;我国改革开放时期的许多建筑(如南昌的八一大桥)也都打上了深刻的意识形态烙印。文化和意识形态的与时俱进有时会导致工程建设的经济利益或建设原则产生矛盾和冲突,在长期的工程建设过程中,按照最开始的社会文化形成的工程规划可能在中途就转变了风向而变得不可采纳。

3.6.2 工程的协商与协调

工程活动作为一个相对独立的社会活动,其核心是综合集成与协调,通过建立公平合理的协商平台实现各方平等协商。

1. 大型复杂工程中的组织协调

大型复杂工程建设参与主体众多,包括工程业主、承包商、供应商、工程监理、科研机构、政府机构等,参与主体具有自主性和多元性,是一类社会协作系统。有效的组织协调对工程建设至关重要,主要的方式有:

(1) 基于任务与资源依赖的协调。大型复杂工程参与主体间存在复杂的相互依赖关系,这一维度的协调研究,主要关注如何制定有效的工程任务网络计划,参与主体间依据工程任务和资源依赖关系进行协调。典型协调技术包括关键路径方法、资源受限项目调度算法、关键链法等。然而,这种基于任务依赖关系的协调,具有典型的还原主义观。工程的复杂动态性,使得静态的任务依赖关系变得不可能,计划随时变动。这样基于任务依赖关系的组织协调理论在高度动态开放的工程环境就失去了其发挥作用的基础。

(2) 基于信息技术的协调。从信息技术角度出发,工程在复杂动态开放环境下的协调可以通过内部的网络化提高信息沟通效率,提高主体间的协调性。信息技术协调的手段主要有各种基于通信技术的协调系统和形式化协调机制,然而,调查表明,大量系统得不到很好的利用,甚至被束之高阁。相对于基于通信技术所建立的正式的形式化协调机制而言,非形式化沟通方式对个人与组织在信息获取与协调方面也具有很大的价值,尤其是在动态不确定环境下。而在非形式化沟通中,组织间的社会网络起着重要作用,它可以穿越团体与部门的界限,获得额外的信息或知识。

(3) 基于组织设计的协调。工程项目参与主体间存在着包括层级制协调关系、横向契约关系及跨职能团队机制等。大型复杂工程参与主体间协调属于介于科层结构中基于等级、权力的强制型协调和市场结构中平等交易型协调之间的协作型协调。从交易关系角度,工程师各参与主体间的交易,组织间的协调主要涉及激励合同、风险共担、效益共享以及其他方面的激励相协调。

(4) 基于关系的协调。众多研究和实践表明,参与主体间的关系是促使工程项目成功的重要因素之一,尤其是在中国的工程环境下,企业组织都会通过社会关系寻找合作伙伴、促进合同的建立、保证生产的进行与合同的执行,并维持彼此的合作关系。

2. 工程协调的层次

大型复杂工程协调存在着不同的深度层次,根据协调深度的不同可以分为通信协调层、协商协调层和利益协调层三个级别(图 3-7)。

图 3-7 进度冲突协调层次模型

通信协调层是进度协调的较低层次,主要从工程任务依赖关系的角度出发考虑问题,解决工程项目参与各方信息共享和任务交互的协调,为工程项目参与各方更深层次的进度协调提供了信息支撑环境。利益协调层则是在参与各方间达成一种有效、有约束力的利益协调方式,也只有这样,在此基础上所进行的进度冲突协调才是可行的。利益协调层和协商协调层密切相关,利益协调常需要通过协商解决。协商协调层的目标便是在冲突各方间架起一座桥梁,提供达成一致方案的协商机制,使得参与各方能够对某一个共同的特定问题展开有益的协商或讨论。

3. 大型复杂工程组织协调的思考与对策

建设工程,特别是大型建设工程往往是为了解决社会问题和社会冲突而产生的。因此一些工程的建设成为缓解矛盾、化解冲突的载体,成为社会冲突的安全阀,譬如三峡工程、经济适用房建设,都是缓解矛盾的典型工程案例。而在通过大型复杂工程解决工程社会冲突的过程中首先需要做到的是组织的综合协调。

第一,充分考虑大型复杂工程组织的复杂性。工程共同体是社会网络中的一部分,对于其中存在的各种冲突问题应该从整体论思维角度综合协调。工程利益相关者中包括投资者、管理者、工程师群体、工人群体、公众、政府等,在面对工程冲突时片面考虑一方或少数群体不足以协调冲突关系。所谓综合协调,就是要在尊重冲突主体的心理精神和利益诉求前提下,同时兼顾工程共同体的整体协调发展,避免与工程相关的风险和利益冲突,促进工程共同体的良性运行。

第二,注重组织间的关系协调,建立信任关系。信任可以降低工程项目建设过程中的不确定性,从而节省协调时间。信任度高的组织更容易主动共享信息,有助于增进组织间的相互了解。总之,高水平的相互信任能够降低协调需求。

第三,强化知识管理,提高主动协调,对不确定性进行提前控制。大型复杂工程具有集成创新性,是多种要素的新集成,对于工程组织而言,是一个新的实践。一方面,工程组织本身的协调能力需要在工程管理过程中逐渐演化提高;另一方面,工程建设过程中会产生很多要素的集成创新,例如技术创新等,因此工程组织的协调需要注重知识管理和应用,以提高基于知识的主动协调能力。知识交换与共享是由被动协调转向主动协调的关键,对工程协调有显著影响。

案例分析

权威政治与公民社会在三峡大坝工程建设过程中的协商与协调

　　三峡大坝位于中国湖北省宜昌市境内,距下游葛洲坝水利枢纽工程38公里,是当今世界最大的水力发电工程,是三峡水电站的主体工程、三峡大坝旅游区的核心景观。工程施工总工期自1993年到2009年共17年,分三个阶段进行,到2009年工程已全部完工。对于三峡大坝这么宏大而影响深远的工程,必然存在着不小的争论,三峡大坝的大型工程框架选择,是一种容纳各种歧见的社会建构过程。这一过程涉及各种技术和非技术因素,最终结果取决于所处历史阶段、工程规模大小、经济发展情况以及社会或政治协商程度。

　　三峡水库涉及区域面积达1084平方千米(新淹土地632平方千米),平均宽1.1千米,从重庆到宜昌三斗坪长600千米(包括三峡段200千米)。水库在正常蓄水位时,全淹或基本全淹的有秭归归州镇、兴山高阳镇、巴东信陵镇、巫山巫峡镇、奉节永定镇、万州沙河镇、开县汉丰镇和丰都名山镇,大部分被淹的有云阳县云阳镇,部分受淹的有万州区、涪陵区部分市区、忠县忠州镇、长寿区城关镇部分城区。威权政治再次发挥了作用,采取了包括制定相关法律文件、大力宣传和动员、搬迁补偿和地点安置等各种措施。尽管三峡工程动工前的1985—1992年间已经进行了8年开发性移民试点,但1997年工程实施第一阶段结束时只有10万人获得搬迁,远没有达到1995年搬迁100万人的原定目标。1997年,重庆直辖市成立,占三峡库区移民85%的原四川省库区各县划入重庆市,成为保证三峡移民工程顺利进行的重大举措。1999年,政府对19.6万农村移民的外迁安置政策和受淹工矿企业的搬迁政策进行了调整,同时,更加注重对地质灾害和水污染的防治。2006年,针对移民搬迁安置中出现的新问题,结合新出台的土地法,政府适时地对移民搬迁安置规划和概算进行了调整,同时增加了移民经费。2007年,完成了120万人的安置工作,但在2009年工程完工时,水位达到175米之前又增加了10多万需要重新安置的移民。这导致了三峡工程移民静态投资概算400亿元的不足,因此,2007年7月国务院三峡建设委员会批准增加了近80亿元移民概算。三峡库区百万移民的搬迁安置工作从1993年开始大规模实施,至2009年底结束,提前一年完成了130万移民的搬迁安置任务,确保了三峡工程135米、156米和175米试验性蓄水的按期实现。

　　其间环境影响争议从两个方面展开:一是在农村地区随着移民重新安置工作的开始,部分镇村对移民安置采取了对抗性抵制态度,存在的问题包括赔偿不合理、地方官员腐败和不兑现承诺等;二是来自城市的非政府环保组织采取非对抗性态度,强调对环境问题的政治关切。就前一方面来说,一个典型的例证是湖北兴山县城高阳镇作为三峡库区第一移民大镇,有1.7万人面临搬迁,为了赔偿公平,何克昌等15人于2000年12月成立意在监督地方政府执行中央政策的"高阳镇移民监视协会",被称为库区"第一火药桶"。这种对抗的诉求与其说是一种赔偿公平,毋宁说是一种环境公平,因为经济赔偿不过是一种对原居住地传统和文化环境的补偿。就后一方面来说，除自然之友等环保团体外，还有一些学术性批判组织。陆钦侃是1988年参与三峡工程论证的412位专家中在结论上拒绝签字的9位专家之一和防洪组拒绝在论证结论上签字的两位专家之一（另一位是方宗岱），他直到2000年底还组织55位专家（主要是水文学者、历史学家和环保人士）就2009年三峡水库蓄水位上升到175米提出反对意见，认为蓄水位提高意味着更多的移民重新安置和三峡泥沙淤塞。

就全民水政治来说，如果说防洪属于传统水政治，发电属于现代化和经济进步标识的话，那么环境问题则是全民水政治的当代表现。移民安置和生态环境问题非常复杂，除被淹没损失不可逆之外，威权政治发挥的作用在于它尊重专家意见和满足移民利益诉求。其中即使存在各种矛盾甚至冲突，也能通过价值协商、协调和平衡得到解决。至于三峡大坝建成之后的生态政治治理转向，则完全体现了非威权政治的力量要求。无论如何，三峡大坝的工程框架选择，体现了国家-社会、政府-公众、权力-民主的多层面政治和权益关系，威权政治和公民社会的相互协调和互相平衡构成了三峡大坝的政治建构机制。

（案例来源：《三峡大坝的社会建构》李三虎）

思考：结合以上内容，谈谈三峡大坝工程是否说明了威权政治和公民社会的协商协调是公平公正的？

参考文献

[1] [美]戴维·波普诺.社会学[M].李强,等译.第十版.北京:中国人民大学出版社,2001.
[2] 贾广社,夏志坚,栗晓红,等.建设工程社会结构探析[J].科技进步与对策,2011,28(13): 21-25.
[3] 王文学,尹贻林.天津站综合交通枢纽工程利益相关者管理研究[J].城市轨道交通研究, 2008(9):4-6+24.
[4] 李伯聪.工程社会学导论:工程共同体研究[M].杭州:浙江大学出版社,2010.
[5] 王江.城市建设和管理的公众参与问题探讨[J].城市,2003(3):10-13.
[6] 王名.非营利组织管理概论[M].修订版.北京:中国人民大学出版社,2010.
[7] 吴广深.中国环保型非政府组织发展研究[D].郑州:郑州大学,2007.
[8] 瞿晓青.中国环保非政府组织（NGO）的政策参与研究[D].北京:中国政法大学,2011.
[9] 丁烈云.工程管理:关注工程的社会维度[J].建筑经济,2009(5):8-10.
[10] 姚小涛,席酉民.管理研究与社会网络分析[J].现代管理科学,2008(6):19-21.
[11] Park H, Han S H, Rojas E M, et al. Social Network Analysis of Collaborative Ventures for Overseas Construction Projects[J]. Journal of Construction Engineering and Management,2011,137(5):344-355.

[12] 杨琳.基于社会网络分析法的复杂工程项目组织网络模型构建[J].武汉大学学报:工学版,2012,45(3):345-349.

[13] 张松艳,方宇潇.基于社会网络分析的建设工程项目组织研究[J].浙江科技学院学报,2018,30(1):69-74.

[14] 李长武.巴纳德管理思想述评[J].吉林大学社会科学学报,1985(1):19-24.

[15] 盖宏伟.谈组织中的非正式结构[J].黑龙江教育学院学报,2003(4):8-9.

[16] 杨延峰.发挥非正式组织的积极作用[J].政工学刊,2010(9):28-29.

[17] 李伯聪.工程共同体研究和工程社会学的开拓——"工程共同体"研究之三[J].自然辩证法通讯,2008(1):63-68+111.

[18] 芦文龙.技术主体的伦理行为:规范、失范及其应对[D].大连:大连理工大学,2014.

[19] 帕森斯.社会行动的结构[M].南京:译林出版社,2003.

[20] 朱勤.实践有效性视角下的工程伦理学探析[D].大连:大连理工大学,2011.

[21] 罗永仕.工程合理性的社会学分析[J].自然辩证法研究,2009,25(2):55-60.

[22] 罗永仕."造物"工程的社会合理性阐释[C]//中国自然辩证法研究会.第二届中国科技哲学及交叉学科研究生论坛论文集(博士卷),2008:167-171.

[23] 万舒全.整体主义工程伦理研究[D].大连:大连理工大学,2019.

[24] 朱葆伟.工程活动的伦理责任[J].伦理学研究,2006(6):36-41.

[25] 盛昭瀚.大型复杂工程综合集成管理模式初探——苏通大桥工程管理的理论思考[J].建筑经济,2009(5):20-22.

[26] 李伯聪.工程哲学视野中的企业定义和企业观[J].自然辩证法研究,2008,24(11):13.

[27] 张秀华.工程共同体的结构及维系机制[J].自然辩证法研究,2009,25(1):86-90.

[28] 赵琳.谈大型建设项目的扁平化组织结构构建[J].建筑经济,2008(S2):227-229.

[29] 黄干.大型工程项目管理扁平化组织结构研究[D].广州:华南理工大学,2010.

[30] 张惠平.浅议施工企业应收账款的日常管理[J].时代金融,2013(36):47-48.

[31] 宋善文.新时期人民内部矛盾研究[D].武汉:华中师范大学,2006.

[32] 李伯聪.工程共同体中的工人——"工程共同体"研究之一[J].自然辩证法通讯,2005(2):64-69.

[33] 李涛.新生代农民工市民化问题的社会学分析[J].长春理工大学学报:社会科学版,2009,22(5):729-731.

[34] 王春光.新生代农村流动人口的社会认同与城乡融合的关系[J].社会学研究,2001(3):63-76.

[35] 张传慧.新生代农民工社会融入问题研究[D].北京:北京林业大学,2013.

[36] 卢海阳,梁海兵,钱文荣.农民工的城市融入:现状与政策启示[J].农业经济问题,2015,36(7):26-36.

[37] 宁夏,叶敬忠.改革开放以来的农民工流动——一个政治经济学的国内研究综述[J].政治经济学评论,2016,7(1):43-62.

[38] 邓波,贺凯,罗丽.工程行动的结构与过程[J].工程研究-跨学科视野中的工程,2007,3:49-59.

[39] 邓波,罗丽.工程知识的科学技术维度与人文社会维度[J].自然辩证法通讯,2009(4): 35-42+111.
[40] 苟尤钊.技术演进的社会学分析——从DDT命运的一波三折谈起[J].科技与企业, 2014(23):124-125.
[41] 孟凡芹,许志晋.工程与社会双向互动的工程特征探析[J].理论界,2009(6):108-109.
[42] 张长征,张蕾,华坚.公众参与引导下的重大工程社会矛盾化解机制[J].河海大学学报: 哲学社会科学版,2018,20(6):83-89.
[43] 许婷.工程冲突管理的文献综述[C]//第六届中国管理科学与工程论坛论文集.2008: 948-952.
[44] Baccarini D. The Concept of Project Complexity—A Review[J]. International Journal of Project Management,1996,14(4):201-204.
[45] Brewer G, Gajendran T. Emerging ICT Trends in Construction Project Teams: A Delphi Survey[J]. ITcon,2009,14:81-97.
[46] 李三虎.工程实践的政治问题:工程共同体中的冲突与协调[J].探求,2008(1):29-38.
[47] 黄满忠.亚里士多德的公正德性观及其当代启示[J].党政干部学刊,2010(6):12-14.
[48] [美]乔治.企业伦理学[M].王漫天,唐爱军,译.北京:机械工业出版社,2012:67.
[49] 王世柱,申振东.论生态文明城市法律价值冲突及解决原则[J].贵州师范学院学报, 2011,27(11):18-22.
[50] 田丽芳.代际公平与环境规制[J].山西农业大学学报:社会科学版,2013,12(7): 728-732.
[51] 宋旭光.代际公平的经济解释[J].内蒙古农业大学学报:社会科学版,2003(3):6-8.
[52] 胡德胜.西部自然资源开发与西部可持续发展关系刍论[J].西安交通大学学报:社会科学版,2012,32(2):59-65.
[53] 饶品华.可持续发展导论[M].哈尔滨:哈尔滨工业大学出版社,2015.
[54] 聂华林,李秀红.区际公平与区域经济可持续发展[J].甘肃社会科学,2001(5):30-31.
[55] 谭霞.实践科学发展观,促进区域公平[J].湖湘论坛,2007(2):12-13.
[56] 邱仁宗,黄雯,翟晓梅.大数据技术的伦理问题[J].科学与社会,2014,4(1):36-48.
[57] 葛扬.国家战略下长三角一体化中的房地产业[J].上海房地,2020(3):51-54.
[58] [美]乔治.信息技术与企业伦理[M].李布,译.北京:北京大学出版社,2005:240-242.

Chapter 4

第 4 章　工程服务与公平正义

学习目标

通过本章的学习,了解社会公平的不同形式;理解代内公平、代际公平、区域公平的含义;掌握工程产品服务的可及性伦理问题、普惠性概念以及如何实现工程服务的公平正义。

4.1　工程活动中的公平与正义

人类为了更好地生存和发展,就必须不断地认识和改造自然,从而使得人们在生产过程中结成一定的社会关系,基于任务分工和相互协作,共同完成改造自然的任务。社会关系建立起来之后,公平正义等问题也就提出来了,公平正义产生于人们的社会实践活动。同时,公正问题是伦理学中的一个基本范畴,工程伦理的一个重要视角就是以公正的视角研究工程,这是由公正在伦理中的地位决定的。

公正最基本的概念就是每个人都应获得其应得的权益,对平等的事物平等对待,不平等的事物区别对待。公正还规定了不平等的程度,意味着只要人们认为某种方式或方法是公平或正当的,人们就可以给予不同的待遇,或者相同的需求应获得相同的供给或机会。同时,公正也是一种价值判断,含有一定的价值标准,在常规情况下,这一标准便是当时的法律。在法律的约束下,普遍要求人们培养起正确的公正观,共建和谐主义社会。

亚里士多德把公正理解为人的德性,认为公正是一种优秀的品质,促使人行为公正和向往做公正事情。公正和谐社会的建设不仅应当重视公平正义的制度设计,而且需要塑造具有公正德性的公民。美国伦理学家理查德·T.德·乔治提出了四种类型的公正:(1) 补偿公正,对一个人遭受的不公正待遇进行补偿;(2) 惩罚公正,对违法者或违背伦理道德者进行惩罚;(3) 分配公正,公正地分配社会利益和负担;(4) 程序公正,规定了程序的过程、行为的公正性。公正类型理论在应对现实具体工程问题时具有参考借鉴意义,为我国在工程上涉及的经济、社会、法律等各个领域实现社会公正寻找一条新的伦理途径。

一般情况下,公正被狭义地理解为分配公正,关注社会利益和负担的合理分配问题。工程领域里基本的分配公正主要指:工程活动不应该危及个体与人群的基本生存与发展的需要;不同的利益集团应该合理地分担工程活动所涉及的成本、风险与效益；对于因工程活动而处于相对不利地位的个体与人群，社会应给予适当的帮助和补偿。为了在工程实践中实现基本公正，可采取利益补偿和协调等方法机制，以程序公正来保证分配公正。

4.1.1 社会公平

在伦理学的意义上，公平主要是指相互尊重、团结友爱的道德准则和人道主义价值观，主张每个人都拥有独立平等和生存发展的权利。尽管每个人的天赋才能以及对社会的贡献有所不同，且经济地位和政治地位有所差别，但每个人都有自己的人格尊严和人身自由，这种人格尊严和人身自由是神圣不可侵犯的。在现实世界中，公平是社会发展的核心目标之一，包括文化公平、经济公平、政治平等和社会公平。而社会公平是社会上最基本的价值观念和准则，是社会主义追求的基本目标和核心价值，体现的是人与人之间平等的社会关系。

社会公平常常与平等问题紧密联系在一起。当公平被视为社会评价中规定的指标时，必然要涉及平等问题，如经济、社会上的平等，地位、权力的平等。因此，不同种类的不平等和公平应在不同的层次上予以考虑。目前工程中的社会不公现象主要有忽视利益相关者的弱势群体，如作业现场的工人等，他们的利益在决策中可能会被忽略而得不到反映；工程决策中的决策参与者就是包括政府、投资者、工程师、建筑师、设计师、行业专家、工人等在内的工程共同体，工程决策中某些决策机制存在不公正之处，它不适当地把决策参与者中的弱势群体，如作业现场的主体工人、在工程外部易受工程影响的社区居民等，排除在决策的过程之外，使得弱势群体的利益不能够有效地在决策中得到反映。

社会公平涉及方方面面的社会关系，主要包括四个方面：

1. 权利公平

权利公平是指社会成员都应当享有同样的基本权利，这些权利是由宪法和其他法律赋予公民个人及其组织在经济、政治、文化等方面所享有的权力和利益。权利公平显示在社会生活中的方方面面，如生命权、人身自由权、参与公共事务权等。但不同国家和区域，由于社会经济文化发展水平的不一致，在保证公民权利公平方面也是不完全相同的。对于发展中国家来说，社会成员拥有生存权、就业权、受教育权以及社会保障权，且这几项基本权利的重要意义要明显超过发达国家相应权利的意义。

在工程活动中，权利公平关系到参与各方的切身利益，工程参与方都共同享有参与工程事务的权利，享有对工程项目的知情权，对工程项目收益共享，风险共担。同时，应切实保障工人工程活动中的人身安全权，落实好工程安全事故处理制度以及相应保险规章制度。

2. 机会公平

机会公平是实现社会公平正义的基本机制，要求社会提供的生存和发展机会对于每一个社会成员来说都始终均等。在实际社会生活中，机会公平主要表现为两方面：第一，生存和发展机会起点上的平等。具有同样天资潜力的社会成员，即便出身家庭环境可能不一致，也应当拥有同样的起点，以谋求生存和发展的机会。现实生活中存在很多起点不公的现象，比如在工程上，农民工等弱势群体因起点低，更易承担工程质量问题责任。第二，机会实现过程中的平等。在获取机会的过程中，必须排除一切非正常因素的干扰，取消人为特权，社会成员都有权获得均等机会。

工程上存在个别歧视女性的现象,阻止女性正当取得其工作地位等,这皆不可取,社会成员都有权获得工作机会。只有起点和过程均是公平的,才有可能保证结果的公平。

为了实现机会公平,应当在市场经济中创建公平竞争的环境,建立择优录用的竞争机制,让所有的社会成员都获得公平竞争的机会。尽管机会可以对所有人同等地开放,实际上每个人获得机会的条件还是不同,如社会成员性别、智力、体能、健康以及性格等方面的不同,对于社会成员的发展潜力以及把握不同机会的能力有着一定的影响。机会公平无法保证人们在竞争的起点、过程中做到真正的公平,机会公平只能是相对的公平。

3. 规则公平

规则公平是指国家机关、社会团体和企业单位对社会主体参与的各项社会活动所制定的规章制度是公平公正、公开透明的。规则公平是防止谋取不当利益行为的发生和平衡社会成员心态的重要保障,是实现权利公平、机会公平的前提。无规矩不成方圆,社会主体在参与社会活动的时候,要遵守相同的规则,实现规则公平。规则公平可体现在工程项目中的多个方面,如法律条例、合同规则等。

在工程项目中,项目参与方在订立合同时要遵守相应的法律法规,不能利用当事方经验不足等签订明显有失公平、违反等价有偿原则的合同。合同签订方理应遵守平等、等价和公平等合同法基本原则,以实现合同公平正义。合同上规定的权利与义务不匹配,会使得合同签订一方当事人享受更少权利的同时承担更多义务,严重损害合同签订一方当事人的经济利益,而另一方则可获得超额利益,严重扰乱工程项目的正常运行,违反规则公平。

4. 分配公平

一般情况下,分配公平主要关注社会利益和社会负担的合理分配问题,表现为消费分配的相对公平,社会成员的收入差距不能过于悬殊。基本分配公平的实现是一个十分复杂的过程,其基本实现途径是在不同利益与价值追求的个人与团体间的对话的基础上,达成有普遍约束力的分配与补偿原则。例如,为了消除邻避效应,可对受到工程项目负面影响的相邻区域民众给予一定的补偿政策,包括经济补偿、政策优惠、心理疏导和身体健康检查等方面的特殊优待,以弥补对民众造成的影响,实现分配的公平公正。

但在现实的工程活动中,公正与效率又常常发生冲突。工程活动中的伦理道德抉择,必须解决如何同时兼顾公平与效率这个问题。有时两者是协调的,有时两者又是矛盾的。当人们注重公平的时候,可能会丧失效率;当人们注重效率的时候,又可能丧失公平。公平与效率的权衡,是迄今为止理论与实践均尚未完全解决的问题。

基本的公正既是效率合法性的前提,更是伦理道德应遵守的原则。但事实上,公正是相对于具体的社会情境而言的,因国家地域等情况的差异,只存在相对的公正。同时,在实现公正的过程中应注意提升效率,在合理提升效率的活动中,必须对创新者或突出贡献者有一定的正激励,而对消极怠工者可处以一定的负激励,这不仅能激励员工促进工程效率,也能实现工程活动中的公平正义。

4.1.2 代内公平与代际公平

可持续发展旨在促进人类之间和人与自然之间的和谐。和谐的实现基础是公平,公平即机会选择具有平等性。

代内公平是指代内的所有人，不论其国籍、种族、性别、经济能力水平和文化背景等方面的差异，个人对自然资源与环境的利用、个人自身能力的发展均享有平等的权利，并承担平等的义务。可持续发展的公平原则强调人类生存权利和基本需求满足的合理性平等、不同国家和地区的人对自然资源与环境占有使用权的平等。

代际公平是指当代人的发展不应以损害后代人发展的能力为前提。代际公平的概念最早由塔尔博特·R.佩基(T. R. Page)在"社会选择"和"分配公平"基础上提出，1984年美国爱迪·B.维思(E. B. Eiss)阐述了该概念的含义并提出"行星托管"概念，指出人类每一代人都是后代人地球权益的托管人，每代人在开发利用自然资源与环境方面均有平等的权利。代际公平原则具体如下：

（1）选择原则。即每代人在享受当代权利的同时不应损害后代人的利益，应为后代人保存文化和自然资源的多样性，以避免不适当地限制后代人可进行的各种选择，同时使他们有可与前代人相对应的多样性的权利。

（2）质量原则。即每代人应保持地球生态环境的质量，而非以破坏生态环境质量后的地球交给后代人，需使后代人享有前代人所享有的生态环境质量的权利。

（3）接触与使用原则。即每代人应对其成员提供平等地接触和使用前代人遗产的权利，并为后代人保存这项接触和使用的权利。

可持续发展的最初定义是"既满足当代人的需求又不损害后代人满足其需求的能力的发展"，可用经济学语言对布伦特兰委员会的定义加以修正。经济学意义的可持续发展定义可表述为"当发展能够保证当代人的福利增加时，也不会使后代人的福利减少"，这就是"代际公平"。

4.1.3 工程可持续建设区域公平

探讨一国的可持续发展问题的制约因素，主要是代际问题和区际问题，代际问题直接制约着一国长期稳定的经济增长，而区际问题对经济的制约性在发展中国家表现得尤为显著。区际发展严重不协调与不平衡，如城乡收入差距不断扩大，农村脱贫难度越来越大，使城乡全面发展的目标受到阻碍，发展差距日益扩大，成为影响发展中国家长期稳定增长的制动因素。因此，在可持续发展问题的理论研究上，不仅要从代际公平上去研究可持续发展问题，还应当从区际公平上去研究可持续发展问题，这也应是区域可持续发展研究的一个长远课题。

首先，促进区域公平是实践科学发展观的应有之义。公平发展就意味着全面发展、协调发展、可持续发展。全面发展指不能顾此失彼，不能搞歧视；协调发展强调要在不同群体、不同区域的发展过程中寻找协调，实现和谐及共同繁荣；可持续发展则追求代际公平，即不能因当代人的发展而牺牲后代人的发展。

其次，促进区域公平是实践科学发展观的重要保障。从宏观上说，促进和保障了区域公平，就从根本上消除了区域发展不公可能给社会秩序所带来的不稳定因素，从而为和谐社会的建设提供了更多相对稳定因素。从微观上看，区域公平为全面、协调和可持续发展提供了重要保障。缩小区域差距，消除发展中的歧视，在制度上为各行业、各群体的发展提供支持，才能保障全面协调发展的顺利进行。而注重人和环境的协调，在发展经济的同时克服能源危机、生态危机，才能为可持续发展奠定坚实可靠的基础。因此，区域公平既具有保障社会稳定和安全的"底线"作用，也具有促进经济发展、推进社会改革以及实现科学发展的"催化"功能。

4.2 工程服务中的公平与正义

4.2.1 工程产品与服务对象

工程活动是有着明确目标的行为,具有多方面的价值,可以给社会带来利益和好处。工程建造是一个造物的过程,所提供的产品首先体现为物质性的工程、基础设施等。但随着造物的工程越来越复杂,在工程造物的全寿命周期各个阶段,管理与服务变得至关重要。很多的工程造物,功在当代,利在千秋,大型的工程与基础设施建成后服务社会的生命期长达百年乃至千年。在某种意义上,工程造物提供的不仅仅是物质产品,更是基于设施的服务,而且随着工程技术的发展,服务变得越来越重要,甚至比物质的产品更加重要。无论是物质抑或服务,工程提供服务与产品的对象往往需要界定。

在市场经济下,企业的产品开发和组织生产是瞄准目标市场和目标客户群的。可依据支配收入水平、价格敏感度、性别、年龄、地域、种族等特征对人群进行区分,从中识别目标客户群,了解目标客户的人群特征和购买决策,瞄准目标市场。若对目标客户群进一步细分,可分为首要关注对象、次要关注对象和辐射人群。首要关注对象是指在总体目标客户群体中,有最高消费潜力的那部分消费者;次要关注对象是指处于战略目标以外,但也能够为产品创造重要销售机会的消费者;辐射人群是指处于目标顾客群体以外,但也受到营销手段影响的消费者,即购买欲望最弱的那部分群体。毫无疑问,首要关注对象是企业在经营战略中最值得关注的对象,是目标客户群里有最高消费潜力的消费者。通过营销手段可使首要关注对象成为产品的忠实拥护者,帮助企业获得较高的稳定的销售收入。同时,企业也可通过营销推广手段管理次要关注对象和辐射人群,有望在中长期获得较高销售收入。

由上可知,企业识别确定目标客户群的过程和方法是依照收入、购买力等经济特征以及性别、种族、年龄、地域等属性特征不同而对人群区别对待,企业是否不公正对待消费人群?是否涉嫌歧视?有学者在研究数字鸿沟时指出,"鸿沟"是指某些群体在信息可及方面遭到不合伦理和得不到辩护的排除,在信息资源和知识资源分布上严重不均。这种数字鸿沟已经引起国内外的普遍关注。借鉴这种思想,我们可以把不能获得产品结果的现象称作"排除",以有别于意义更强的"歧视"。但无论如何,这种现象无疑不符合当前社会所提倡的共享发展理念。

为解决工程资源分配问题,工程伦理学提出了多条原则,例如人道主义原则(以人的生命安全为第一要义)、功利主义原则(社会价值利益的最大化)、公平正义原则(招投标采购的权利义务平等)等。市场经济下,工程受益人群的确定,一般是由市场上"看不见的手"来调控的,通过产品价格配置资源,实际上是按照购买能力(以及支付意愿)为标准来确定工程产品的服务对象,这也就排除了没有购买力的贫困者,此处称"排除"而非"歧视",以有别于对购买人群的区别对待。

4.2.2 工程产品服务的可及性

对企业而言,生产销售的产品的价格是影响企业经济效益的一个非常重要的因素。从企业盈利的角度来说,企业当然希望产品价格越高越好,但价格一般也会影响销售量,所以企业会综合考虑价格和销量的关系,对二者进行权衡协调,为产品制定合适的价格,从而使企业利益最大化。从消费者的角度来说,产品或服务的价格应当与为消费者提供的利益或好处相当。消费者一般看中产品的性价比,期待高性价比,在综合比较产品品质性能和价格后,选取最优性价比的产品。

但是,价格不仅是一个重要的经济因素,也包含着强烈的社会伦理因素,如产品价格的可及性、服务的普惠性等问题。形象来说,产品的价格是一道门槛,一些人可以享受产品或服务的便利性,同时另外一些人(如低收入者)会被拒之门外,妨碍产品成果的可及性和普惠性。一旦产品价格过高,没有购买能力的低收入者就不能顺利购买,会使得普通公众难以分享产品的成果和好处,影响社会的公平公正。

工程产品或服务是联系工程产品与社会消费者的重要纽带,其价格是供需双方都非常关注的参数,直接反映着工程主体(即企业)与工程用户(即消费者)之间的利益关系。工程项目将资金、技术、人力、材料等资源聚集于特定时空点,只能服务于特定的人群,而不会是所有人,由此涉及工程产品服务对象的公平公正伦理问题。工程提供的产品往往由市场上的投资者或购买者所拥有,工程产品的价格具体扮演了"门槛"的作用,尽管它们不是工程项目发起方主观故意造成的。工程主体(即企业)瞄准目标人群开展工程活动,把目标人群之外的人群排除在工程产品服务之外,这不符合现代可持续发展的观念。工程产品服务的直接对象主要体现为建筑工程的拥有者,即购买商品房、商铺等的消费者,除了直接对象外,工程产品的其他间接对象,如水利工程、电气工程等对应的服务对象,与人类的活动息息相关。

一般而言,我们讨论的主要是建筑工程产品价格的可及性伦理问题,可及性问题常见于患者用药难问题上,药品可及性是指人人能够以可负担的价格,安全而切实地获得对症、高质量、在文化习俗上可以接受的药品,并可以方便地获得合理使用该药品的相关信息。药价过低会使得生产企业没有利润甚至亏损,药价过高会让患者负担不起昂贵的药材甚至失去生命,因此,药物价格的社会伦理问题极为突出地显现出来。体现在工程上,工程产品可及性指人人能够以负担得起的价格去享受工程产品所带来的好处与便捷,使得工程成果惠及更多人。同样,工程可及性也涉及工程主体企业的利润和平民百姓之间的利益冲突,虽无关乎生命却也对社会产生一定的影响。所以,不断推进科学技术进步,努力降低产品价格,是社会对工程师的一项期望,也应当是工程师不懈追求的目标。

随着我国城市现代化建设步伐的加快,房地产市场也持续稳定地发展。但近几年来,部分地区的房价持续上涨,远远超过居民收入的增长幅度,导致居民购房困难。同时,物价和地价的上涨也带动房地产价格的上涨,大城市的高房价把低收入者阻拦在外,令年轻人望"房"兴叹。但是,自古以来中国人就有很重的家国观念,有房才有家,因此很多年轻人不惜背上沉重的房贷沦为"房奴"也要去购买房屋。有需求就会有市场,有市场就会推高房价,自然形成恶性循环,导致社会工程产品资源分配不均,普通大众则难以分享建筑工程的成果和好处。住房问题关系着国计民生,党的十九大报告提出,"坚持房子是用来住的,不是用来炒的,加快建立多主体供给、多渠道保障、租购并举的住房制度,让全体人民住有所居"。在宏观政策的调控下,企业需提供广大群体能购买的公租房、经济适用房等,缓解房地产供给不足的问题,社会政策可起到社会保障和兜底的作用。调控房地产,有助于控制房价过快上涨,让房地产市场平稳有序发展。当然,影响工程产品和服务的可及性和普惠性的因素,除了经济价格外,还有知识和技能水平,尤其是高新技术产品带来的技术鸿沟。在工程产品售卖阶段,工程主体掌握着比消费者更多的产品信息,这是横亘在用户与市场间的信息不对称的鸿沟,而横亘在用户与用户之间的鸿沟体现为信息获得和接收的差异。美国伦理学家理查德认为,在弥合信息富有者与信息贫困者之间的数字鸿沟方面,信息工程师负有以下责任:第一,使计算机和因特网的使用简单直观;第二,计算机和因特网便于文化水平低、英语知识不足的人们使用等。起点不公也会导致对于机会的把握不公，因此，社会期望工程师能够降低使用工程产品的知识技能门槛，或者广泛提高公众的科学技术素质。

4.2.3 工程产品服务的普惠性

作为工程的产物，工程产品（或服务）的价值与工程本身的价值息息相关；而价格作为价值规律作用的表现，以极其直观的数字形式影响着工程产品与消费者之间的关系。普惠政策可以理解为能给大众带来利益、实惠的公共政策。工程产品服务的普惠性体现为工程产品对社会民生所带来的实惠利益，不仅可以给工程主体以及工程产品拥有者带来利益，也能使多数人受益。

工程产品作为一种宝贵的财富资源，在如何分配和使用上，便涉及社会公正伦理原则。然而总是会存在着诸如以下原因影响工程产品分配的公正性：

（1）预期受益者的狭隘性。在市场经济中，产品的开发与生产，是基于特定的市场与目标人群而进行的，已存在一定的预期受益者。这些受益人群的确定，一般是由市场这只"看不见的手"来调控的，通过规定产品的价值配置相应的资源，其本质上是以购买能力为标准确定谁能够享受相应的工程产品与服务，那么价格的门槛则不可避免造成只有一部分人能够达到这个要求。

（2）邻避效应。2016 年 8 月，连云港核发电站的一批废料需要进行掩埋处理，地址选择在宁波的镇海，结果遭到了当地群众的强烈反对；在这一事件中便出现了工程产品的邻避效应。与邻避效应息息相关的是"邻避设施"，指的是能使大多数人获益，但对附近居民的生活环境与生命财产以及资产价值带来负面影响的"危险设施"，如垃圾场、变电站、精神病院、殡仪馆等。这类设施的公益性以及建设的必要性对于当地居民来说一般都是可以接受的，但邻近居民却要实实在在承受此类项目带来的危害，从而产生了矛盾。邻避效应的本质是大众与周围居民利益损失分配的不均衡，它严重影响了工程产品利益分配的公正。

（3）"利益相关者"概念的模糊。利益相关者指的是在企业或者工程中进行了一定专用型投资，并承担了一定风险的个人或集体，其活动能够影响企业（或工程）目标的实现或者反过来受到目标实现过程的影响。在现实生活中，工程中的利益相关者由于数量多、相互关系复杂等因素，往往变成了工程或者工程产品的"承受者""无辜者"，被动地承受了工程或工程产品带来的风险与损害。

由此，为了充分地实现工程产品分配的公正性，需要遵守以下原则：① 工程活动不应该危及个体与特定人群的生存与发展需要；② 不同的利益集团或者个体应该合理地分担工程活动所带来的成本、风险与效益；③ 对于因工程活动而处于不利地位的个人或者群体，社会应该给予适当的补偿。

以我国的住房建设为例，住房在当前我国城市化进程中起着重要的作用：一方面改善了城市既有居民的住房品质，满足了住房改善的需求；另一方面，在市场经济体制下的住房市场带动了大规模的投资，房地产成为驱动中国经济发展的马车之一。然而，作为工程建设的产品，房地产市场不仅仅关系到市场经济，还与中国的住房社会政策密切相关。面向不同服务对象提供适宜品质的住房，不仅仅是市场需要解决和能够解决的问题，还关系到如何理解和实现社会公平公正。为了解决住房这一工程产品的公正性，国家与政府采取了如下的措施：

（1）出台满足群体利益的政策。在我国快速发展的商品房市场，政府曾经出台经济适用房政策，在新批准的住宅用地上除了新建商品住宅供高端消费者外，还需要配套建设相当比例的经济适用房，用于满足底层居民的需求，从而提供各个阶层负担得起的产品。例如，我国 2008 年出台的有关经济适用房的政策中，其中明确规定：此类房屋销售的对象主要是家庭年工资在 3 万元以下的住房困难户,并在同等条件下优先销售给老师与退休职工。这既是住房作为福利政策的体现,也体现了社会融合避免社会分化的一种需要。

(2)出台相关的补偿政策。对于那些因房地产开发而承受损失的人,例如城中村改造项目拆迁涉及的人群等,国家都会依据我国集体土地和国有土地房屋拆迁补偿标准给予相应的补偿。同样,邻避效应主要围绕兴建公共基础设施,涉及的是公共利益与少数人群的合法、合理利益之间的矛盾。解决公益性项目的邻避效应,关键是由政府采取适当的物质性经济性补偿措施,也有必要重视对邻避效应的社会心理补偿。

综上所述,工程作为一种价值导向强烈的社会活动,其诸多价值都与社会伦理息息相关,政府应当建立健全相关的政策机制,保证工程产品资源的合理分配,维护社会的公平公正,让工程产品的成果和好处惠及更多人。

案例分析

城市有轨电车的争议

有轨电车因环保、舒适、美观、成本相对较低等特点,近年来吸引了不少城市大力投入,尤其在大城市郊区、中小城市城区、旅游景区等地呈井喷之势。有数据显示,截止到2020年底,内地共有约20个城市开通有轨电车线路,运营总里程约500公里。有轨电车在城市轨道交通中的占比也从2012年的2%增长到了2020年的6%左右。

然而,伴随着有轨电车建设热潮的是从未停止过的"有轨电车是否鸡肋"的争议。据媒体报道,2021年1月22日,总投资约26亿元、断断续续运营了3年的珠海有轨电车1号线暂停运行,恢复开通时间未知。由于该线路被当地居民经常吐槽"车次少、车站多、车速慢、红绿灯等待时间长、换乘麻烦",三位珠海市政协委员联名建议当地政府,"放下包袱,面对现实,早日拆除珠海有轨电车1号线"。

"拆还是不拆"不仅成了当地政府需要妥善解决的一道难题,更将一直以来备受争议的有轨电车项目再次推向了舆论的风口浪尖。此前开通的有成都有轨电车蓉2号线、武汉光谷有轨电车、三亚有轨电车示范线、北京亦庄有轨电车T1线等项目,都或因速度太慢、发生过安全事故、利用率低等问题被网民吐槽。"有轨电车不实用为什么还要建设""有轨电车还是有'鬼'电车""有轨电车车速慢、基本没人坐"等批评声常见于各大网络留言平台。

梳理媒体与网民的观点可知,有轨电车主要存在利用率低、一定程度造成交通拥堵、存在安全隐患等方面问题。从珠海、北京、成都等地的有轨电车现实表现可以看出,网民的质疑有其合理性。虽然有轨电车相对地铁来说造价成本低,但有轨电车项目在当前的交通体系下,其固有的局限性也很明显,并不是每个城市都适合发展有轨电车项目。

有媒体报道说,北京亦庄有轨电车T1线规划过程中常提及的"平交路口信号优先系统"并没有正常启动,这导致列车要在路口跟社会车辆一样等红灯。当地交管部门解释是,对原有线路运行干扰较大,不利于其他交通参与者顺利通行,后期若客流量增大就会考虑开启信号优先权。换言之,开启"优先权"需要增加"客流量",但"客流量"增加的前提是"提速","提速"又需要开启"优先权"作为保障。在这样的死循环之中,最终受损的是本应属于公众享有的交通便利。

一边是公众对有轨电车的诸多质疑，另一边是有轨电车的轨道正在快速延伸。有观点分析认为，很多城市热衷于兴建有轨电车可能是因为与修建地铁、轻轨相比，前者的审批权掌握在地方政府手里，不需要上级部门批准。2021年3月国务院办公厅转发《关于进一步做好铁路规划建设工作的意见》，针对地方的地铁、轻轨建设热潮，提出"严禁以新建城际铁路、市域（郊）铁路名义违规变相建设地铁、轻轨"。这也可能意味着一些地方政府在面对地铁、轻轨项目更高的审批门槛时，会加速转向审批门槛较低的有轨电车项目，形成新一波有轨电车建设高潮。

当然，应该看到有轨电车对城市发展的积极作用，但各地在上马有轨电车项目时也需要结合实际需求，因地制宜，不盲目开发。尤其需要注意的是，在项目审批时须充分做好民意调查、前期规划、科学设计等工作，做到审慎考量。此外，对于一些存在争议的项目，要及时回应公众的关切，采取适当措施，探索其利用价值。

思考：根据以上材料，你认为有轨电车这一工程产品是否是惠民项目？其发挥的效益又该如何评判？

参考文献

[1] 黄满忠.亚里士多德的公正德性观及其当代启示[J].党政干部学刊,2010(6):12-14.
[2] [美]乔治.企业伦理学[M].王漫天,唐爱军,译.北京:机械工业出版社,2012:67.
[3] 万舒全.整体主义工程伦理研究[D].大连:大连理工大学,2019.
[4] 王世柱,申振东.论生态文明城市法律价值冲突及解决原则[J].贵州师范学院学报,2011,27(11):18-22.
[5] 田丽芳.代际公平与环境规制[J].山西农业大学学报:社会科学版,2013,12(7):728-732.
[6] 宋旭光.代际公平的经济解释[J].内蒙古农业大学学报:社会科学版,2003(3):6-8.
[7] 胡德胜.西部自然资源开发与西部可持续发展关系刍论[J].西安交通大学学报:社会科学版,2012,32(2):59-65.
[8] 饶品华.可持续发展导论[M].哈尔滨:哈尔滨工业大学出版社,2015.
[9] 聂华林,李秀红.区际公平与区域经济可持续发展[J].甘肃社会科学,2001(5):30-31.
[10] 谭霞.实践科学发展观,促进区域公平[J].湖湘论坛,2007(2):12-13.
[11] 邱仁宗,黄雯,翟晓梅.大数据技术的伦理问题[J].科学与社会,2014,4(1):36-48.
[12] 葛扬.国家战略下长三角一体化中的房地产业[J].上海房地,2020(3):51-54.
[13] [美]乔治.信息技术与企业伦理[M].李布,译.北京:北京大学出版社,2005:240-242.

Chapter 5

第 5 章 工程的社会责任

学习目标

通过本章的学习,了解工程社会责任的特点、作用与组成体系;理解企业为何要履行社会责任、企业社会责任与盈利的取舍问题、全球化对社会责任的影响;掌握社会影响评价等社会责任履行方法。

5.1 工程中的社会责任

5.1.1 工程良心与工程社会责任

在我国正处于经济发展高速期的背景下,各种工程相继开工,建筑物纷纷建成,然而繁荣的背后暗藏着各种担忧,一些设计不良的工程时刻紧绷着人们的神经,中、日、韩三国工程院院长于 2004 年在苏州发起要求三国工程师"凭良心做事"的倡议。历史上人们对于"良心"一词做了丰富的解释。传统儒家认为"良心是万化之源,众善之本;良心使人不断趋近圣贤的人格,追求一种道德上尽善尽美",在西方,卢梭也给了"良心"极高的赞辞。工程活动作为人们认知世界和改造世界的重要措施,涉及多方的利益,而"良心"作为"人们行为道德的约束器"对人们工程行为的选择起着至关重要的作用。所谓"工程良心",就是指工程活动主体在工程实施中形成的一种深刻的责任感和自我评价意识,是主体个人意识中各种道德心理因素的结合,其独特成分首先是义务感和责任感,而由工程良心发展而来的则是工程社会责任。

工程良心,在很大程度上就是阐述工程的社会责任,工程的良心,本质上就是作为工程主体的相关各方的工程良心,无论在工程决策、实施、运行阶段,相关责任人都需要时刻保持其工程良心。工程良心与工程的社会责任之间的关系似乎犹如道德与法律、规范、制度间的关系,后者是前者的具体体现。我们在强调工程良心的同时,更要注重工程社会责任的制度化体现。毕竟,良心犹如道德,需要每个人去遵守,但是却很难做具体要求。在当前,工程社会责任更需要通过工程相关的社会政策、企业制度(工程项目制度)、工程师守则等得以保证。政府作为全社会的代言人和管理者,其政策具体体现在企业的制度中,而工程师则需要遵循企业制度,因此我们强调,工程项目制度建立对工程社会责任保障的重要性,这也是工程项目治理研究的重要原因。国家的社会责任可以通过监督工程项目制度来保证。因此，要将工程的社会责任纳入企业的企业社会责任中管理。

ISO 于 2010 年 11 月发布了《ISO 26000 社会责任指南》，其中七大主题分别为组织的治理、劳工实践、人权、公平运行实践、消费者、环境、社区参与等，在尊重多样性和差异性的前提下强调了"遵纪守法，尊重人权，关心员工，保护消费者，热心于社会公益，关爱环境，为社会、经济、环境的可持续发展做贡献"。

随着经济的快速发展，我国已完成或正在进行一批又一批的大型工程，而这些大型工程的进行不可避免地与生态环境以及安全问题发生着碰撞与摩擦。在 2004 年的上海世界工程师大会中，工程师与工程技术界在维护世界和平、促进共同发展、承担更多社会责任方面的要求被提出并强调，工程建设的现实需要一种新的社会责任，即是"工程社会责任"。其中工程社会责任是指工程共同体在工程实践中基于对社会、对生态环境、对受影响的公众乃至我们子孙后代负责的原则，所做出的对实现工程价值的一种选择，预期将工程实施过程中对环境以及人产生的可能危害消除或者降到最低。由此可见，工程社会责任的核心是"以人为本，尊重自然"，最终目的是工程建设不以危害环境为代价，实现人和自然的和谐共存，使工程达到和谐状态。人是社会的主体，以人为本，体现出工程的社会性；同时，工程是技术等要素的集成，因此，还需要尊崇自然规律。这是工程的社会性和自然性的体现。不尊重自然的工程，必然会失败，即使从技术手段上完全可行的工程，也需要从以人为本的角度进行考虑和选择。

一个优秀的工程人除了应当具备多学科的视野、丰富的专业理论基础、突出的工程建造能力之外，还要具备强烈的责任心、道德感、心理素质、意志品质、良好的人文情怀，具有工程精神与社会意识等。工程人要更加深刻地理解工程实践对社会、环境造成的影响，理解工程产品给社会、用户带来的价值以及如何去实现这些价值。工程人需要意识到自己对于社会的责任和影响，考虑到作为工程人的周全义务，具体包括责任意识、伦理意识、环保意识等，最终要以人类的健康和福祉作为目标，等等。工程人要意识到，在提供满足人类需求的产品及服务的同时，还需要考虑工程服务的可及性与普及性等。工程人应当明确工程服务对象和服务内容，均衡分配不同群体所享受到的利益和所需要承担的风险，综合考虑社会评价和社会影响等。因此，工程社会责任感，不仅仅指承担对工程的经济责任、法律责任，还需要承担起工程的环境生态健康责任、工程伦理责任等。

5.1.2 工程社会责任的特点

在当代工程中，责任问题极为突出，其原因不仅是工程的建设目的多种多样，蕴涵着丰富的哲学问题，而且更为独特的是，即使出于良好动机的工程项目仍然存在造成伤害的风险，表现在对第三方、对社会公众、对生态环境、对子孙后代的负面影响。因此，责任问题是工程中十分重要且复杂的伦理问题。

工程社会责任不同于科学和技术的社会责任，工程的社会责任因为工程本身的特性而具有自身的特点。工程除了具有一次性、目的性、整体性等一般特征外，典型的特征就是其系统性、复杂性、交叉性和综合性。如大型工程在建设过程中的复杂性主要表现为：

(1) 社会经济等外界因素对工程建设的影响。
(2) 工程主体的多元化以及所呈现的工程目标的多样化。
(3) 工程建设过程中各个环节、各个部门之间的复杂关联。

这样,对大型工程建设的管理思维就需要基于复杂性的管理思维上,这种管理思维不仅聚焦在工程技术上的改进,同样应该着重关注工程中所体现出来的道德问题以及伦理问题。源于工程本身的复杂性和综合性,工程社会责任也体现出复杂性与综合性的特点。工程社会责任的复杂性表现在:

(1) 工程社会责任包含社会、经济及自然环境等多个方面的内容,即内容的综合性。

(2) 工程社会责任主体多元化及由此形成责任分配的复杂性和冲突。社会责任体现在"以人为本"。工程的社会责任一方面需要体现为对工程内部工程共同体成员的社会责任,譬如,对参与工程的工人的生命安全保障等;另一方面体现为工程对外部利益相关者的社会责任,如对受工程影响居民的社会责任等。

(3) 工程建设过程中各个环节、各个部门之间的复杂关联。

传统伦理学关注的是个人行为,但工程项目都具有一定的规模性,涉及许多工程主体的共同协作,主要包括政府、业主、承包商、分包商、监理单位、社会单位、投资者等。大型项目的参与主体众多,跨越不同的省市、国家,同时也跨越不同的领域。工程建设期间需要各参与主体相互良好的协作,唯有这样才能推动工程的顺利进行,而不同的参与主体所承担以及考虑的社会责任也不同,因此工程的社会责任最终表现为工程建设各个环节、各个部门的社会责任及其关联性。

5.1.3 工程社会责任的作用

1. 社会责任对于工程活动主体的活动具有定向调节作用

工程活动包括规划、决策、设计、实施、运营维护等阶段,是一项复杂的活动,在不同的阶段中,工程社会责任表现出动态性。在规划和决策阶段,工程社会责任对工程主体的行为动机和目的起着导向和约束作用;在设计和实施阶段,工程社会责任对行动起着约束和导向作用,与规划、决策阶段的预期目标进行对比;而在工程运营维护阶段,工程社会责任则起着评价的作用。由此可见,在整个工程项目期间,工程社会责任对工程主体起着约束和调节的作用,使得工程主体在符合责任要求的基础上,同时也符合"善"的要求。

2. 工程社会责任是满足工程可持续发展的要求

工程系统是一个与环境系统有着充分交换的系统,每个工程阶段活动都需要与外界环境进行物质和能量的交换,同时工程活动的进行也离不开外界物质和能量的供给。因此,在工程建设过程中,工程主体应当充分考虑经济效益与社会目标以及生态目标之间的平衡,符合可持续发展的条件和要求,必须关心所处社会的全面和长远的利益,承担相应的社会责任和义务,在实施工程活动的过程中,应当把科学发展观和可持续发展观作为指导思想,建立正确的工程建设理念。

3. 工程社会责任是构建和谐社会的要求

根据科学发展观,工程活动需要考虑社会的可持续发展,坚持以人为本的原则。工程系统与社会系统、自然系统协调发展是构建和谐社会的基石,因此,工程主体应增强社会责任意识,杜绝各种形象工程、政绩工程,甚至"豆腐渣"工程。工程规划与决策要与社会和谐发展的目标一致,要符合经济效益、社会效益与生态效益协同发展的准则。

5.2 工程社会责任体系

工程是各种要素的集成,包含经济、技术、自然生态、人文、社会等各种要素,因此我们将从环境与资源责任、技术与经济责任、社会发展责任三个大的方面来详细分析工程社会责任。

5.2.1 环境与资源责任

在经济方式开始转变,国家战略确定将"资源节约型、环境友好型"社会作为转变的重要着力点,同时越来越多的国家实行"绿色壁垒"的大环境下,在工程建设过程中积极主动承担工程社会责任已成为社会各方的客观要求,除此之外,履行该义务还能够减少建设成本,满足消费者的绿色消费观,树立良好的形象,给社会主体带来更大的潜在利益。

1. 履行环境与资源责任的外部要求

改革开放40多年以来,我国经济高速发展,GDP总量已跃居世界第二。然而,令人瞩目的高增长速度却是以"三高"(高投入、高消耗、高污染)为特征的传统生产方式换来的,随之而来的是环境持续恶化,资源严重短缺,以及社会经济的科学发展难以继续等负面影响。国家逐渐意识到可持续发展的重要性,2011年,温家宝总理在第十一届全国人民代表大会第四次会议上所做的《政府工作报告》中提出:在今后五年,我国经济增长预期目标要调整为在明显提高质量和效益的基础上年均增长保持在7%,同时要扎实推进资源节约和环境保护。加强资源节约管理,提高资源和环境的保护力度,全面增强我国的可持续发展能力。在国家战略调整为将资源节约型、环境友好型的建设确立为加快经济发展方式转变的重要着力点大背景下,在工程中积极履行自身环境与资源责任已是大势所趋。

2. 履行资源与环境责任的内在动力分析

第一,降低能耗与成本,减少污染,增强竞争力。履行资源责任是指利用技术上的引进或者创新,使得生产工艺能够节约资源、实现资源的可循环,同时开展资源的综合利用,利用可再生资源的优势,建立低消耗、高利用率的生产流程。由此可见,通过履行资源责任,国家或企业能够有效地减少资源的利用,实现资源的循环利用,从而降低生产能耗与成本而获得更高的经济效益,同时能够减少污染,建立绿色生产的良好企业形象,增强竞争力。而履行环境责任旨在提高环境管理水平,将传统的生产方式改造成清洁生产、减少污染的生产方式,有助于工程的竞争力提高以及可持续发展。

第二,满足绿色消费主张,扩大市场份额,提高市场占有率。随着政府对绿色消费的大力宣传,公众的环境保护意识逐渐提高,低碳主义盛行,越来越多的消费者更加趋向于绿色消费,当工程主体履行资源与环境责任时,会得到社会和公众更广泛的关注和选择;而对于没有积极履行资源与环境责任的企业,其市场份额则会被履行得较好的企业占领,这些高涨的"绿色"需求带来的收益完全可以弥补企业在工程中履行资源环境责任所增加的成本。

第三,取得众多相关方的支持,形成多赢局面。在工程中履行环境资源责任除了有效降低生产成本,迎合消费者的绿色消费观外,在微观市场竞争中,还可以有效避免工程生产经营过程中的绿色问题,从而能够更容易地获得供应链上下端企业的支持。通过发布在工程中积极履行资源社会责任的报告可以增强工程多方参与者和利益相关者的可持续发展的信心,同时工程资本市场的利益相关者如保险机构、银行与投资者等也会因为工程主体积极履行环境资源责任而受益,从而更加看重履行资源环境责任的企业;此外,若在工程中积极履行资源环境责任则更容易吸引人才并激发员工的工作热情与效率,更易得到供应链上下游合作者的支持,从而创造更大的价值。

5.2.2 技术与经济责任

工程活动首先是一种技术活动,因此技术责任是工程社会责任必须关注的首要问题。顾名思义,工程技术责任就是工程技术活动本身所涉及的相关问题,即在工程技术活动中产生并用以约束和调节工程技术行为及所涉及的内外关系的道德规范、价值观念以及责任问题,既是工程主体调节技术活动的一种规范,也是主体把握工程技术活动的一种实践精神。由此可见,技术责任实际上是一种人类社会实践中某一种特殊类型的责任问题,即以工程技术活动中的责任问题为主要研究对象的工程社会责任价值研究。长期以来,工程技术问题是否涉及责任问题一直存在着很大的争议,如技术工具论者认为"技术仅是一种手段,它本身并无善恶。一切取决于人从中造出什么,它为什么目的而服务于人,人将其置于什么条件之下"。然而工程技术活动是一种技术系统与包括责任因素在内的外界因素相互作用的过程。工程技术活动作为人类改造自然的一种活动,必须遵守相关的自然规律,从这种意义上说,工程技术活动具有一定的自由性。人是道德的主体,人有进行选择的自由,而技术活动的本质则是由人所控制的,它反映着人的主观愿望,在工程技术活动中,基于何种价值目标而选择何种技术方案都是由人根据一定的规范来自由选择的过程,而这本身就意味着责任。

工程技术责任还体现在工程技术的创新上。科学、技术、工程犹如三驾马车,共同推动人类社会的进步。科学、技术需要以工程为载体,通过工程实践,服务社会,推动社会进步。科学和技术本身是价值中立的,但是,如何应用科学和技术却存在着价值选择问题。首先,如何有效地应用科学和技术为人类服务,需要通过工程实践积累经验,找到正确的路径。另外,工程是科学与技术等多种要素的集成,集成不是简单的堆积,从系统工程的角度,工程具有系统性,因此工程的集成创新就显得特别重要。注重工程的集成创新从根本上说是工程社会责任的重要方面,这就需要在工程建设过程中注重工程创新环境的建设,工程创新知识成果的积累、传播和推广。

工程活动不仅是一种技术活动,从某种意义上来说也是一种经济活动,因此经济责任也是工程社会责任必须关注的一个维度。特别对于重大工程,其工程建设对促进国民经济增长的作用尤为明显,而重大工程建设主要由政府部门运用积极的财政政策进行相关建设投资的支出,它对经济增长的促进作用主要体现在带动产业部门的各种直接/间接投资和因增加就业而引起的消费增长这两个方面,因此工程活动过程中关于经济责任问题也尤为突出。除此之外,通过成本因素来创造经济效益是工程活动的重要目标之一,在其他条件不变的情况下,降低成本就成为工程项目用于提高经济效益的重要途径。一般来说,通过技术进步来提高工程效率和降低工程造价以及生产成本来削减工程投资是降低成本的两个主要途径。前者是一切工程活动所追求的目标,而后者则是经济责任中必须深度关注的问题。国内外发生的许多重大工程事故一个重要根源就在于人为削减必要投资,不惜使用劣质材料和不良技术甚至偷工减料来达到经济目标,这就需要在追求经济目标时加强工程主体的工程社会责任、经济责任进而提高工程质量问题。

5.2.3 社会发展责任

1. 促进社会发展和社会成员共享社会成果作为工程发展的战略愿景

邓小平同志曾指出,"发展就是硬道理"。我们正是遵循着从经济增长到经济发展再到社会发展的思路,同时贯彻以人为本、可持续发展观的思想,不断解决经济、社会发展中的深层次问题和矛盾。毋庸置疑,改革开放促进了经济建设发展、社会进步,然而伴随着我国经济的迅猛增长、社会发展的不断推进,在不断解决各种社会问题的同时种种新的社会问题也在不断涌现,引起社会的广泛关注。如城乡差异显著、全国各地区发展不平衡等问题,持续推进社会现代化的步伐已受到各种考验,经济的高速增长背后隐藏的社会效益低下问题已成为新时代社会建设不可忽视的软肋。因此从社会发展基本宗旨考虑,工程主体积极履行社会责任,是顺应时代需求的必然选择。工程主体寻求发展必须着眼长远,以战略的思维定位工程的发展并履行工程社会责任,在社会现代化进程中,将促进社会发展和社会成员共享社会成果作为工程发展的战略愿景。

2. 社会结构合理和社会流动有序作为工程社会责任的实践准则

社会结构的基本内容之一是社会阶层结构,社会阶层结构与社会经济、社会发展相互影响、相互制约。随着时代的发展和社会的进步,新的社会阶层结构必然会呈现新的特点,在社会运作过程中,那些处于高层或较高层的社会阶层会占有较多的经济、文化、社会等资源但在数量上较少,同时处于社会较低层或最低层的人由于没有足够的能力而占有较少的社会资源且在数量上也较少,只有这种类似橄榄形的社会阶层结构才能保持社会的正常运转和良性发展。然而,正处于转型中的中国似乎偏离了往橄榄形的社会阶层结构发展的步伐,出现了一种近似于断层式的阶层结构,占人口比例很小的上层占据了绝大部分的社会资源且处于中间层的社会阶层数量很少,出现严重两极分化的情况。这种断层式的社会阶层结构会导致各种社会动荡的出现,难以维持稳定。在工程建设中,通过较小的成本来获得较大的价值正是每个经济主体所追求的经济目标,"中间大,两头小"橄榄形的社会阶层结构也正好可以为工程提供较高层次的劳动力、营造广阔的市场,因此从工程主体长远发展和遵守工程社会责任的角度而言,工程主体也必须直面社会事实,主动构建合理的社会结构,引导良好的、顺应发展趋势的社会流动。同时,合理的社会流动也降低了工程的成本,就近就业变成更多人的选择。因此,从这个意义上看,社会结构合理和社会流动有序应是工程社会责任的实践准则。

3. 社会生活幸福和尊重生命价值作为工程社会责任的价值依归

去除政治、经济等外在因素的影响,工程发展离不开工程主体文化的营造和工程价值的凝练,工程社会责任也必须遵循社会的基本价值取向,在推进社会现代化的进程中,"以人为本",关注工程利益相关者的生活质量和生命健康是工程社会责任的根本价值依归。强化安全管理,保护工人利益,保障工人安全是工程主体对家庭对社会的责任和承诺,是工程社会责任的基本责任所在。随着中国社会建设和社会现代化的推进,社会主义核心价值观为工程建设价值和文化的形成提供了可参考的资源和重要引导方向。因此,社会生活幸福和尊重生命价值应作为工程社会责任的价值依归。

5.3 企业的社会责任

5.3.1 企业社会责任

1. 企业社会责任的来源

工程社会责任体系呈现多元化和复杂化的同时,参与工程的各方利益相关者也呈现出复杂的特点。一项工程涉及众多的参与者和利益相关者,这里称之为"工程共同体"。工程的社会责任,最终就是工程共同体的社会责任。在不同的社会发展阶段,人们进行工程活动的制度和主体有所不同,在社会经济发展初期,生产力水平较为低下,生产活动主要是依靠小农户或者小作坊来进行的,而在生产水平急速提高的当今社会,一个工程活动的完成离不开各种企业的参与。在当前,社会的投资等都是以一个个工程项目形式开展的,我们称之为项目导向型社会。企业的投资和运作很多也是以项目的形式展开的,以大型施工企业为例,其投资和运作是以工程项目为导向的,企业的运行离不开分布在各处的工程项目的每个环节,同时工程项目也是企业社会责任的承担主体,而企业的工程社会责任的对象是工程项目部。每个工程项目的社会责任就是施工企业社会责任结合具体的工程在项目上的体现。

在当今世界范围内,企业履行社会责任作为推动社会环境和谐发展的重要环节,已得到政府的高度关注与支持,企业履行社会责任已成为全球化的浪潮。"企业社会责任"概念起源于美国,最早于 1924 年由美国学者谢尔顿提出。随着全球化进程的日益加快,从 20 世纪 90 年代开始,以 SA8000 质量体系标准、"全球契约计划"和"欧盟企业社会责任框架"等为标志,人类慢慢进入"企业社会责任时代"。在中国,学术界关于企业社会责任的研究始于 20 世纪 90 年代,改革开放后,我国从计划经济走向市场经济,在经济上取得了长足的发展,然而伴随着我国社会主义市场经济体制的逐渐确立,企业社会责任缺失的问题异常突出。随着环境污染、能源匮乏等问题的相继曝光,企业社会责任问题逐渐受到政府、公众、企业的高度关注。因此在这个基础上,企业应该直面现实,从自身发展与国际发展相结合的角度出发,重视履行社会责任的重要意义,将工程社会责任融入企业社会责任的管理中:在企业管理层中,积极建立正确的合适的企业社会责任管理制度,搭建企业履行社会责任的统一框架;在项目管理层中,建立企业的工程项目社会责任管理机构和管理制度,使企业的工程社会责任与企业社会责任对应起来。在企业层面,需要建立可持续发展观,在具体的工程管理中需要建立基于可持续发展的项目管理方法和制度。企业社会责任是一个动态概念,企业能够做到的和社会所要求的总是存在一定差距,这个差距就是企业社会责任需要努力减少的。

强调施工企业的社会责任,需要企业拥有新的工程观和责任感。企业不能仅追求利润的最大化,由于工程的社会性,工程的效果和评估的社会性,施工企业作为经济实体需要在经济和社会两方面权衡。因此在对企业社会责任进行研究时,需要结合利益相关者理论,这对两者都将是一个新的突破:一方面,利益相关者理论为企业社会责任问题提供了理论依据;另一方面,企业社会责任研究又为利益相关者理论提供了经验证据,两者相辅相成,相得益彰。

2. 企业社会责任的特点

自从美国学者谢尔顿提出"企业社会责任"这一概念来,学术界对于企业社会责任的具体内容以及定义有着各种各样的解释,主要有三种观点:等同于社会责任的观点、包容性的观点和与经济责任相对应的观点。第一种观点认为企业社会责任与社会责任是等同的。在这个框架下,企业的社会责任包括经济责任、法律责任、道德责任以及慈善责任。简而言之,企业在追求经济利益的同时,也要遵守法律规定,行为符合道德标准,并在可能的情况下进行慈善和社会公益活动。根据第二种观点,企业社会责任是一个更广泛的概念,它不仅包括经济、法律和道德责任,还涵盖了更为广泛的社会责任。这意味着企业在追求经济利益的同时,还应承担对环境保护、消费者权益保护等更为广泛领域的责任。第三种观点认为企业社会责任主要与企业的经济责任相关联。它强调企业作为盈利机构,在追求经济利益的过程中也应考虑对社会的影响和责任。这包括经济责任和社会责任两大类,强调企业在追求利润的同时,应承担起法律和道德上的责任,如确保公平交易、遵守劳动标准、保护环境等。基于对这三种观点的思考,结合利益相关者理论,有学者将企业社会责任定义为:企业在对股东承担必要的经济责任的同时,基于某种正式或者非正式的制度安排,对政府、供应商、债权人、员工、客户以及社区等其他利益相关者以及环境所必尽或者应尽的责任。

分析上述概念,我们能够了解到企业社会责任具有这四大特征:① 统一性,是指企业社会责任与社会责任的统一性,两者同时存在、同等重要,没有先后之分,企业社会责任绝不是企业经济责任的"牺牲品"。② 双赢性,企业社会责任不是一种简单的牺牲自我来利他主义,而是一种对于自己和他人双赢的最优抉择。企业承担社会责任在某种程度上既可以降低成本,也可以为自己带来降低法律风险、减少浪费、提高员工认可度、降低融资成本等好处,从而转化成稳定的财务收入。③ 外部性内部化,企业若忽视社会责任,则各利益相关者会通过各种方式来惩罚企业,如法律制裁、声誉受损、消费者抵制、人才流失、交易成本增加、融资困难甚至营业停顿等方式来使企业付出代价。企业社会责任作为企业必尽或应尽的义务,如果企业不加以承担,则会自食其果,承担社会风险,随着企业社会责任的发展、企业治理机制的完善以及各利益相关者保护意识的增强,这一特征将越来越强化。④ 自愿性和强制性,企业社会责任既包括法律上的社会责任,这是强制性的,又包括道德上的社会责任,而这一点是自愿性的。这是由于有关企业社会责任的制度既有正式制度也有非正式制度所导致的。除此之外,还需要注意企业承担社会责任与"企业办社会"是两个截然不同的观点。企业社会责任要求企业不能以牺牲其他利益相关者的利益以及社会公共利益为代价来追求股东利益,要实现社会责任与盈利的等效平衡,而"企业办社会"不顾企业发展和股东利益,会过多地承担社会责任。例如,在我国改革开放之前,国有企业就是因为"企业办社会"忽视了企业社会责任的合理边界而背上了沉重包袱,举步维艰。

5.3.2 社会责任与盈利平衡性

由上述内容可知,企业履行社会责任是必要的,而履行社会责任和实现盈利目标是同时存在的,绝不能以牺牲一个目标作为实现另一目标的代价。

1. 企业兼顾社会责任与盈利的重要性

经济法利益均衡原则是企业兼顾社会责任和盈利的理论指引:经济法的法律属性特点即是

兼顾公法和私法属性,核心原则是利益均衡。它所调整的对象不仅需要在总体上兼顾国家与企业的利益,而且需要兼顾各类主体的具体利益,即要均衡各类主体之间的利益。均衡是哲学意义上的价值目标,对于经济法同样具有重要研究意义。而经济法的立法宗旨与价值是创建公平、公正的市场竞争氛围,企业的社会责任是为国家为社会做出贡献,因此具有一定的公益特性,而盈利目标具有一定的私有性。综上,根据经济法所强调的兼顾各类主体的利益,企业既要关注国家社会的公共利益又要像私法一样关注私人利益;与此同时,企业是经济法下的调制受体,而企业社会责任和盈利目标又是企业的既定目标,所以从内在逻辑上,企业有必要维持社会责任和盈利的平衡性。

国家社会层面对于企业落实社会责任的呼吁:党的十九大提出了"精准扶贫、防污治污、化解重大风险"等三大攻坚战。我国自改革开放以来,经济迅速发展,在经济快速发展的背后也隐藏着众多社会问题:贫富差距日益增大、环境污染日益严重。企业作为连接公民利益和社会利益的市场经济主体,更应该肩负起责任,坚持可持续发展,若企业一味地追求盈利,而忽视社会责任,有限的资源会更快地消耗殆尽,环境污染也会日益严重,直至不可逆转的局面,因此企业应该承担更多的社会责任,实现社会责任与盈利之间的等效平衡,为社会做出积极贡献。

2. 企业兼顾社会责任和盈利所面临的困难

① 上市公司决策层在面对公司"一股独大"时的选择困境。随着"企业公民理论"的引入,公司不再仅仅代表股东的利益,而需要考虑诸多利益相关者的利益,公司不再是简单财产的集合体。而中国公司"一股独大"的股权结构,不仅造成了控股股东对中小股东权利的侵害,也使得董事会难以发挥出应有的作用。根据利益相关者理论,董事会作为公司的决策层不仅需要考虑股东的权益,也需要考虑到债权人、社区等的公共利益。但是由于股东缺乏商业方面的专业判断而较少考虑公司社会责任等长远利益,董事会就可能做出满足当下利益而影响长远发展的决定,这不利于企业兼顾社会责任和盈利。

② 中小公司盈利压力带来的社会责任滞后。盈利永远是任何一家公司的生命线,公司如果没有盈利,则面临着倒闭的风险,也就谈不上社会责任,因此在某种意义上,盈利也是企业社会责任的一部分。企业公共性理论表明:当公司的公共性增强时,股东的公共意识增强,则需要赋予董事会以更为独立且更大的权利。董事会拥有更大的决策权,可以更多地考虑社会责任以及利益相关者的利益。反之,若公司的公共性小,就限制董事会的权利,因为公司不过是股东追求商业利益的工具。据上所知,公司承担社会责任在一定程度上取决于公司的规模,公司规模越大,公共性越强,相应承担的社会责任就越多。而中小公司经营规模小、融资渠道窄、经营压力大,在这种情况下,若要求中小公司承担社会责任,无异于将它逼上绝境。

③ 委托-代理制下独立董事会和监事会职权的虚化。公司委托-代理制是指股东享有公司的所有权,并委托具有专业知识的人来对公司进行经营以及全权管理。代理人的意义在于,由于掌握公司所有权的股东追求利益最大化,代理人会从多角度来考虑公司的整体利益。独立董事会制度和监事会制度的引入是为了解决代理人存在的问题以及防止控股股东和管理层一味追求利益而导致公司整体利益受损的情况发生。但事实上,由于种种原因,独立董事会制度和监事会制度并未真正发挥其作用,导致企业在兼顾社会责任和盈利时面临种种困难。

④ 财政约束软化以及征信系统的不完备。财政约束软化是指财政政策与措施没有被制度化,使得其规则得不到有效的遵守。当该现象发生时,政府及相关组织部门会出现公共物品不合理给予、过度追求盈利以及过度负债等现象,会导致对企业的过度税收以及没有原则的扶持等行

为,以上这些行为均会直接或间接打破企业履行社会责任的边界问题。征信系统的不完备使得企业如若没有履行承诺过的社会责任,并不会遭到执法机关的严厉制裁,仅仅是道德层面的规劝以及社会谴责,并不会对其自身发展造成本质上的影响,因此这两点都不利于企业建立社会责任与盈利之间的等效平衡。

3. 企业兼顾社会责任与盈利的多路径选择

针对上述企业在兼顾社会责任和盈利时所面临的困难,可以分别从金融路径、法律路径以及政策路径来对应解决。关于金融路径,对于中国企业而言,无论是经改制的国有企业还是家族企业,都应该改变"一股独大"的股权模式。"一股独大"模式制约了董事会发挥出应有的功能,唯有打破该股权模式,才能从根本上改变董事会的弱势地位。对于国有企业,过多的国有股占比使得原本纯粹的委托代理制演变成政治和经济的结合体,使得原本投身于市场的企业变成党政部门领导下的公权力机关,因此必须通过对国有股的减持来重塑国有企业内部机制,这样才利于企业建立社会责任与盈利之间的平衡。关于法律途径,我们需要完善税收体系,依法明确公共物品给予边界,建立独立董事会外部内部约束体制以及加强征信体制法律法规方面的建设,进而使企业更好地建立企业社会责任与盈利之间的平衡。关于政策路径,针对企业履行社会责任与追求盈利之间平衡的问题,政府可以考虑制定相应的政策为企业在履行社会责任时进行信用担保,完善我国信用的奖惩制度。

综上所述,基于利益相关者理论,企业建立社会责任与盈利之间的平衡对于企业发展和社会发展具有重要意义。对于所面临的难题,无论哪一种解决路径,为保持企业社会责任与盈利之间的平衡,最终都需要企业主、董事会、股东以及其他市场经济主体的共同努力方能实现。

5.4 社会责任的全球化

5.4.1 全球化背景下的社会责任

在了解了工程社会责任的基本概念以及相关理论知识后,接下来需要结合工程社会责任的大环境以及相关发展趋势来约束各参与主体履行相应发展水平下的工程社会责任,以促进工程与社会更好地发展。

工程责任的主要作用之一就是满足可持续发展,工程社会责任是满足工程可持续发展的必然要求,可持续发展是定义在人类的概念之上的。人类,不是指某一区域、国家的人,而是指整个地球的人。随着当前工程规模、影响范围和地域的不断扩大,在强调工程的社会责任时,还需要强调工程社会责任的全球视野。随着经济全球化发展趋势蔓延,工程计划和项目也日益走向复杂化与超大规模化、区域化与国家化甚至国际化,大型工程对社会、环境的影响已超越国境,带来了全球性问题。有些工程的建设会影响不同的区域,甚至不同国家。譬如,雅鲁藏布江流经几个东南亚国家,在其源头修建的水电站必然会影响流域下游国家的生态。

工程的影响可能是全球范围的,工程建设的责任主体也可能具有全球性。因此,工程主体承担工程社会责任不仅需要具备全球视野,还需要国家之间的博弈和协商。

20 世纪 60 年代以来,特别是 80 年代后,随着经济的全球化发展,工程社会责任由原有的单一的经济责任逐步转化为全球化背景下的多元社会责任。特别是随着经济的全球化迅猛发展，越来越多的跨国公司涌现，跨国公司在为东道主谋求经济利益的同时，也存在着损害当地环境、侵犯当地劳工权益以及偷税漏税等问题，因此受到当地政府以及群众的大力抵制。为了改变公司形象以及生存环境，跨国公司由原来的仅仅谋取经济利益以及对法律约束的排斥和抵抗逐步转化为主动承担，甚至将法律内化为道德准则，主动关注社会问题，进而自觉承担相应的社会责任，如投放公益性广告、帮助当地扶贫以及主动维护环保等，这些行动表明，工程社会责任除了融入经济要素外还融入了法律、义务以及道德等要素，传统的一元社会责任也由此演变为全球化背景下的多元社会责任。

5.4.2 全球化背景下企业社会责任在我国的现状及前瞻

企业作为工程社会责任中的主要主体，研究全球化背景下企业社会责任在我国的现状及前瞻是工程社会责任发展前景中重要的研究方向。

1. 企业社会责任在中国的发展现状

在经济全球化以及中国加入世界贸易组织（WTO）等背景下，企业社会责任在中国大力推行，在政府、社会特别是非社会组织的共同努力下，企业社会责任在中国取得一定的进步，越来越多的公司积极履行社会责任，特别是跨国公司，也在积极响应如中国这样的发展中国家的社会需求。

虽然企业社会责任的概念在中国快速发展，但是社会各方面对企业社会责任的认知程度以及引导、监管和推动力度依然不够，一方面，相关的法律、制度不完善，我国对于企业社会责任的界定模糊，也缺乏科学统一的与企业社会责任标准相接轨的标准；另一方面，中国的部分非政府组织以及消费者对于企业社会责任的关注和监管力度较为缺乏，因此少数企业仍然以盈利为唯一目的，对环境严重破坏以及对资源无度挥霍，或者以税收等方面来获得政府部门的默许，诸多原因导致企业没有较好地履行社会责任，越来越多的问题也开始展现出来。总的来说，目前企业社会责任在中国发展中的问题主要表现在以下几个方面：（1）社会各界对企业社会责任的认知不统一，企业有必要处理好企业、政府、社会三者之间的关系，使社会各方面对企业社会责任的认知和态度保持一致；（2）产权不同的企业所承担的社会责任不均衡，而政府对待不同所有制企业的标准不统一；（3）相关的法律、制度相对滞后，无法适应现阶段中国企业社会责任的发展形势；（4）政府部门在引导和管制企业社会责任方面有所欠缺。

2. 企业社会责任在中国的发展方向

针对上述问题，企业社会责任在我国的发展方向可概括为以下几个方面：

① 提升企业社会责任的层次：在政府的大力宣传和政策要求下，逐步提高企业的社会责任意识，使企业在追求经济利益的同时也兼顾利益相关者的利益，使政府、企业、社会的关系更加和谐，并在此基础上提升企业社会责任的层次，使企业社会责任深入企业发展的核心战略中。目前中国部分企业的社会责任发展程度仍停留在追求利益即经济责任的较低层次，因此，尽快提高企业社会责任的层次是中国目前企业社会责任的主要发展方向。

② 强化企业承担社会责任的能力：在5.3.2节分析企业维持社会责任和盈利平衡时所面临的困难时，我们了解到中小公司盈利压力带来的社会责任滞后等问题，企业只有在自身经营已经

取得一些收益时,才有可能去承担更高层次的社会责任,因此必须加快建立现代企业制度的步伐,完善企业内部运营机制,使得企业具备足够的承担社会责任的能力。

③ 培育企业的自律精神及行为:社会的进步离不开企业社会责任的履行,同时企业也需要社会、政府提供良好的外部生存环境。企业、社会、政府作为一个封闭的环形,在这个关系领域中,企业作为政府的管制对象,必须顺应政府的要求而履行相应的社会责任。由于政府用于社会公益的投入主要来自企业的税收,因此政府也应该为企业的发展和生存创造有利的条件,同时推动企业履行社会责任。此外,企业作为社会的一个组织而存在,它必须要满足社会的呼唤,尽可能地满足社会的期望。作为政府的管制对象以及社会的一分子,企业要处理好政府、社会之间的关系,必须强化企业的自律精神及行为,主动承担社会责任,树立良好的社会公益形象。

④ 与中国国情相结合:企业社会责任这个概念最初源于国外,并在国外发展得相对成熟,但对于中国的大部分企业来说,仍处于发展初期。我们要在实践操作中结合中国国情,在外国的经验基础上,把履行社会责任放在企业责任的重要位置,探索出一条符合中国国情的新路径。

⑤ 与"构建和谐社会"的理念相统一:中共十六届五中全会把"构建和谐社会"作为我国发展的重要目标和必要条件。和谐社会的内涵在《中共中央关于加强党的执政能力建设的决定》中表述为"民主法治、公平正义、诚信友爱、充满活力、安定有序、人与自然和谐相处"。根据具体含义可以发现,企业社会责任所关注的环境保护、合法经营、可持续发展等内容也正是和谐社会所关注的焦点。因此,企业社会责任的发展与"构建社会主义和谐社会"理念相统一,有助于缓解劳资冲突,促进社会和谐,维护社会的安定与繁荣,这正好是建设"和谐社会"的根本宗旨。

5.5 工程社会责任的履行

在社会责任全球化的背景下,工程社会责任的履行也是至关重要的一个部分。工程社会责任的履行贯穿于工程建设全过程,包括工程决策、工程实施和工程运行。在工程决策阶段,工程的社会责任体现为对工程价值的选择,即工程决策的合理性。工程决策的合理性,首先取决于正确的工程价值观,有时候,工程价值选择的合理性,需要放到整个建设过程,甚至放到所处的历史时段来考察。因为工程活动过程的每一环节都体现了对价值的追求,是实现对知识、经济、社会、环境价值的融合的努力,在工程建设阶段,工程的社会责任,除了体现在继续修正工程价值的选择外,具体还体现为对工程项目管理的各个目标的认真履行,如质量、安全、风险防范等方面。工程上述各个目标是通过工程共同体来共同实现的,这就需要在工程共同体中进行有效的责任配置,保障责任的落实。在工程的运用阶段,工程的既有功能已经确定,工程的社会责任体现为对正面负面功能的有效公平合理分配,特别是需要对负面功能的承担者负责。

要切实履行好工程社会责任的各个方面,首先需要解决好工程的价值理性与工具理性之间的协调统一问题。当前,工具理性的膨胀最终致使工程活动只关注"怎么做"的技术问题,而不是"做什么"的价值选择问题。本源上,人类理性包含着价值理性与工具理性,价值理性为工具理性提供信念支撑,是工具理性的发动机,而工具理性则是价值理性实现的保证,是价值理性实现的重要依附。对于现代工程中价值理性的微弱体现,加强工程价值观的教育有助于价值理性与工具理性的融合。汪应洛院士认为:当代工程价值观的基本思想是以人、自然、社会协调统一与可持续发展为基础来创造人类福利价值,综合理性是工具理性和价值理性两者的统一,旨在实现两种理性力量的平衡,努力促进两种理性的沟通,因此,工程教育理念和模式需要用综合理性进行整合。

5.5.1 在工程建设中履行社会责任的有效手段——社会影响评价

社会影响评价是目前不少机构已经尝试应用,对工程项目与社会相关因素进行综合性效益、效果、后果评价的一种方法和技术手段。在工程中,将社会影响评价作为工具,分析和评价工程中可能出现的社会问题以规避风险,是积极履行社会责任的途径之一。

社会影响评价是对于政策、项目、活动、事件等所产生的社会方面的影响、后果而进行的一些事前事后分析评估的一种技术手段。社会影响评价除了关注社会影响外,还特别注意谁得谁失的问题,也就是说,对于一个项目,关注社会中哪些群体获得了收益,而哪些群体遭受到了损失;同时,社会影响评价也着重关注如何减少社会损失的问题。而体现在项目上的社会责任不是一句空话,譬如关注与项目相关的弱势群体是企业社会责任的具体体现,此外在工程建设中对利益相关者特别是利益受损者进行补偿也是项目的社会责任的具体体现。因此在项目建设过程中需要建立社会影响检测方案,并持续执行。在方案实施过程中,一方面要考虑消费者的利益,保证产品的质量;另一方面要对生态环境负责,即将生产活动对环境的影响降到最低程度甚至消除。综上,以社会影响评价作为主体是在工程建设中履行社会责任的有效手段。

5.5.2 履行工程社会责任的具体对策

1. 政府方面

坚持贯彻科学发展观,坚持以人为本,第一要义是发展,基本要求是全面协调可持续,根本方法是统筹兼顾。而落实科学发展观、实现全面可持续发展的重要手段是工程实践,工程社会责任是对工程共同体各方在技术、经济、生态和人文等方面提出的要求与责任,目的是实现工程、社会、自然的和谐统一、可持续发展。工程社会责任的核心内涵与基本理念,正是科学发展观在工程方面的体现,因此政府应当做好全局的统筹规划,保护工程共同体中的弱势群体,将自己的主要注意力、发挥作用的基本点放到创造高效公平竞争的市场环境中,同时制定严格的环境评价与保护措施,实施绿色建筑,倡导生态文明,实现工程建设的科学性、民主性、可持续性。

推进工程社会责任制度化的建设。工程社会责任的实施在我国还处于起步阶段,发展还不够完善,工程社会责任的标准在企业之间不一,认同度还不够,同时工程与公众之间还没有建立起透明有效的平台。在工程社会责任的分摊和风险承担中很多企业往往从自身利益出发,从而造成工程共同体之间的冲突,此时,政府应该作为一个裁判员,制定相关的法律法规,以法律条文的形式来形成具有刚性约束力的各方行为规范与准则,为工程共同体各方提供一个公平、公正的平台。履行工程社会责任实际上是强化工程共同体的守法行为,无论是企业的生产、媒体的报道、利益的诉求还是相关的工程举报都应该在法律的约束下。

完善监管机制和问责制度。政府除了建立法律法规来约束企业的工程社会责任外,还应该充当社会利益和公众利益的代言人和监护人,协调工程共同体各方之间的利益冲突,以行政干预和经济调控的手段引导工程共同体履行各自在工程上的社会责任,同时纠正和惩罚各方逃避工程社会责任的现象,来监督企业更好地履行社会责任,保证工程社会责任的正常履行。

2. 工程建设企业方面

工程建设企业是工程社会责任的一个最直接和重要的主体,工程建设企业履行企业社会责

任的好坏将直接影响到工程社会责任的履行，因此，企业应该充分认识到履行社会责任的重要性，这将是工程社会责任得到好的履行的基石。

一是将工程社会责任纳入企业的责任战略中。企业社会责任的主体是企业，是一个宏观和战略的层次，而企业工程社会责任的对象是项目部，是一个微观和战术的层次。一个工程建设会涉及很多个工程项目，每个工程项目的责任都与企业的社会责任结合，也是企业社会责任的体现。因此，应将企业工程社会责任融入企业社会责任的管理中，在企业管理层建立企业社会责任管理机构和制度，为企业工程社会责任提供统一的结构和框架，同时在项目管理层中，也应建立企业工程社会责任管理机构和制度，使得企业工程社会责任与企业社会责任对应起来。企业工程社会责任是企业社会责任的细化和实践，而企业社会责任为企业工程社会责任提供引导和基本原则。

二是加快工程创新，提高企业工程创新能力。工程创新包括技术创新和管理创新，一方面，工程技术的创新能够直接带来资源的创新，实现资源的节约以及可循环使用，建立环境友好型工程；另一方面，工程技术的创新能够在缩短工期、节约工程成本和提高工程质量等方面起着良好的作用，可以为企业实现工程社会责任提供良好的环境与条件，而管理上的创新，能够使企业更好地履行社会责任，同时也可以为企业履行社会责任提供良好的条件，因此可以将工程社会责任的实现转移到科技进步与管理创新上，帮助企业落实技术责任、经济责任和生态责任等。

3. 社团组织方面

将工程社会责任的理念融入相关社会组织的规章制度中。在如今强调可持续发展的全球化时代，在我国提出科学发展观、全面建设和谐社会的背景下，对工程师对企业的要求不再仅仅是把质量做好，而是要着重考虑工程的可持续发展。记者应该客观真实地对工程相关事件进行报道，环保人士应该正确评估、客观对待和反映工程的生态影响。

强化全社会工程社会责任意识。当前我国处于社会和经济的转型时期，我国整体社会责任意识正处于缺失状态，社会责任意识薄弱，主要表现在责任淡漠、逃避以及冲突等方面，因此，我们需要加强全民的社会责任意识，在对自身负责和追求自身利益的同时对他人负责，正确处理个人和社会、他人、环境之间的关系。

推进工程创新科技创新，提高工程的科技含量。工程是一个复杂的系统工程，因此，工程必须担负起科技创新的责任，在工程建设中以科技为先导，解决制约我国工程建设发展的关键技术问题和技术难题，为履行企业社会责任争得更大的空间。

积极开展社会监督，维护社会利益。社会组织应该发挥社会监督的作用，在如今工程社会责任发展还不完善的我国，社会组织应肩负起维护公众社会利益的责任。当然，政府也应为社会组织开展社会监督提供强有力的保障，把工程管理转化为相关利益者参与的多元化管理，在工程中实行民主，这样有利于保证决策的科学性、建设的透明和运行的安全，从而实现最大限度满足各方利益所求的和谐工程、阳光工程。

拓宽工程知识的传播，使公众更好地理解工程从而能够参与工程。强化全社会工程社会责任意识和积极开展社会监督、维护社会利益都离不开公众对工程知识的了解，因此必须提高公众对工程知识的了解水平。在信息化高速发展的如今，公众获取工程信息的途径主要是大众媒体，但是大众媒体对于工程知识的报道受制于多方因素，往往造成工程知识传播的失真。因此必须增强媒体的社会责任感，使媒体不仅能够发挥传输信息的作用，同时能够指引公众正确理解工程。

案例分析

积极履行工程社会责任的施工企业

上海隧道工程股份有限公司(简称上海隧道)始建于1965年,是中国最早开展盾构法隧道技术研发和施工应用的专业公司。公司在超大直径隧道、轨道交通、超深基坑工程等核心领域拥有强大优势。公司凭借隧道建设全产业链优势,持续拓展了超大直径盾构制造、智慧管控、隧道应急维保等领域,新建和升级了一批特色产业基地,努力为城市地下空间建设提供全新的智慧解决方案。上海城建隧道装备有限公司是隶属于上海隧道的全资直属企业,又称为"国产盾构"。产业基地占地面积达6万平方米。目前累计研制掘进机320余台,先后被列为国家重点新产品,建有全国唯一的国家级大直径泥水盾构实验平台,累计取得国家知识产权专利技术120余项,多次荣获国家科技进步一等奖、中国国际工业博览会金奖、上海市首台(套)重大技术装备等荣誉。

上海是长三角一体化发展的龙头城市与中心枢纽,为2025年基本建成轨道上的长三角,上海轨道交通市域线机场联络线工程应运而生。线路全长68.6千米,途经闵行、徐汇、浦东三区,全线设9座车站。项目建成后将大大缩短虹桥与浦东两大机场的出行时间。

机场线3标作为上海隧道的第一个标杆工程,融合标杆管理理念,编制了标杆工程创建指导手册,并将六化管理体系贯穿建设全过程,已形成可复制、可推广的示范性做法。公司还创新了盾构推拼同步技术。机场联络线作为第一条同时符合国铁设计规范和城市轨道交通设计标准的铁路项目,不仅丰富了上海轨道交通的层次,还对提升上海作为全球城市的能级与核心竞争力、落实长三角一体化发展国家战略做出了重要贡献。未来,企业将进一步朝着超大断面、超大深度、超长距离等方向发起挑战,综合利用信息化和智能化技术助力智能盾构技术的升级,服务智慧城市建设,打造全周期环境友好工程,让美好的生活渗透到城市的更深处。

思考:就以上案例,如果你是项目工程师,你认为施工过程中会遇到哪些技术困难和沟通问题?作为承建企业的上海隧道工程股份有限公司采取了哪些创新举措来履行企业的社会责任?

参考文献

[1] 陈万求.试论工程良心[J].科学技术与辩证法,2005,22(6):74-76+91.

[2] 傅骏,殷国富,张光明,等.在工科研究生中推行工程认识论教育的探索[J].学理论,2014(14):164-165.

[3] 丰景春,刘洪波.工程社会责任主体结构的研究[J].科技管理研究,2008,28(12):269-271.

[4] 宋薇.新时期工程社会责任问题探析[J].中共郑州市委党校学报,2012(2):77-79.

[5] 刘世平,骆汉宾,孙峻,等.关于智能建造本科专业实践教学方案设计的思考[J].高等工程教育研究,2020(1):20-24.

[6] 李秋莲.工程意识和工程精神视阈下的工程人才培养模式优化[J].湖南社会科学,2014(1):226-228.

[7] 于逊.工程项目中的社会责任研究[D].沈阳:沈阳建筑大学,2018.

[8] 李世新.工程伦理学与技术伦理学辨析[J].自然辩证法研究,2007(3):51-52.

[9] 陈星光,朱振涛.复杂系统视角下的大型工程项目管理复杂性研究[J].建筑经济,2017,38(1):42-47.

[10] 叶志伟,叶陈刚.企业履行资源环境责任与可持续发展[J].企业经济,2011,30(7):143-145.

[11] 朱海林.技术伦理、利益伦理与责任伦理——工程伦理的三个基本维度[J].科学技术哲学研究,2010,27(6):61-64.

[12] 陈献,尤庆国,王元.重大水利工程建设对经济增长的有利影响分析[J].水利发展研究,2018,18(3):10-14.

[13] 李占峰.社会现代化进程中国有企业社会责任研究[D].广州:华东理工大学,2011.

[14] 李晓琳.中国特色国有企业社会责任论[D].长春:吉林大学,2015.

[15] 张兆国,梁志钢,尹开国.利益相关者视角下企业社会责任问题研究[J].中国软科学,2012(2):139-146.

[16] 党博.经济法下企业社会责任与盈利目标的耦合[J].中国商论,2018(34):71-74.

[17] 朱锦程.全球化背景下企业社会责任在中国的发展现状及前瞻[J].中国矿业大学学报:社会科学版,2006(1):85-89.

[18] 朱锦程.论全球化背景下的企业社会责任[D].苏州:苏州大学,2006.

[19] 罗永仕.工程合理性的社会学分析[J].自然辩证法研究,2009,25(2):55-60.

[20] 李强,史玲玲."社会影响评价"及其在我国的应用[J].学术界,2011(5):19-27.

[21] 张婕,王敏.南水北调工程运行期社会风险分析[J].人民长江,2008,39(15):18-19+66.

第 6 章 工程社会问题与公众参与

学习目标

通过本章的学习,了解社会越轨与工程越轨的概念和原因;理解工程实践中的各类社会问题、工程社会控制的含义和方式;掌握建设参与主体在工程社会控制中的责任、政府治理的模式与演变、公众参与的作用与挑战。

6.1 建设工程中的越轨与失范

6.1.1 社会越轨与失范

1. 社会越轨

社会越轨行为通常指的是社会普遍谴责的行为,虽然该现象在社会中广泛存在,但该行为一旦超出一定界限,必然对社会优良秩序构成威胁。我国正处于社会深刻变革、经济转型发展的特殊时期,社会越轨行为的出现也难以避免,主要表现在如下几个方面:

(1) 犯罪率提升。在社会转型的进程中,新旧社会体制共同存在,必然会不相适应。在这一过渡过程中,新旧社会体制矛盾凸显而出现一个不稳定的"社会空隙",违法犯罪活动便有了充足的生存空间,各种犯罪问题突出。

(2) 社会诚信丧失,道德滑坡。追求利益最大化成为商人的首要目标,因而他们不惜牺牲自身诚信和良知来追逐利润,利益成为唯一的价值评判标准,社会诚信严重缺失,道德问题突出。

(3) 生活秩序紊乱,社会丑恶现象抬头。社会生活急剧变化,利益分配重新变革,处在新旧社会体制共存时期的人们,会出现心理失衡,释放自我成为减压的手段,从而产生了吸毒赌博、卖淫嫖娼等社会丑恶行为。随着城乡发展不均、贫富差距加大,社会群体中产生了抱怨社会不公的一类群体,这也为社会的安定埋下了不稳定的因素。

越轨行为的出现往往是由于社会失范而造成的,了解社会失范行为形成原因有助于对越轨行为加以控制,从而制定策略以防范越轨行为的发生。

2. 社会失范

从宏观层面上，社会失范是指社会规范的紊乱而造成个体行为的失范；从微观层面上，是指社会成员违反当今的社会秩序。据其严重程度可以将失范行为分为四种类型：违俗行为、违德行为、违规行为、违法行为。违法行为是社会失范行为中最严重的行为，是社会成员普遍不认同的。失范行为本身有其正反功能，有的失范行为会破坏社会秩序，动摇法制根基；有的失范行为可以澄清社会秩序。

19至20世纪，西方各国各种失范行为层出不穷。社会失范理论研究者很多，代表人物有凯姆、默顿等。凯姆认为的失范是社会本身失去行为规范而出现的不正常状态，其结果表现为现有的社会规范对社会成员失去指导意义，在未建立社会秩序制约的社会，这种失范行为会使社会处于无规则状态。默顿深化了凯姆的失范理论，他把社会结构考虑其中，他认为社会失范是社会结构的产物，个体行为与社会结构紧密联系，社会结构失范必然导致个体行为失范。

无论是凯姆还是默顿，他们对社会失范行为的理论研究都强调在转型时期要建立良好的社会秩序促进社会良好发展。改革开放40多年来，我国实现了一系列的重大变革，中国正处于转型期，各种问题和矛盾依旧存在，社会越轨问题依然突出，如何解决这些问题关乎改革的成败，对促进社会发展具有关键性的作用。

6.1.2 工程中的越轨行为

自19世纪末越轨社会学兴起以来，工程越轨行为的研究未得到足够的重视，这可能与特定的时代发展背景有关。第一次世界大战后，西方各国的工业化进程加快，各种社会问题凸显，社会学家对这些社会问题的研究，迅速形成了"越轨社会学"这门学科，并且对解决社会越轨行为做了很大的贡献。在这一背景下，限于先前的主题研究，学者的研究范围被固化，从而缺乏对工程越轨行为的研究。

当今中国经济社会快速发展，建设工程的规模也不断扩大，工程越轨行为的发生也非常普遍，工程越轨对社会和人民群众造成了巨大的威胁，也会对生态环境造成不可逆的破坏。例如，某些施工方在工程项目中为了一己私利而使用不合格的工程材料或偷工减料，或者不按设计图纸及相应的施工设计指南施工；再有一些政府官员利用人们赋予他的公权力，插手工程建设，恶意破坏工程建设的市场化运作方式，影响工程的交付节点和工程质量；再有某些建筑企业为追求企业利益最大化，不遵守法律法规，没有遵守相关法律法规从事项目施工，从而造成工人的伤亡和环境的污染。

工程作为社会发展的重要基础，工程越轨行为也必然成为越轨社会学的研究对象，研究工程越轨行为对推进工程法治建设和工程社会治理具有重大的效益。

1. 工程越轨行为的概念、性质与特征

工程越轨行为是指从事工程活动的利益相关者违反相关的社会规范的行为。在这里，我们需要结合社会规范的含义来理解和分析工程越轨行为的性质和特征。社会规范具有独特的社会性质，因此，工程越轨行为与社会绝大多数人的集体利益相抵触，是大多数人反对的行为。

尽管社会规范普遍存在于所有社会中，但它们具有历史阶段特征和区域民族特征，并且没有超社会和超阶级的社会规范。工程偏差也具有相对性，并且仅在特定的时间、地点和条件下才成为偏差。也就是说,工程社区中成员或组织的异常行为在另一个工程社区中可能是正常的或合法的。社会规范有两种类型:一种是书面的,即法律和法规;另一种是不成文的,即人们通常遵守的公约和非正式规范。社会惩罚与违反的社会规范相匹配,因此,工程越轨的严重性还取决于所违反社会规范的类型。可以看到,工程共同体自身的特定组织形式和制度形式,决定了它会触犯哪些社会规范。从工程共同体的角度看,它主要包括两种类型:一类是职业共同体,包括工会、企业家协会等组织;另一类是更具体的工程实践共同体,如建筑集团、建筑企业、建筑项目部等。这些工程实践共同体不仅要遵守社会规范和伦理道德,还要遵守所属行业的行业规范。因此,工程共同体不仅可能违反社会法律,还可能违反行业规范。此外,关于这些社会规范的研究在以往的学术探讨中并不常见。

随着社会发展,现今的项目工程具有投资金额大、工期时间长、影响范围广等特征,一旦出现越轨行为,就会造成广泛的社会影响,如审计署2003年公布的长江堤防隐蔽工程的腐败问题。工程越轨行为不仅对人民群众的生命财产造成极大危害,还会对社会造成巨大的损失,与其他社会越轨行为相比,工程越轨行为造成的损失更为巨大。

2. 工程越轨的类型及原因

与其他行业相比,工程越轨行为具有鲜明的行业性特征。工程共同体的组织架构非常复杂,由建筑工人、责任工程师、业主等利益相关者组成,由于篇幅有限,本书仅对国家工作人员和企业高层人员在工作中的越轨行为进行阐释。

(1) 国家工作人员的越轨行为。

权利与越轨行为息息相关。在工程活动中,工程共同体架构中不同的职位有不同的权利,因此不同职位对生产过程的影响有很大的差异。特别是,工程受某些国家工作人员的约束,这就会导致国家工作人员为了自身利益而将所拥有权利扭变为越轨行为。

国家工作人员的越轨问题主要表现为腐败问题。透明国际在"2011年全球行贿指数"中表示,在行贿涉及的19个行业中,"公共工程承包和建筑领域最容易出现行贿受贿问题"。

具体来说,国家工程越轨腐败行为包含如下类型:地方官员违背科学决策、民主决策的原则,未按有关规定批复项目,存在"形象工程""政绩工程"和"豆腐渣工程";行业主管部门领导利用行政审批权,违法出让土地,变更土地用途;分管建设工程的其他干部,未在自己管辖权限内干预工程项目建设;一些招标代理机构做出评标不公、虚假招标、围标串标、转包和违法分包等行为。

国家工作人员的越轨行为的原因,可以从以下几个方面分析:

① 随着国家工作人员职级的晋升、阅历的增长、地位的提高和掌握信息的增多,个人会出现一些违法的需求,以至置党纪国法于不顾,谋取私利。

② 从社会历史发展的规律来看,新旧规范的交替都要经历很长的一个过渡期,这一过渡期削弱了对国家公职人员越轨行为的惩罚力度,在巨大的利益面前,公职人员可能违背道德标准,跨越法律底线。

③ 我国属于发展中国家,相对于发达国家,各项国家制度很可能存在漏洞且国家工作人员的劳动回报较低,同时社会缺乏行之有效的监督机制,这些为腐败提供了温床。

(2) 企业高层人员的越轨行为。

企业是集体,企业高层人员是个体,在工程越轨中,常常表现为"企业型越轨",例如:企业的超标排放就是一个集体越轨行为,区分集团越轨和个人越轨的同时,也要看到两者的密切联系。

企业高层越轨分为两种类型:一类是企业高层人员的个人越轨,如高层人员的贪污;另一类是企业高层人员和企业越轨行为合二为一。

利润是企业关注的焦点,部分企业会铤而走险,做出违背社会规范的越轨行为。例如,"三聚氰胺"事件,天津滨海新区"3.12"特大爆炸事件,富士康"跳楼事件"等。这些事件不仅损害当事企业的声誉,还会连累有关企业的经营而产生危机溢出,如"三聚氰胺"事件导致中国奶粉销售量遭到了重创。

企业的工程越轨行为可以大致分为四种类型:对员工的工程越轨行为、对客户的工程越轨行为、对政府的工程越轨行为、对环境的工程越轨行为。其中对员工的工程越轨行为表现在忽视员工的健康和安全,其原因在于企业只关注企业利润、管理者追求短期的业绩以及政府通常不会对企业采取强有力的惩罚手段;对客户的工程越轨行为,常表现为工程质量不合格,其原因在于企业为了牟取更大利润和盲目赶工期而违背建设程序和法规;对政府的工程越轨行为,最典型的形式是向政府官员行贿,根本原因在于企业想谋求不正当的利益;对环境的工程越轨行为,表现为对环境的不可逆破坏,根本原因在于企业盲目追求短期经济利益,不愿意承担社会责任,一些地方政府为了当地的 GDP 业绩而放任企业排污,环境保护力度和惩戒措施偏软导致企业污染政府买单的现象。

工程越轨行为具有鲜明的职业特点,在分析工程越轨行为时必须考虑特定时间空间条件,当今中国正处于大发展、大变革和大调整时期,规避工程越轨行为是保证国民经济良好发展的重要条件。

6.2 工程建设中的社会问题

6.2.1 社会问题

中国四十多年的改革开放带来了经济快速发展和人民物质水平不断提高,同时也带来了一系列的社会问题和社会现象,如随着农村劳动力的解放,大批农民工涌入城市造成农村留守群体问题(留守儿童、留守老人、留守妇女)、农民工问题、教育体制问题、社会公平问题、社会腐败问题等一系列问题。这些问题为我国建设和谐社会带来了不和谐的因素,化解矛盾、解决分歧,控制不和谐因素,最大限度地增加和谐因素,是解决社会问题的应有之道。2006 年,中共十六届六中全会指出"到 2020 年构建社会主义和谐社会的目标",其中社会公平是社会和谐的基本条件,社会制度是社会公平的必要保障。

社会问题是一个棘手复杂但又必须解决的问题,如城镇化问题。根据国家统计局显示,2022 年末城镇常住人口 92071 万人,比上年末增加 646 万人;乡村常住人口 49104 万人,减少 731 万人;城镇人口占全国人口比重(城镇化率)为 65.22%,比上年末提高 0.50 个百分点。我国的城镇化速度比欧美发达国家的平均速度快一倍,快速城镇化的背后,增加了社会成本,带来了一系列社会问题,如在城镇化进程中,农转非的社会保障问题、角色转换问题十分突出。如果缺乏合理的社会治理机制,势必会反过来加剧城镇化进程的风险,阻碍社会和谐和社会文明进步。

工程社会属于社会的子成员,必然存在工程问题向社会问题的转化,如三峡移民搬迁工程,三峡移民搬迁涉及湖北、四川、重庆、贵州的多个县市,搬迁人口总数达 130 万人。世界银行认为妥善安置工程移民是移民搬迁的至关重要的因素,三峡工程必须从社会学角度妥善安置这些搬迁居民,其中的人文风险是很难从工程角度予以解决的,必须从工程社会学这方面予以考虑。

6.2.2 工程实践中的社会问题

工程问题本身具有显著的社会特征。工程问题引起社会的广泛关注,成为一个亟须解决的社会问题。产生这些问题的原因是多方面的,有些归因于建设工程规划阶段缺乏社会和文化方面的规划,有些归因于工程组织内部缺乏有效的社会约束,有些归因于工程文化和工程观念的落后。这些问题的原因又是结构化的,解决这些社会问题,一方面需要社会学家以社会学的视角进行实证分析,对工程社会问题进行描述、分析并提供解决的对策;另一方面还需要引入社会力量,加强社会监督,采取社会控制手段和措施才能够解决。

近年来,我国因工程建设所引起的社会不稳定事件越来越多,工程实践中的社会问题也越来越突出,工程蕴含的风险也逐渐显露出来,核工程、水利工程、道路与桥梁工程、房屋建筑工程、生化工程都带来了不确定的社会风险,许多大型工程在提高当地经济实力的同时,也带来了诸如征地移民、房屋拆迁、环境污染、越轨、社会公平等问题,催生出许多社会问题和社会不安定因素。

1. 征地移民问题

随着我国经济和社会的快速发展,经济水平逐渐提高,许多国家重大建设工程也一一落地。特别是在水利水电建设中,工程覆盖面大,波及范围广,这些工程的修建过程往往会对当地居民的生产生活带来影响,甚至造成一定的破坏,从而产生征地移民的社会问题。在征地移民过程中,出现了相关法律措施不到位、前期规划不合理、管理体系不完善以及移民安置工作不科学等问题。这些问题会进一步激化社会矛盾,让移民安置工作难以进行。

2. 房屋拆迁问题

伴随着经济和社会的快速发展,城市化建设脚步日益加速,人们生活质量逐步提升,这些都对城市的承载力要求越来越高。城镇化的建设不断跟进,随之带来的是房屋拆迁等各种利益问题。这些问题涉及各方面利益,地方官员为了政绩往往想加速工程进度而减少财政支出,导致拆迁补偿款和施工费用严重不足,从而导致一系列问题。施工方既要尽力满足政府的要求还要关切拆迁户的诉求,被拆迁户会通过各种方式对自身财产进行保护。以上三方通过各种博弈寻求自己的最大利益,由此带来的利益冲突是目前较为棘手的社会问题,虽然有相应的法律规定,但在处理利益纠纷时仍然力不从心,利益纠纷激化房屋拆迁过程中各方利益,从而导致拒绝拆迁与暴力拆迁的问题层出不穷。

3. 环境污染问题

环境污染问题越来越得到有关部门的重视,也是我国经济社会转型升级的突出短板,我国经过四十多年的改革开放,在经济快速发展的同时,环境问题依然严峻。当前我国正在大力推进生态文明建设,美丽中国建设是党中央从治国理政大局做出的重大决策,环境问题关乎未来中国的发展,2013年我国提出"建设生态文明,必须建设系统完整的生态文明体系"的政策指示,由于环境问题关系到民众的生存与健康,也正因为如此,环境问题越来越得到国家和民众的重视。工程中的环境问题越来越突出,建设工程的环境污染主要表现在废水废渣污染、噪声污染、化学制剂和有害物质污染。这些环境污染问题可能引起普通民众的广泛关注,成为社会问题。这些问题涉及社会各界人士的直接利益,可能导致工程的停产或停工。如2007年发生在厦门、宁波、茂名三地的"反对PX(对二甲苯)"事件,民众以"散步""放风筝"等形式抵制PX项目的建设;又如在2014年,广东茂名因为"反对PX(对二甲苯)"而出现群体事件,甚至出现打砸店铺的违法事件。

4. 越轨问题

工程越轨行为指的是在从事工程活动中与工程利益相关者发生的触犯或违反有关社会规范的行为。随着世界各国的工业化现代化进程加快,工程腐败、偷工减料、环境污染等越轨行为层出不穷,审计署2003年度审计报告公开的长江堤防隐蔽工程建设中的腐败问题给了工程界巨大的警醒,工程越轨行为的社会危害性巨大,不仅会造成巨大的经济损失还会影响人民群众的安全,这些危害远远超过其他类型越轨行为所造成的负面影响。

5. 工程实践中的社会公平问题

追求社会公平,保护各利益群体的合法权益是促进社会公平正义的重要内容,建筑工程企业是充分竞争的行业,首先规则公平是各建筑企业依法依规拿到项目的前提,现如今违法招投、虚假招标、围标串标、评标不公和监管不力等问题依然层出不穷,再有在工程建设实施过程中和工程质量管理过程中监管不力导致工程质量低下等,这些问题都会造成社会机会不平等,影响建筑企业的生态和企业的发展。

在建筑企业中,不能忽视农民工群体。目前,我国农民工达2亿多人,农民工的自身权益易受到侵害,其合法权益难以得到有效保障,这与我国推进社会公平正义建设是不相符的,保护弱势群体的权利是促进社会公平正义的重要内容。

总之,各种工程问题层出不穷,工程问题本身或多或少带有社会问题属性,甚至完全转变公众关注的社会问题,需要从社会学角度来审视和思考,因此,解决此类问题,不应简单把问题框进工程问题范畴,而是要充分认识到工程本身包含社会性的一面,多方考虑,权衡利害,从根源上解决工程面临的难题,推进工程的良好发展和可持续发展。

6.2.3 工程亚文化与"潜规则"

建设工程不仅对经济和环境有很大的影响而且有很强的文化效应,建设工程社会内部有一套独有的亚文化,同时建设工程对社会文化会产生巨大的影响。

1. 建设工程亚文化

建设工程文化有主流文化和亚文化,主流文化是人们普遍接受的文化,亚文化是指在建设工程这一群体中独有而不为其他群体所共有的文化。我国形成了独特的建筑文化,例如,建设工程的象征文化,一般指通过图像符号(门式、窗式以及木雕、石雕等)、象征符号(龙、凤、蝙蝠、鱼等吉祥图案)来表现的文化;还指建设工程风水理论和工程祭祀等复杂的工程信仰,如偶像神灵崇拜等。在人与建筑、人与环境融合的文化脉动下,中国建筑类型呈现多元化,地域性建筑风格差异明显。

在工程发展的早期,通过工程改造自然做法尚不普及,其工程文化本身就是一种亚文化,然而,随着人类工程改造世界越来越普遍,现代工程对社会的应用越来越广,工程文化已经成为一类重要的文化。本书所指的工程亚文化是相对工程内部的主流文化而言的,指那些还没有得到广泛认同的文化。有些工程亚文化随着时代发展将成为重要的工程文化,譬如随着大工程时代的来临,我国由工程大国走向工程强国,工匠精神成为大力倡导的一种精神文化,注定需要得到弘扬;有些亚文化,如建设行业中存在的腐败、潜规则等典型负面亚文化,需要随着工程社会的治理被杜绝。

21世纪以来,工程企业普遍感受到了现代化、国际化、规范化的变革要求,但整体转型受到既得利益部门的牵制,文化贯通受阻。工程企业文化在贯彻的过程中很可能受到亚文化的抵制,只有准确定位亚文化,才能保证文化建设同当时的组织发展相适应,同未来的发展相一致。亚文化是工程企业文化的有机组成部分,因此工程亚文化的梳理要紧紧围绕工程企业的战略主线。发现优秀亚文化和不和谐因素是采取针对性措施的基础。

2. 建设工程"潜规则"

所谓"潜规则",是大家有目共睹的一种或多种为现实所不容的、只在一定范围内流行的灰色交易行为。这种行为是违规的也是普遍存在的。如一些施工企业在经过残酷压价、低价中标后,在施工过程中,往往采取一些不正当的手段(如变相增加项目或者提高价格)来保证企业微薄的利润。这些潜规则包括以罚代管、变相摊派、权力滥用和商业贿赂等。

(1)以罚代管:一些监管单位在工程质量检查时往往以罚款来解决问题,而不是切切实实让施工单位按照技术规范进行整改。

(2)变相摊派:建筑产品的生产场所具有不固定的特点。某些部门认为,施工单位不是当地的企业,没有理由为其服务,故而巧立名目,要么理直气壮,要么旁敲侧击,要求施工单位无偿地为当地服务。

(3)权力滥用:工程建设项目投资巨大,在一些人看来,工程项目就是一只香喷喷的"大螃蟹",千方百计让自己的权力变成自身的利益,而罔顾法律法规。

(4)商业贿赂:施工企业每干一个工程,就需要与一批不熟悉的单位合作。施工单位需要熟络陌生单位,为了"好办事",施工企业需要打通关系,开展工作,"贿赂"便因而产生,如材料采购吃回扣、施工监理双方默契互利、层层打点换工程款、行贿列入建设成本和利用招标直接行贿等行为。

6.3 工程社会控制

6.3.1 建设工程社会控制含义

1. 社会控制

在中国先秦时期,法家提出了诸多有关社会控制的思想,管仲的"礼法并重"与"以民为本"、商鞅的"以法治国"与"富国强兵"、韩非的"法术势结合"与"君权独揽",虽然法家在社会控制理论的成就对加强中央集权发挥了很大的作用,尤其将法治作为社会控制的方法,这些方法始终是服务于君主的,而未成为一种法治精神。现代社会控制理论的先驱美国社会学家罗斯于1901年出版了《社会控制:对秩序基石的一项勘察》(以下简称《社会控制》),这标志着现代社会控制论的最终形成。《社会控制》对社会控制进行了系统的阐述,区分了依靠自然情感维系的自然秩序和通过人为设计构建的社会秩序,并且认为随着社会的发展,以自然秩序为基础的社会难以维系,必须运用以法律、道德的社会组织形态来进行社会控制。由书中的社会控制论可知,社会控制是

一种有意识、有目的和有组织的社会统治。

社会控制既包括对现有社会秩序体系的维护,也包含新的社会秩序的建立;既包括对破坏社会秩序越轨行为的惩处,也包括对维护和遵守社会秩序行为的奖赏;既包括对个人的控制也包括对整个社会整体的控制(即个人控制、组织控制和国家控制)。社会以"五位一体"的手段来约束社会成员的行为,将社会成员引入正确的生产生活轨道,从而推进社会文明进步,形成社会良好控制和和谐的社会局面。

2. 工程社会控制

工程社会控制是指在工程全生命周期中,建立科学高效的工程管理和实施程序,合理引导参与工程建设的组织和个人,并使得工程项目的科研、立项、规划设计、招投标、施工、验收和运维等各个阶段良好运行,通过高效配置社会资源来实现项目的完美履约,从而达到工程项目的可持续发展以及社会环境友好发展的要求。

社会控制在建设工程项目中发挥巨大的作用,使建设工程项目始终在可控的范围内运行,一旦发生工程社会失控行为,就会动用法律等利器加以惩戒和调整,最终使建设项目回归正轨。从宏观上看,工程控制就是调节参与工程的利益主体的利益诉求,避免矛盾激化而发生冲突,通过社会激励机制来实现工程项目应该达成的目标,保持和促进社会的稳定和谐发展。

6.3.2 工程社会控制特征与方式

1. 社会控制方式

社会控制的方法和形式各式各样,且在不断完善和发展过程中。在不同时代、不同国家和地区、不同社会阶层就有形式各异的社会控制手段,即使是同一形式的控制方法也会有不同的表现内容,一般可以分为软控制与硬控制、主动控制与被动控制、宏观控制与微观控制等。

(1) 软控制与硬控制。

硬控制又称强制控制,建立在一系列明确且必须遵守的制度、正式层级和职位权利上来控制社会各领域的业务活动,同时它也是沟通协调解决人员之间、制度的各构成要素之间的规律体系,在客观上规范和约束人员和组织的工作行为。硬控制主要包括那些"必须""强硬"的规定,要求无论何时何地也无论是谁都必须遵守,它包括政权、法律、纪律。软控制是相对硬控制而言的,软控制属于文化层面、社会舆论和社会心理的事物,它包括风俗习惯、伦理道德、宗教信仰等,其中道德在软控制中处于中心地位,它是人们不成文的法律规范,在社会控制中社会舆论、社会心理和大众传播有着巨大的作用,它是由规范条文转化为人们自觉的社会实践的重要一环,它在硬控制和软控制之间都有渗透,它的共有特点是利用社会群体的无形压力来规范人们的社会行为。

(2) 主动控制与被动控制。

主动控制是运用社会舆论、宣传教育等有效方式来引导社会成员的价值观和行为方式,预防社会成员的越轨行为的发生。被动控制是指社会成员越轨行为发生后,采用惩罚性措施对社会成员进行制裁的手段。

(3) 宏观控制与微观控制。

从社会结构的层次上划分可以将社会控制分为宏观控制和微观控制,宏观控制是指社会运用政权、法律、纪律等控制手段来对整个社会群体和整个社会关系总和进行调控和制约,微观调控主要运用具体的政策、规章和组织文化等控制方法对组织成员进行约束和指导。

2. 工程社会控制体系

社会控制涉及社会关系的方方面面,它包含许多社会关系,建设工程参与主体通过契约关系或监管职责为共同的目标而相互制约和合作,建设参与主体主要包括建设单位、施工单位、监理单位、设计单位、供应商和政府监管部门。

建设单位:即业主方,作为责任主体,它既是项目的发起者,也是项目的出资者。

施工单位:主要包括总承包商、各单项分包商。

设计单位:主要包括总体方案设计单位、建设设计单位、结构设计单位和电力设计单位。

监理单位:发包人委托的负责本工程监理职责并取得相应工程监理资质等级证书的单位。

供应商:负责工程材料供应的单位。

政府监管部门:包括土地管理部门、城市规划部门、项目审批部门、质量监督部门、环保部门等政府职能部门。

社会控制的核心是对组织和人员的控制,在建设工程领域中,各个环节联系复杂且紧密,社会越轨问题突出,需要各参与主体遵守相关法律和职业道德才能达到工程社会良好控制的目的,参与主体各尽其责,拥有守法、合规、尽责意识才能推进工程项目管理顺利进行。这些管理中包括质量管理、合同管理、成本管理、工程进度管理和工程风险管理等多种管理内容,但在实际的工程项目中,由于种种不确定因素,如法律的滞后性和行业的不自律,都会让项目参与主体突破法律底线、行业规章和伦理道德从而发生越轨行为。因此,良好的社会控制必须各有侧重、多管齐下,才能筑牢工程项目的运营氛围,才能建立高度自律的企业生态。上有政府有关职能部门的依法依规管控,下有广泛的群众监督,才能建立健全工程项目管理的社会控制体系。

《建设工程质量管理条例》指出,建设单位是工程项目建设过程的总负责方。作为建设工程的出资人,重要的责任主体,建设单位在选定建设项目的承包单位、监理单位之后,为了对工程项目的安全、质量等方面进行全面控制,现在大多数单位都采取了派驻甲方代表的做法。加上工程项目政府职能部门的监管,从而形成"四位一体"工程项目运行环境。

(1) 建设单位的责任。

建设单位即我们通俗所讲的甲方,作为主要责任方,造就了甲方代表的特殊地位。如何规范甲方代表的行为,明确其职责和作用,对确保工程社会控制就显得特别重要。

建设单位的职责贯穿工程项目的全生命建设周期,既包括工程项目的前期准备工作,如投资决策、招投标设计、施工、竣工等多个阶段,也包括建设中的工作,如受勘察单位委托的工作、施工图预算图的审查、组织单位开展图纸会审技术交底工作等。建设单位不仅是工程建设的成员,更是建设合同的实施方。建设单位的工作贯穿始终,建设单位与项目参与方几乎都有联系,需要协调各部门之间的工作和安排,因此建设单位是一切利益和矛盾的连接点。建设单位在种种压力和诱惑下进行工作,肩负着重大的使命和责任。

建设单位要明确自身的管理原则,从而创造透明化的工作环境,秉承公正、公平、公开的管理理念,平衡好各方利益。在建设工程中建设单位主要承担监督管理职责,如控制设计环节的成本预算、建筑施工中技术的协调管理和施工中的危机管理,总之建设单位在工程项目中要注重各个环节的管理控制,有效规避工程风险。为保证建筑施工顺利进行,建设单位应当进行全面的监督管理,特别要注重建筑工程质量安全的管理控制,及时发现项目工程中存在的质量安全隐患并采取有效的整改措施,改善建设单位的管理工作效果。

建设单位管理范围最广,贯穿整个建设项目的生命周期,因此责任也最为重大,建设单位应该苦练内功、精准管理,对任何越轨行为应当主动防控、制定预案,从而实现项目的预定目标,防止对建筑社会环境形成负面冲击。

（2）施工单位的责任。

在建设工程和项目实施过程中,施工企业是越轨行为的主体,发生的越轨行为主要包括向业主和监理行贿、向政府职能部门行贿、收受分包商和材料供应商的贿赂、偷工减料和违规操作、拖欠分包合同价款等,因此加强施工企业的内部控制制度尤为重要。

工程施工单位可以从两个层面来制定规范的内部控制制度:第一个层面是施工单位的管理制度,建立在公司治理基础上,杜绝组织和个人违反施工单位章程,从而维护施工单位的整体利益;另一个层面则是施工单位的会计制度,通过严密的会计制度保证施工单位的财务状况和经营状况信息的可靠性,防止施工单位中组织和个人经济犯罪和腐败行为的发生。

（3）监理单位的责任。

监理与建设单位的关系是委托与被委托的关系,在项目的实施过程中,建设单位的主要要求由监理单位统一出口,如果监理单位向建设单位行贿而违规中标,有可能由于监理单位的能力素质不高,起不到应有的监管责任,既不能完成建设单位委托又降低了监理单位的威信,从而伤害建设单位和建设项目的利益。监理单位与施工单位是监理与被监理的关系,监理对施工单位在项目实施过程中的建设工程质量和安全进行监管。

建设工程施工质量管理和安全管理是建设工程的两大管理核心,与广大人民群众切身利益息息相关,直接影响人民群众的生命以及财产安全。责任主体在施工过程中若管理不到位和管理不完善就可能导致工程质量问题和安全事故的发生,其中监理责任重大,因此,加强监理对建设工程的质量管理和安全管理就很有必要。

监理单位要做好工程项目的安全管理和质量控制就必须提高自身的监管能力,提高依法执业意识,加强管理单位自身建设,必须熟悉和掌握与监理责任有关的法律法规文件,学习专业知识,以增强自己的监管能力。

工程项目中对监理单位的管理必须从多方面入手,既要确保监理单位资质等级与建设工程项目相匹配,也要提高监理单位的监管能力,从而促使工程监理现场管理工作走向科学化和法制化,促使监理单位健康平稳有序地提供监理咨询服务。

（4）政府的责任。

政府在建设工程方面的主要职能部门有建筑行政管理部门、工商行政管理部门和环保部门等,在建筑市场管理、建设工程项目行政审批许可和建设工程监管中扮演着重要的角色,保障住房、促进住宅建设、繁荣住宅市场是这些主管部门的首要任务,以政府在建设工程质量监督体系的作用为例,它包括对建设单位及监理单位的质量监督和监测单位的质量审核监督,如图6-1所示。

由于这些政府职能部门在工程监管中占据着审核批复的绝对优势地位,往往成为被围猎的对象,加上我国正处于现代化建设高速发展时期,建筑市场竞争激烈,某些建筑企业因此铤而走险贿赂政府主管部门从而获得项目开发权利,相关法律法规的不完善也为不法人员提供了机会。因此,必须加强对政府主管部门的监管,防止腐败现象的发生。政府的腐败行为不仅会毁坏政府形象,还可能造成工程建设项目未能顺利完成,损害人民群众的利益,因此,必须依法立法、避免建设法规漏洞、加强对政府官员特别是主要领导的理想信念教育,在建设工程中让腐败行为没有适宜的生存土壤,从而实现良好的政府监管职能。

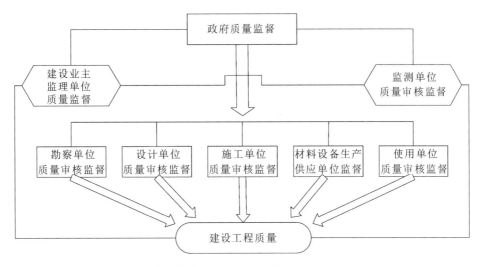

图 6-1　建设工程质量控制

6.4　工程社会政府治理

　　由于社会控制往往是在发现问题的基础上所采取的强有力干预手段,因此难以满足经济社会发展要求。我国虽然经历了数十年的社会控制实践,形成了各种各样的社会控制模式并积累了宝贵的社会治理经验,但随着工程社会经济的持续向前发展,社会控制理论越来越难以适应工程社会发展要求,就必须从政府层面进行改革,满足工程社会发展新期待。提升政府治理能力和治理水平也是提升国家治理能力的重要途径。

　　近年来,政府从管理角色逐渐向服务角色转化,这也是中国自加入世贸组织后为适应中国经济发展而进行的制度变迁、组织变迁。詹·库伊曼指出,因为政治系统具有动态性、复杂性和多样性,因此管理和治理本身也应该是动态的、复杂的和多变的。政府组织是实施管理与治理活动的主体,仅以一种模型应对这种多样的、复杂的和动态的状态是不足够的。为了适应这种变化,实施管理与治理功能的组织将会更加多样化。这些角色变迁表现为公共部门、私营部门和第三部门以更加开放的姿态出现,"开放性"成为组织的显著特征,公共管理是服务于人本主义的科学管理;政府依靠法律、制度、规范、道德把握宏观方向,技术的创新则由企业和科研机构来承担,政府更多地表现为"服务者"角色,人民才是当家作主的主人;另外,网络的普及使得传统公共管理部门出现了"影子公共部门",例如"虚拟政府""e 政府""数字政府"等,更多的组织和个体能够参与政府的职能,传统政府的边界和层级逐渐模糊,有形的组织逐渐向无形的组织转变,直接的权力管理变成间接的制度管理和制度权威。

　　2015 年 5 月 12 日,国务院召开全国推进简政放权放管结合职能转变工作电视电话会议,会议首次提出了政府"放管服"改革的概念。"放"的内涵是指简政放权,减少没有依据或没有授权的行政权,将权力下放给市场和社会;"管"的内涵是指监管监督革新,权责分明,避免监管交叉,责任不清晰;"服"的内涵是指政府高效服务,将审批流程简化,减少市场运行的审批次数,降低市场行政成本,刺激市场活力,优化服务,节约人民办事成本和时间。下面将从"简政放权、放管结合、优化服务"的角度探讨政府对企业和市场(包括建筑行业)从管控到治理和服务的变化。

1. 政府角色——管控

政府是指国家进行阶级统治和社会管理的机关，是国家表达意志、发布命令和处理事务的机关。美国经济学家约瑟夫·斯蒂格利茨曾指出"作为国家，其组织成员具有普遍性，国家具有不可转授予其他经济组织的强制性。个人可以选择加入哪个俱乐部、购买何种股票，但无法选择出生于哪个国家，国家具有其他组织所不具备的强制权"，所以从古至今，无论西方还是东方，政府角色或多或少都会带有强制性色彩——政府管控。在传统计划经济体制下，政府扮演着无所不能、无所不在的角色；在市场经济体制下，市场经济的运行离不开市场调节和政府干预，政府的主要职能是打破地区、部门的分割和封锁，建立完善平等竞争、规范健全的全国统一市场，统筹国民经济发展总体规划和布局，协调和建立生产资料市场、金融市场、信息市场和企业产权转让市场等，促进市场体制的发育和完善，制止违法经营和不正当关系等。

2. 政府角色——治理

在亚当·斯密的《国富论》中，政府被称作是"看得见的手"，市场则是"看不见的手"，这一理论认为政府对于自由竞争的任何干预几乎都是有害的，然而当环境污染、超级企业垄断、劣质商品和服务等降低社会总体福利的情况出现时，市场这只"看不见的手"就会失灵，这时候就需要"看得见的手"即政府出面进行宏观的调控和治理。但是政府也并不是市场失灵的唯一解决之道，在一定条件下，政府放弃垄断，利用更多市场化的方法，通过地区分权和社区参与，调动地方政府、社区和个体的积极性。政府和市场对立的两极化思维不能适应实践的需要，只有政府、市场和第三部门之间共同努力，才能实现市场对资源的基础配置与政府对市场的合理干预之间的平衡。针对建筑业的发展，政府正在逐步开放工程建设市场，在工程管理、工程咨询、工程设计等方面越来越多地引进国外富有经验的公司进行合作；在工程项目的承建方式上，积极探讨采用包括私有融资方式在内的多种模式，进一步提高政府工程的质量与效益。例如，三峡工程的机组设备就向世界范围招标，最后主要由德国伏伊特（VOITH）公司、美国通用电气（GE）公司、德国西门子（SIEMENS）公司组成的 VGS 联营体和法国阿尔斯通（ALSTOM）公司、瑞士 ABB 公司组成的 ALSTOM 联营体提供，这种做法有利于减轻政府负担，提高政府工程建设效益，转移政府工程建设风险，也有利于推动中国政府工程管理水平的进一步提高。政府加大教育、环保、科技等方面的投入，促进了政府工程管理体制改革，使政府工程质量管理的水平有了一个质的飞跃。

3. 政府角色——服务

在政府提出全面推进简政放权放管结合职能转变之后，政府对于市场的态度更加开放，充分鼓励自由竞争，主要采用财政和货币政策来调控市场，对企业依法实行必要的管制。李克强指出，要以更实举措深化"放管服"改革，一是以简政放权放出活力和动力；二是以创新监管管出公平和秩序；三是以优化服务服务出便利和品质。健全政府职责体系，全面正确履行政府职能，努力建设服务型政府，在加强和改善经济调节、市场监管的同时，更加注重社会管理和公共服务，维护社会公正和社会秩序，促进基本公共服务均等化。建筑业作为经济发展的一大重要产业，政府应在工程各个环节、各个方面、各个层次发挥作用而提供范围广泛的基本保障条件，做好为工程共同体服务的工作。政府为工程建设服务，还主要体现在以下几个方面：一是为工程建设提供良好的社会环境、政治环境、法制环境和投资环境，简化政府办事程序，提高审批效率，下放行政权限；二是为工程共同体提高业务素质创造条件，例如增加工人的技能培训，增加工人和工程师的晋升机会和政治待遇等；三是为工程共同体，特别是投资者，包括外商投资者提供政治保障，为工程承包与实施过程创造公平公正的经济环境；四是为工程建设提供必要的基础设施和条件。从近年来的工程实践看，政府对工程共同体的服务正在并已经渗透到工程师、投资者、产业工人和管理者中，这一点在国家已经出台的各项制度如人事制度、产业政策、分配制度等方面都可略见一斑，特别是政府在经济上、政治上为工程共同体提供了较好的保障：提高生活待遇、保障参政议政、强化主人地位、规避投资风险。

6.5 工程中的公众参与

整个工程社会系统的三个重要构成要素为政府、工程共同体与公众。工程共同体需要对社会、对人类、对未来和对自然负责，但归根结底，这些责任关系的产生都离不开工程共同体与公众的联系。工程质量和效益直接与公众的健康发展相关，一旦工程特别是公共工程在建设或者运行过程中出现了问题将会直接损害公众的利益，有些损害甚至是长远且不可修复的，一项与公众绝缘或对立的工程显然是很有问题的。公众作为直接利益相关者，具有对工程关乎自身利益的知情权和监督权，公众参与工程决策也对工程形成了一定的舆论环境。对工程而言，公众是一个极其重要的参与要素，公众的支持与理解是工程顺利进行的强大动力，反之则是严重阻力。

6.5.1 公众参与的主体

公众参与的主体一般包括被项目决策所影响的或影响项目决策的、能够参与项目决策或为项目提供相关信息的、对项目感兴趣的群体或个人。

在工程建设方面，公众参与的主体可从政策、规划和项目三个层面进行分析：在工程建设政策层面，公众参与的主体是立法部门之外的公众组织及个人，包括工程建筑相关协会、环保组织等；在工程建设规划层面，公众参与的主体是规范部门之外的公众组织及个人，该层面公众参与的客体包括区域、地区或城市的建设规划部门和组织；在工程建设项目层面，公众参与的主体是工程建设相关参与方，如为项目提供融资的银行和信用机构、为项目提供保险的保险公司等项目建设以外的组织，该层面公众参与的客体是工程建设项目，涵盖项目全生命周期。

6.5.2 公众参与的作用

工程活动中的公众参与具有以下作用：（1）它是公众知情权的体现，也是公众维护自身利益、杜绝工程负面影响的途径。（2）可以弥补专家评估的不足，特别是在工程风险评估中，公众是工程风险的直接承受者，所以在风险评估中必须有公众的参与。公众与专家的视角以及对风险的感受与接受程度都存在显著的不同，只有通过有效的公众参与与诉求表达，才能够在工程社会系统中构建出有效的协商平台，保证各方利益。（3）可提高决策质量、降低成本，提高工程实施效率，加快工程进度。公众参与可以构建共识，减少或避免各利益群体之间的冲突，可以使公众获得参与感，增强责任意识，从而在监督、评价等活动中自觉贡献信息、知识等。工程建设方和政府也可以准确预料公众的期望及态度，从而有针对性地作出反应。

工程直接关系到大众的利益和社会的福祉，工程活动必须强调"公众参与"。工程活动中的公众参与，有利于权衡各方利益，减少各方的冲突；可以为科学决策建言献策；有利于加强工程的群众监督机制。在世界银行的一些项目中,公众参与呈现出了几个趋势:一是微观参与向宏观参与转变,二是被动参与向主动参与转变,三是个体参与向团体参与转变,四是阶段参与向全过程参与转变。

6.5.3 公众参与的不足

虽然我国工程管理对公众参与越来越重视,但仍有不足,表现在:一是只规定了公众参与的原则,途径不明确、程序不具体,公众难以实际操作;二是只要求在某一阶段收集公众意见,没有规定在工程建设的全过程都需要保证公众的参与,没有形成工程参建各方与公众的良性互动;三是公众参与工程决策不足,导致一些工程项目建成后纠纷不断,甚至引发群体性事件。

1. 公众参与途径不明确,实际操作困难

目前的绝大多数公共工程项目中,仅仅按照自上而下的原则,普遍采用的方式有召开项目公示活动、听证会、问卷调查等,方式单一而且缺少说服力,公众处于被动、不对称的地位,此外公众参与的方式、流程、结果获悉都十分不明确,没有统一的信息平台,公众难以实际操作从而影响到公众参与的积极性。在大型工程项目建设中也很少有公众参与的案例,只有在项目实施过程中公众的切身利益和生命安全被伤害时,大部分公众才得以通过媒体了解到某项工程的实情,而这种公众参与的形式往往不能提前规避工程风险,不能挽回国家和公众的损失。

2. 没有构建公众与工程的良性关系

公众与工程之间无法进行有效沟通和互动,是因为公众参与的组织者和公众之间没有形成"参与—反馈—再参与"的关系,很多时候政府或是工程相关单位只是纯粹地收集公众意见,但这些意见建议是否被采纳,是否对提意见的公众反馈了意见并给予适当奖励等后续事情不了了之,整个参与过程也就"到此为止"。公众参与的组织者形式也比较单一,一般由政府或建设单位组织,由于公众是无自主意识地参与进来的,会处于被动状态,因此参与方式是否公正、参与结果是否真实有效有待商榷,公众的意见真实性也就大打折扣。

此外,公众对于工程的理解和公众的工程技术素养也是阻碍公众参与工程项目的原因。我国大部分民众对于公民权利的意识比较淡薄,对参与大型工程项目的决策和方式都持有一种观望的态度,参与的积极性不高;大型工程建设涉及项目全生命周期中包括立项决策、可行性研究、环境影响评价、设计、施工、验收、试运营、运营和报废等工程知识,公众由于年龄、职业背景、教育背景等因素的限制,也就无法参与工程建设决策、施工、运营等实质性环节。

工程共同体与公众的良性关系构建要着眼于长期目标,既要使公众理解工程,又要使工程共同体致力于为公众谋福利。工程共同体与公众之间应当加强互动与交流,这种互动与交流是社会性的和公开性的,除了面对面的直接交流,也可应用其他多种传播媒介与传播方式。

3. 公众参与决策不足

在工程建设过程中,公众一般仅能参与工程设计阶段和工程结束后的运营阶段,目前公众参与工程决策的情况很少甚至没有,只有建设单位或业主的管理层才能参与工程决策,PPP项目则一般由政府和建设单位共同决策;在大多数公共决策案例中,公众参与的相关利益者众多,不能以全体参与的方式而只能采取代表人形式参与工程决策,但是对代表人如何产生以及名额如何分配没有明文规定,且代表人数量少,与参与者众多的建设单位和政府相比可谓"人单力薄"。同时,各种代表机构的治理能力易被行政权力同化和吸纳,无法有效地发挥代表成员利益的功能。

在此问题上,我们须建立社会公众参与监督平台,实行全过程参与。具体来说,要把征地拆迁、补偿标准、支付情况、招投标、资金拨付及工程进展等信息进行公开,并建立工程的社会评议平台。

6.5.4 公众参与的建议

需要注意随着社会发展进步,公众的公民意识以及公民权意识越来越强,公众参与意识也越来越强烈。公众参与正在从以前的漠不关心、被动参与走向积极、主动地参与。

1. 保障公众参与的知情同意权

工程的公众参与的有效性与工程的知情权以及信息公开制度程序的建设密切相关。有效的公众参与的前提是信息公开。知情同意权是涉及"信息"和"同意"两个方面,即意味着公众的同意权是在没有受到任何引诱、限制和强迫情况下所做出的能够真正反映其个人意志的一种表达。

如果相关机构不公开有关工程的信息,公众将对工程情况一无所知,不知道该工程有无风险或风险有多大,从而不得不盲目地听从专家的意见;如果专家仅从个人或单位的利益出发,则所提出的意见可能不利于普通公众的利益,在此种情形下,公众就会成为弱势群体。公众想要更多的话语权,就必须要求政府披露更多的信息来武装自己。

2. 我国公众参与的制度保障

公众参与的模式可以在舆论和制度两个层面展开:

在舆论层面,主要由公众代表、公共媒体、人文学者、非政府组织成员等主体参与其中。与专家评估相比,公众代表参与的风险评估范围更广泛,代表的利益更加全面,看问题的角度更开阔。公共媒体如大众传播媒介是建设工程共同体与公众良性互动关系的重要桥梁。大众传播速度快、覆盖面广、影响大,工程共同体可以利用媒体更好地了解公众,通过媒体宣传加深公众与工程共同体的认识从而消除隔阂,构建良好的关系,同时公共媒体也应该增强社会责任感和职业道德感,秉笔直书,整合多方意见,做好公众和政府、工程的沟通桥梁。人文学者和专家学者在涉及工程建设时应谨慎发言,避免利益牵涉,力求客观专业地进行工程建设问题的解答和相关工程知识的普及,提高公众工程技术素养。非政府组织是公众参与的好帮手,他们使公众把握住参与的主动权,充分保障公众权益,同时一些学术组织、咨询组织等非政府组织能够深入到社会民众中间进行工程知识的普及和推广,表达和反映公众对于工程的诉求,政府应该积极提供资源促进非政府组织参与工程建设和管理。

在制度层面,要从参与方式和公众权利方面做好制度保障。公众参与主要以听证会为参与途径,而听证会可以采取不同的形式,如基层的民主恳谈会、民主听证会、城市居民议事会等。政府、企业、市民、专家、媒体在听证会上平等地发表意见;政府和企业的管理者和技术专家通过听证会及时了解民情并吸纳公众的合理化建议,就会及时化解矛盾,消除情绪对立和误解,避免非理性因素经过传播产生"放大效应";明确公众参与工程建设的内容、流程和途径,规范组织公众参与的流程。在维护公众参与权利方面,以自下而上的方式取代自上而下的集权式组织方式,同时通过完善信访制度、举报制度、督查制度和奖惩制度等法律法规来扩大公众参与的空间,使公众在参与过程中,也能够运用法律手段和行政程序来保护自己的合法权益,从而放心参与公共工程的决策与监督。

案例分析

无视公众参与制度，环保局环评批复被判违法

2017年1月6日，江苏省镇江市京口区人民法院受理了一起诉讼案件。

本案被告镇江市环境保护局对第三人镇江城市建设产业集团有限公司作出《关于对〈太古山路道路工程项目环境影响报告书〉的批复》（镇环审[2017]1号），同意第三人按照受托单位南京国环科技股份有限公司编制的《太古山路道路工程项目环境影响报告书（报批稿）》（下称《报告书》）规定的内容建设太古山路道路工程。同时，该批复还对具体项目工程设计、建设和环境管理中，全面落实《报告书》中所提出的各项环保和生态修复措施提出了明确要求。最后，该批复文件告知了公民、法人或者其他组织自公告期满之日起向行政机关申请行政复议、向人民法院提起行政诉讼的权利和期限。

本案胡某某等10位原告均为镇江市润州区金山街道太古山某某村的居民，在该村有自己的房产，且多年来一直连续居住在此，原告的房屋与涉案的太古山路建设近在咫尺，涉案道路建设环评审批是否合法，直接关系到原告的切身权益。原告认为被告对第三人的批复不合法，导致原告的实际权益受损，最主要是夜间施工，高振动作业，高噪声，污染严重，让众位生活在太古山路边的原告不堪忍受。

综上，原告决定拿起法律的武器维护自身合法权益，原告经人介绍，联系北京宋玉成律师，决定委托宋玉成律师代理此案，宋律师接受委托后，即指导当事人向镇江市京口区人民法院提起诉讼，请求依法撤销被告为第三人核准的《关于对〈太古山路道路工程项目环境影响报告书〉的批复》（镇环审[2017]1号）。

判决结果如下：

镇江市京口区人民法院经过公开开庭审理，作出了(2017)苏1102行初25号《行政判决书》，该判决采纳了代理人宋玉成律师的代理意见，由于客观原因，虽未支持原告的全部诉讼请求，但是作出了维护原告合法权益的判决。

法院认为，环境影响报告书的结论是环评审批中应当高度重视的审查重点，本案原告所居住的太古山社区是太古山路道路工程项目沿线应当搬迁的居民，但截至本案开庭时原告居住的房屋尚未拆迁，虽然环境影响报告书、技术评估意见对此情况未作表述，但环境影响报告书、技术评估意见都明确指出建设项目沿线宝盖山小区尚有部分房屋未拆迁，而且环境影响报告书的结论明确提出"考虑本项目沿线宝盖山小区尚未全部拆迁，在未拆迁完毕前不允许开工建设"。同时，行政审批事项清单关于申请建设项目环境影响报告书审批的，申报材料事项第7项明确规定，涉及房屋拆迁的，应当提交地方政府关于拆迁的承诺文件。但被告在进行环评审批过程中，在报批单位未按要求提交承诺文件且环境影响报告书、技术评估意见均提出有应当拆迁房屋未拆迁的情况下，不进行现场核查，就作出了环评批复，显然有违环评审批要求。同时，从环评审批办理规程看，专家技术评审意见和技术评估意见既是获取建设项目环境影响评价审批的必要条件，也是应当提交的申报材料，被告辩称技术评估意见就是专家技术评审意见，显然缺乏依据。

虽然被告在环境影响报告书审批中存在违反环评规定的行为，但鉴于太古山路道路工程

项目已开工建设近一年环评批复已不具有可撤销内容及必要,建议被告对太古山路道路工程项目加强跟踪监督检查,对不符合环保要求的问题严肃查处,必要时可责成建设单位开展环境影响后评价,同时督促建设方以及地方加快解决原告以及环境敏感目标范围内房屋拆迁安置工作。综上,判决被告镇江市环境保护局作出《关于对〈太古山路道路工程项目环境影响报告书〉的批复》(镇环审[2017]1号)违法。

思考:公众参与既是环境保护的重要法律原则,也是对环境影响利害关系人的一项重要保护措施,同时还是环境影响审批的审查重点。你认为政府应该采取哪些措施将公众参与环节与环境报告书审批相结合,以避免类似案件纠纷的发生?

参考文献

[1] 荀晓鲲.价值观褊狭问题视角下的转型期水库移民社会越轨行为探究[J].水利发展研究,2016,16(3):32-34+60.

[2] 杨双,袁中金,汪宇峰.快速城镇化衍生的社会问题及治理对策[J].农业经济,2020(3):31-32.

[3] 魏治勋,宋洋.先秦法家社会控制论及其现代批判[J].山东大学学报:哲学社会科学版,2018(1):66-76.

[4] 辛金国.基于硬控制和软控制基础上的内部控制模式演变规律实证研究[C]//中国会计学会高等工科院校分会 2007 年学术年会暨第十四届年会论文集.中国会计学会高等工科院校分会:合肥工业大学管理学院,2007:528-539.

[5] 陈友源.如何加强甲方的施工管理和质量控制[J].科技资讯,2008(8):226.

[6] 张艳军.建设工程中甲方管理的重要性分析[J].河南建材,2018(1):72-74.

[7] 沈克技.浅谈工程施工单位的内部控制[J].行政事业资产与财务,2011(24):109-110.

[8] 李强.监理安全管理与责任探讨[J].住宅与房地产,2019(30):108-109.

[9] 于欢,吴明."放管服"视角下的行政审批制度改革[J].智库时代,2020(7):19-20.

[10] 肖志勇.政府在建设工程质量管理中角色转变研究[D].重庆:重庆大学,2007.

[11] 钟质.李克强在全国深化"放管服"改革转变政府职能电视电话会议上强调推动政府职能深刻转变 最大限度激发市场活力[J].中国质量技术监督,2018(7):6-7.

[12] 李伯聪.工程社会学的开拓与兴起[J].山东科技大学学报:社会科学版,2012,14(1):1-9.

[13] 杨秋波.工程建设中公众参与机制研究[D].天津:天津大学,2009年.

[14] 段世霞.我国大型公共工程公众参与机制的思考[J].宁夏社会科学,2012(3):64-68.

[15] 朱东恺.项目可持续发展影响评价初探[J].中国人口·资源与环境,2004(2):40-42.

[16] 马琼丽.当代中国行政中的公众参与研究[D].昆明:云南大学,2013.

Chapter 7

第 7 章 工程的社会风险

> **学习目标**
>
> 通过本章学习,了解风险的定义、风险社会理论的内容;理解工程风险的特点与原因、工程社会风险的种类、专家视角与公众视角下的工程风险差异;掌握风险度量的内容、工程风险可接受性的概念、工程安全与工程风险的关系以及工程风险的伦理评估方法。

7.1 风险及其度量

7.1.1 风险的定义

风险,通常意义上指的是遭受损失或受到伤害的可能性。比如英国学者吉登斯(Anthony Giddens)就认为风险是"在与将来的可能性关系中被评价的危险程度"。我国学者李伯聪则把风险定义为"针对个人、集体或人类社会而言的,有可能在未来带来有害后果的不确定性"。

最早提出风险定义的是美国学者威特雷,他认为风险是关于不愿意发生的事件发生的不确定性的客观体现。其含义可从以下三层进行理解:第一,风险是客观存在的现象;第二,风险的本质与核心具有不确定性;第三,风险事件是人们主观所不愿发生的。

美国工程伦理学家哈里斯(Harris)等人站在伦理角度,把风险定义为"对人的自由或幸福的一种侵害或限制"。美国风险问题专家威廉·W. 劳伦斯认为风险是"对发生负面效果的可能性和强度的一种综合测量",并提出风险由两个因素构成,即负面效果或伤害的可能性以及负面效果或伤害的强度。

20 世纪 20 年代初,美国经济学家奈特(Frank H. Netter)对此前模糊的风险定义与不确定性做了明确的区分,指出风险是可测的不确定性。他认为,所有的风险都存在着一定的统计规律,无论是当前还是未来。风险事件发生的不确定性可以用概率或可能性大小来表示。奈特在 1921 年出版的《风险、不确定性与利润》一书中提出了"风险和不确定性二分法"这一概念,获得了广泛的赞同。现代经济学认为,"风险是不能确定地知道,但能够预测到的事件状态;而不确定性是不能确定地知道,也不能预测到的事件状态"。

1964年，美国教授汉斯（Hans）和小威廉姆斯（Serena Williams）将人类的主观因素引入风险分析中。他们认为风险虽然对任何人来说都是以同样的状态客观存在，但不确定性则是风险分析者采用一定估计方法计算的，难免会受到人类主观因素的影响，不同分析者对同一风险的主观判断可能会因为分析方法的不同而产生差异。风险是在给定情况下和特定时间内，可能发生的结果间的差异。如果仅有一个可能的结果，则这种差异为 0，从而风险也为 0；如果存在多种可能的结果，则风险不为 0。结果间差异越大，风险就越大。

20 世纪 80 年代初，日本学者武井勋在吸收前人研究成果的基础上对风险的概念做出了新的表述，认为风险是在特定环境和特定期间内自然存在的导致经济损失的变化。该定义包含三重含义：第一，风险与不确定性有差异；第二，风险是客观存在的；第三，风险可以被测量。

总体来说，学界对风险的认识主要分为以下两种：第一，把风险定义为不确定的事件，用概率描述不确定性的程度；第二，把风险定义为预期与实际的差距。风险是在一定条件下、一定时期内可能产生的结果变动，这种变动越大风险就越大。变动指的是预期结果和实际结果的差异，意味着预测结果和实际结果的不一致或偏离。有人则把上述两种定义结合起来，既强调风险的不确定性，又强调这种不确定性所带来的后果。这种综合性的定义体现了我们中国人周全的思维逻辑，因此这是我国风险管理学界主流的风险定义。该风险定义分为两个层次：首先强调风险的不确定性，且不确定性可以用概率来衡量；其次强调风险带来的损害，风险的各种结果差异给风险承担主体带来的损失可以用风险度来衡量。本书对风险的认识，采取的就是这种综合性的定义。

不过若认真分析风险的概念，其内涵可能比上述定义更为宽广。一般来说，风险可以从以下几个方面加以理解：第一，风险由两个因素构成：负面效果或伤害的可能性，以及负面效果或伤害的强度；第二，风险不同于灾难，风险不仅仅是威胁与伤害的存在客体，风险更是诊断、预防威胁与伤害的前瞻性把握；第三，风险是人类对于伤害及其可能的理论自觉，它展示了人的力量，体现了人的伟大，它是人的审慎理性自觉的表达，是人积极进取、乐观向上人生态度的展示；第四，风险是人的本真存在方式。从哲学人类学的角度而言，人的在世不仅仅是"烦、畏、死"，更是"危与机"，而"危与机"恰恰体现了人类创造性活动最为本真的一面。通过对风险概念的剖析与理解，风险的特点可归纳如下：

1. 风险是客观存在与主观认知的结合体

风险的客观存在性指风险是真实存在的。风险的产生、存在及演变有其自身的方式与规律，不以人类的意志为转移。因此，我们应该承认与强调风险的客观性。风险同时还具有主观性，风险是人类意识的反映，是人类主观上的建构，不同的认知主体对同一客观存在的风险往往会产生不同的理解。从社会学视角，风险是人提出来的，风险也是人所造就的，风险也应由人来规避。

2. 既具有可控性也具有不可控性

风险的可控性指的是风险是可识别的、可驾驭的。我们往往可以借助科学与技术、专家与学者、社会与国家等手段将风险带来的损害及其发生的可能性控制在可接受范围内。因此，风险社会是一个自批判的社会，是一个既充满风险又充满自信的社会，是人类有信心有能力解决风险问题的社会。在这个社会当中，科学技术发挥的作用越来越大，也日益成为人们生产与生活的必需品。然而，科技的突飞猛进，一方面为人类带来无穷的力量，另一方面也犹如脱缰野马存在失控之可能，正如转基因、核能等技术。因此，我们今天生活的这个社会其实也是一个不可控的社会。

3. 既具有现实性也具有非现实性

风险不是人们臆想与虚构出来的,是真实存在的,有些危险与风险事实已经产生并充分暴露出来,故风险具有现实性。然而,大多数风险是可能发生但实际上仍未发生的危险,就当下而言仅仅具有可能性,这种可能性并不直接等同于必然性与现实性,因而,风险又有着非现实的一面。不过,我们应意识到风险的非现实性仅仅是在当下还没显示出来,风险及其后果可能在不久的将来就会显现出来。

4. 风险作用的双重性

风险的分配具有公平性,无论贫富贵贱还是男女老少都必然面对风险,都要接受风险的挑战,面临可能的灾难。这也正如贝克所说的那样:"贫困是等级制的,化学烟雾是民主的"。尽管如此,风险的分配也有其不公平的一面。这是因为"阶级社会和风险社会中的不平等是相互重叠和互为条件的;后者可以产生前者。社会财富的不平等分配给风险的生产提供了无法攻破的防护墙和正当理由。"同样是面临化学烟雾,有钱人可以通过使用空气净化器等方式净化空气,而穷人只能在无防护的情况下直接接受污染的空气。

5. 风险分配的公平与失衡

风险的作用具有好与坏的双重性。风险的作用结果是负面的,伤害及其伤害的可能性本身就是不好的,是人们应该规避的。但是风险又有着好的一面,即风险作为危机而言,既有"危"的一面,又有"机"的一面。"机"的一面指既有风险又有机遇,风险是一个使人们反思的契机,使人们警醒的节点,风险促使人们寻求问题之解决方法。从这一维度而言,风险不是前进中的障碍,反而是前进中的动力——它刺激着我们进一步研究自然与社会内在的运行机制,从而提高人们认识世界与改造世界的能力。

7.1.2 风险的度量

风险的度量指的是对风险发生的可能性以及所带来的后果和影响范围进行评价和估量,风险度量主要有以下几方面的工作内容。

1. 可能性的度量

风险度量的首要任务是分析和估计风险发生的概率,即风险可能性的大小,这是风险度量过程中最为重要的一项工作。风险一旦发生,必然会带来不良后果,风险发生的概率越高就意味着造成损失的可能性越大,因此需要事前严格控制和防范风险的发生。

2. 后果的度量

风险度量的第二项任务是分析和估计风险后果,即风险可能带来的损失大小,这同样是风险度量中极为重要的一项工作。有的风险即使发生的概率不大,但是一旦发生后果十分严重,因此需要对可能造成严重损失的风险进行重点防控,做到避免发生,否则会给整个项目的实施带来严重的影响。

3. 影响范围的度量

风险度量的第三项任务是分析和估计风险影响的范围,即分析风险可能影响到项目的哪些方面和哪些工作,这也是风险度量中不可缺少的一项工作。即使风险发生的概率和后果的严重程度都不大,但是一旦发生会影响到项目的核心部分,因此同样需要进行严格控制,防止因此类风险发生而搅乱项目的整个工作和活动。

4. 发生时间的度量

风险度量的第四项任务是分析和估计风险发生的时间,即风险可能在项目的哪个阶段和什么时间发生,这也尤为重要。风险的控制和应对措施都是根据风险的发生时间进行针对性安排的,越早发生的风险就越应该优先控制,防止影响项目的进程,而后期发生的风险可以通过监视和观察它们的各种征兆,以做出进一步的识别和考量。在风险度量过程中我们需要克服各种认识上的偏见,包括风险估计上的主观臆断,体现在根据主观意志夸大或缩小风险,如渴望成功时就不愿看到不利方面;风险估计上的思想僵化,体现在不能或不愿意根据新获取的信息对原有的风险估计进行更新和修正,最初得出的风险度量结果会成为一种定式的固化思维;缺少概率分析的能力和概念,概率分析本身十分复杂,要求风险度量相关人员具有过硬的专业素养。

7.2 风险型社会

7.2.1 风险社会理论

当今人类社会的发展是与风险相伴随的。社会的冲突与动荡、环境的污染与恶化、层出不穷的天灾人祸、各色各样的恐怖主义等,都威胁着人类的生存和发展。所谓"风险",是指影响未来事件或行为及其结果的某种不确定性,它是对事件或行为的可能性及对发展目标影响的描述。风险包含事件或行为的概率和后果两层含义,并且涉及风险承担者的主观价值判断。

现代社会是一个风险社会,风险是人类社会发展的伴随物。相较于传统社会,我们面临的是一个更加开放和不确定的时代,我们完全处于风险的"丛林"中,即一个"除了冒险别无选择的社会"。风险已成为时代的标志性特征和了解现实世界的背景。它不仅改变了社会,也改变了人类的思维方式和行为模式,甚至从制度和文化上改变了传统社会的经营逻辑。"风险社会"成为世界上所有国家都正在面临的社会现象之一。1986年,德国社会学家乌尔希里·贝克在其所著的《风险社会》一书中指出"风险是表明自然和传统终结的一种概念",最早提出了风险社会的概念,随后又发表了《风险时代的生态政治学》《全球风险社会》等论著,促进了社会风险理论基本框架的形成。

贝克作为风险社会理论的创始人之一,他的"风险社会理论"着眼于人类进步的消极因素,特别是工业和科技对人类和自然的危害,引起了全世界的广泛关注,并大力推动了学界对风险问题的研究和应对。"风险社会"成为20世纪八九十年代以来在社会科学界被广泛认同和讨论的概念之一。

贝克认为，风险本身并不是危险或灾难，而是灾难和危险的可能性。其主张的风险社会理论认为，风险是不确定的潜在威胁，是正处于酝酿过程中的可能灾难。一方面，风险是大自然客观活动引起的自然风险，例如地震、海啸、飓风和其他无法避免的自然现象。另一方面，风险是社会的持续现代化和全球化进程中，阶级与贫富间等级制度的消除及人类与自然间原有界限的淡化所催生出的社会威胁，具有社会属性。上述两种风险有时可以相互转化，例如自然风险可能演变为社会冲突，甚至社会危机。充满社会风险的整个社会也称为风险社会。风险社会的主要特征是人类面临着由社会创造的生存威胁。

风险社会理论认为，社会风险是指由于人类实践和社会因素所引起的造成危害的社会可能事件。社会有广义和狭义两种理解。广义的社会是指包括政治、经济、文化等子系统的巨型复杂系统。如果从广义角度出发，则除个人损失以外，人类生活中的各种损失都可以称为社会损失，除个人风险以外的任何风险都可以称为社会风险，这也是贝克、吉登斯等学者探讨的社会风险。狭义的社会则指与政治、经济、文化等相并列的系统，狭义的社会损失是指与政治损失、经济损失、文化损失等相并列的一种损失，狭义的社会风险是指与政治风险、经济风险、文化风险、金融风险、决策风险等相并列的一种风险。

7.2.2 风险的社会建构

社会风险包括单纯的社会风险和传导而生的社会风险。传导而生的社会风险是指经由其他风险传导而产生的社会风险。大型工程影响巨大，往往会导致风险的快速传导，特别是在当前的风险社会中。譬如，一项工程拆迁风波可能被发布到网络，经由网络聚焦、放大，演变为一场范围远远超出工程直接面对群体的大的社会风波。

风险感知研究表明，风险不是纯粹的"客观性"存在，影响风险扩散的主观因素，如自愿接受性、个人规避风险能力、对危害的熟悉程度及对破坏能力的认知等，都在塑造人们对客观风险事件的主观反应。这种因人而异的主观反应，构建了一种新型主观风险，进而影响了人们应对风险的态度和行为选择，被称为风险的"建构性"。风险的社会建构属性强调了社会因素在个人风险认知形成中的主导作用，从而指出了社会结构与个人感知之间的相互作用会引发新的风险。

风险的社会建构表现出一种普遍的风险现象，即信息处理、社会结构、社会群体的行为以及个体的反应共同组成了风险的社会建构，从而影响风险事件的社会后果。从某种意义上，这也解释了为什么小型风险事件有时会引起公众的强烈反响，进而导致一系列重大的经济和社会后果。从上述角度出发，风险可以看作是主观和客观的结合，因此，不存在"真实的"（绝对的）或是"歪曲的"（社会决定的）风险。早期的风险研究一直在客观主义和主观主义之间争论，即使在主观主义派系内部也是如此。但是大多数学者认为，文化、社会和个人心理因素会影响公众对风险的看法，这也表明了客观风险事件与社会、文化及个人心理间的相互作用可以增强公众的风险感知和应对行为。

从风险建设的社会角度来看，社会信息系统的特征和公众的反应是决定风险及其规模的根本因素。信息系统是激活转换器。在信息系统的作用下，影响风险的各种社会因素从潜在状态被激活，成为增强或削弱个人或群体接收风险信息的信号。风险事件的直接后果是由风险源事件本身引起的，风险事件的间接影响和事件后果的严重性则是由信息系统发送或激活的信号决定的。由信息系统激活的事件信息的丰富程度与该事件的严重程度及其反映的风险的危害特征有关。有关风险事件的信息量越大，构建的新风险就越多，这表明整体风险不同于初始风险事件且更为严重。

公众根据风险的属性及其重要性对大量信号进行评估和选择。事实上，公众对许多风险的认定和评估都不是基于个人的直接体验，他们也缺乏处理日常生活中复杂风险的能力。在无法直接接触风险时，人们一般通过他人和媒体来获取有关信息，因此，信息系统就发挥了重要的中介作用。风险源头事件被信息系统（如风险技术评估专家系统、风险管理机构、新闻媒体、政府部门、公共组织）处理后，通过正式和非正式的沟通渠道（如报刊、网络、口口相传等）传输，最终主观建构出来的风险以信息的形式被不断传播和扩散。在公众眼中，风险信息和风险事件并非独立存在的，而是相对应的。可见，信息系统已经成为风险的社会建构站。另外，每一个信息的接收者同时还是信息的传递者，他们通过添加或删除来增强或减弱所接收的信号，并且参与风险的社会构建过程。风险的社会建构机制在于风险由社会或个人的"建构站"来处理，因此，风险的社会构建过程不仅可以帮助人们理解风险，还可以帮助人们识别风险的重要程度，以及告知人们在必要时应采取哪些措施等，但有时也会导致认知失真和做法错误。

在传统风险仍然存在的情况下，社会风险的出现使得两种风险在现代社会并存，这无疑对社会的发展产生了更大的不利影响，主要体现在以下方面。

（1）社会风险影响建设社会主义和谐社会的目标。国家政策所描述的和谐社会应该是民主法治、公平正义、诚信友爱、充满活力、安定有序、人与自然和谐相处的社会。社会风险显然成为构建和谐社会的障碍。

（2）社会风险影响经济的发展，不利于社会的进步。经济的发展水平是衡量一个社会进步程度的直观指标，是促进社会进步的重要力量。现代社会存在的风险不可避免会成为经济发展过程中不可忽视的障碍，进而阻碍社会的进步。

（3）社会风险影响科技的进步。人类的知识水平是有限的，当科技带来的负面影响威胁到人类自身安全时，人们往往会产生抵触心理。

（4）社会风险影响现实社会的正确认识和准确把握，造成人们的心理疾患。消极对立情绪的滋生往往是产生反社会行为，引发社会动乱的诱因，因此大众传媒在化解社会风险时要加强对公众的及时关注和正确引导工作。

7.3 工程风险

7.3.1 工程风险的特点

工程始终伴随着风险，这是由工程本身的性质决定的。工程系统和自然系统不同，它是人类需求所创建出的人造物体，在自然界中最初并不存在。它包含自然、科学、技术、社会、政治、经济、文化等许多要素，是一个远离平衡态、复杂又有序的系统。普利高津耗散结构理论提到，在一个有序系统里，维持有序的系统结构的条件是熵的增加。这意味着，如果工程系统没有得到定期维护和保养，在受到内部和外部因素干扰时，它将从有序变为无序，并再次回到无序状态，无序即存在风险。因此，工程必然会伴随风险的发生。

风险是由于未来的不确定性造成的，工程风险也是如此。由于工程的复杂性、多因素制约性等特点,在工程的规划、实施与运行过程中会出现各种不确定因素,未来的不确定性就是工程风险的原因。工程风险是隐含在工程活动中,将会发生和可能发生的相对严重的问题,例如危机、事故和灾难等。工程风险也是客观存在、多种多样的,例如,由于自然因素、人为因素或两者结合引起的工程事故,由于资金不足无法偿还贷款引起的项目财务危机,由于设备和材料供应不足而造成的生产危机,由于团体突发事件、社会动荡或战争等造成的工程风险。工程风险可以衡量,但又不能完全避免。无论在工程决策、设计、施工和使用的任意阶段,都会存在不确定性,因此工程具有一定的风险。

一旦工程风险发生并转变为现实,通常会造成严重后果,例如财产损失、人员伤亡、项目停滞以及建筑物毁坏等。如黄河三门峡水利工程由于工程设计者对自然条件的恶劣性估计不足,论证不科学,在建成后开始蓄水仅一年多时间内,水库就发生严重的泥沙淤积,导致渭河下游水位显著抬升,两岸农田被淹,土地盐碱化,造成了严重的生态环境破坏,给沿岸人民的生活带来了极大的不利影响。

工程项目从立项到建成后运行的全生命周期中,都必须重视对风险的管理,工程风险具有如下特点。

1. 风险存在的客观性和普遍性

由于损失发生的不确定性,风险是不以人的意志为转移并超越人们主观意识而客观存在的,在工程的整个过程中,风险无处不在。任何类型的项目,工程过程的每个环节,都存在风险。这就是工程风险的普遍性。工程风险的普遍性说明,虽然人们一直想识别和控制风险,但直到现在,也只能在有限的时间和空间上避免风险,或者改变风险存在和发生的条件,减少发生的频率,并减少损失的程度,却不能也不可能完全消除风险。

2. 某一具体风险发生的偶然性和大量风险发生的必然性

工程风险是客观存在的,其发生具有必然性,不会按照人的意愿转移。任何特定风险的发生都是许多风险因素和其他因素共同作用的结果,并且是随机现象。个别风险事故的发生是偶然和无序的,但是大量风险事故数据的观察和统计分析表明,风险呈现出明显的运动规律,这使得人们有可能使用概率统计方法和其他现代风险分析方法计算风险发生概率和损失程度,这也推进了风险管理的快速发展。

3. 风险的可变性

风险的可变性指的是风险性质的变化,风险后果的变化以及新风险的出现。风险后果包括后果的发生频率、收益和损失的大小。在项目的整个过程中,随着项目的进行,各种风险可能发生质和量上的变化,有些风险会得到控制,有些风险会发生并得到处理,同时在项目的每一阶段都可能产生新的风险。

4. 风险的多样性和多层次性

工程项目的生命周期长、建设规模大、覆盖面广、风险因素众多且种类繁多,以至于在整个生命周期中都可能面临各种风险,而且内部大量风险因素之间错综复杂的关系和各种风险因素与外界的相互影响使风险呈现出多个层次。

7.3.2 工程风险的来源

由于项目类型不同,导致工程风险的因素也多种多样。一般而言,项目风险主要由以下三个不确定因素引起:工程中技术因素的不确定性,工程外部环境因素的不确定性和工程人为因素的不确定性。其中,工程风险的技术因素又可分为零部件老化、控制系统失灵和非线性作用等因素;工程风险的环境因素又可分为意外气候条件和自然灾害等因素;工程风险的人为因素又可分为工程设计理念的缺陷、施工质量缺陷和操作人员渎职等因素。

1. 工程风险的技术因素

工程作为一个复杂的系统,任何一个环节出现问题都可能导致整个系统出现故障,从而可能导致事故风险。由于工程在设计之初都有使用年限的考虑,工程的整体寿命往往取决于工程内部寿命最短的关键零部件。只有工程系统的所有单元都处于正常状态,才能充分保证系统的正常运行。当某些零部件的寿命到了一定的使用年限,其功能就变得不稳定,从而使整个系统处于不安全的隐患之中。其次,控制系统故障会导致工程事故。现代工程通常是由多个子系统组成的复杂大型系统,因此对控制系统要求越来越高。仅靠个人有限的力量往往不能通观全局,必须依靠信息技术、网络技术和计算机技术才能掌控全局。因此,目前的复杂工程系统中基本都有了自己的"神经系统",这对于调节、监控、引导工程系统按照预定的目标运行是必不可少的。随着人工智能技术水平的日益提高,控制系统的自动化水平也与日俱增。完全依赖智能技术的控制系统有时会带来安全风险,尤其是在紧急情况下。当智能控制系统无法响应时,必须依靠操作员对其进行灵活处理,否则会造成事故。最后,非线性效应也是引发工程事故的原因。非线性效应和线性效应之间的区别在于,当线性系统发生变化时,它通常是逐步执行的;而非线性系统发生变化时,通常会发生质变和跳跃。在外界影响下,线性系统将会逐步响应;而非线性系统则相对复杂,有时对强外部干扰没有响应,有时对外界的轻微干扰会产生剧烈的响应。

2. 工程风险的环境因素

气候条件是影响工程运行的外部条件。良好的外部气候条件是保障工程安全的重要因素。任何工程在设计之初都有一个抵御气候突变的阈值。在阈值范围内,工程能够抵御气候条件的变化,而一旦超过设定的阈值,工程安全就会受到威胁。以水利工程为例,当遇到极端干旱气候条件时,会引发农田灌溉用水和水库蓄水不足、发电量减少等后果;而当遇到汛期,则会发生弃水事故,降低水库利用率,严重的还可能发生大坝漫顶甚至溃坝事故,使得洪水向中下游蔓延,给中下游造成巨大的经济损失、人员伤亡。自然灾害对工程的影响也是巨大的。自然灾害的形成是由多方面的要素引发的,通常可划分为孕灾环境、致灾因子、承灾体等要素。自然灾害系统可分为"人-地系统"和"社会-自然系统"。其中,"人"和"社会"指在特定孕灾环境下具备某种防灾减灾能力的承灾体,"地"和"自然"则表征的是在特定孕灾环境下的致灾因子,上述两个方面是对自然灾害系统要素的凝练和认识的升华,二者的相互作用是自然灾害系统演化的本质,是灾害风险的由来。

3. 工程风险的人为因素

工程设计理念是事关整个工程成败的关键。一个好的工程设计,必然经过前期周密调研,充分考虑经济、政治、文化、社会、技术、环境、地理等相关要素,经过相关专家和利益相关者反复思考和论证后做出;相反,一个坏的工程设计是片面地考虑问题,缺乏全面、统筹、系统的思考所导致的。

7.3.3 工程风险的缘由

贝克与吉登斯认为今天我们所处的社会是风险社会,世界充满了各种风险与不确定性,人类处于一个可怕的危险境地。究其本源,我们为什么会面临如此境地?工程风险究竟是如何产生的?任何工程都隐含着各种各样的风险,探究工程风险产生的缘由对正确地认识工程风险和积极地规避化解工程风险有一定的帮助,是保障工程有效运行的重要条件。

人绝非纯粹理性的动物,更重要的是,人的理性不是万能的,人的理性也不尽如人意。理性不足可以从三个方面进行解释:一是人类的行为并不完全是理性的,理性不能涵盖并解释人类的所有行为;二是理性本身就存在不足;第三,将人设定为完全理性有着理论的不自洽性。一项工程作为改造社会的造物过程,各阶段工程活动主体不可能对于所有信息都了然于胸,由于环境的复杂与多变、信息的杂糅与模糊、人精力与能力的欠缺,人的认知理性往往无法满足全面风险控制的要求,人们无法保障从海量的信息中抽取出最有价值的部分并做出最为恰当的决策,人们只能寻找那些看起来不错的选择。

此外,大型工程的社会决策存在失误的风险可能,这种风险可能与人的理性不及紧密相关。理性不及所造就的社会决策失误主要源于两个方面:一是决策者知识与能力的有限;二是信息的有限与多变。人们经常会为过去的误判而懊悔不已,也会有情感上的冲动以及价值偏好。可见决策主体掌握的知识与信息是不完全的,决策立场是不公平公正的,这种不完全和不客观往往贯穿于整个决策过程始终,因而社会决策本身就是不完美的,存在着失败的风险。一项好的社会决策必须在充分掌握各种信息的基础上权衡利弊后出台,然而,第一,信息永远是欠充分的,人们只能努力追求尽可能多的信息,而不能完全掌握所有信息。这是因为随着事物与情况的发展新的信息会不断产生。第二,信息的掌握会受到时间差的影响,即现在所掌握的信息是以前的事物,现今的状况未必就是当初信息提供者所描述的状态。第三,信息存在真假之别,如何甄别各种庞杂的信息并确保所汲取的信息准确无误也是一大考验。

承认人理性的有限性,自然也就承认政府理性的有限性与公共决策失误的可能性。现行的公共决策绝不会永远是正确的,也不会是让所有人都永远满意的,社会决策存在着失误与缺陷的可能,甚至有可能造成灾难性后果。因此,理性不及导致了工程风险的必然存在。当然,承认人的理性有限性,并不意味着对人以及人类社会持一种悲观失望的态度,而是说人要审慎地运用理性;既要大胆又要冷静,既要充满自信,又要保持适度的警觉。

除了决策主体有限的理性达不到工程活动本身的需要之外,现代工程特别是大型工程往往还是一项社会工程,牵涉到整个社会制度与程序。正如贝克的风险社会理论所指出的现代社会是一个风险社会,社会制度与程序作为现代社会的组织形态,本身蕴含着风险。工程风险一部分来源于工程技术风险,另外还来自工程实践风险。从某种意义上,工程实践风险更能体现工程风险的本质。现代工程的技术可行性相对较高且较为稳定,恰恰是工程实践更可能带来风险,因为同样的技术也会因不同的实践而导致不同的效果。工程具有复杂性,工程的主客体不易明确,具有多重性;工程所处的环境有自然环境和社会环境;工程主体创造或改造客体的中介环节主要是与工程实践相对应的工程思维和工程方法等。因此,工程活动中对工程风险的认知,对工程主客体的判断,工程主体的工程思维,自然、政治、经济、技术因素和工程风险管理方法等都是导致产生工程风险的原因。

7.4 工程的社会风险

传统的工程风险研究将工程风险定义为影响工程活动目标实现的各种不确定因素的集合，主要关注可能给工程带来的风险以保障工程顺利进行，侧重于对工程项目成功建设本身的风险进行管理和分析，对工程的社会风险研究较少。

现代社会是一个风险社会。德国社会学家乌尔希里·贝克的风险社会理论聚焦于人类进步的负面因素，尤其是工业科技对自然和人类的危害。作为改造世界、推动社会现代化进程的具体形式，工程活动不仅是科学与技术的实践场所，也是工程创新的主战场。由于工程的复杂性、多因素制约性等特点，在工程的规划、实施和运行管理过程中必然会面临着多方面的不确定因素，从而存在着社会风险。社会风险是影响社会稳定与发展的重要因素，一旦发生，将直接影响该项目的正常运作，也将对社会经济产生重大影响。工程的社会风险是工程系统所依赖的有关社会环境（包括政治、经济、法律、教育、科技、文化、军事、外交等）因素发生变化而给工程带来的风险，主要指工程实践和社会性因素所引起的危害社会的可能事件。如何管理及规避工程的社会风险，是保障工程顺利实施与运行的关键问题之一，也是工程在实施和运行过程中必须面对和解决的问题。

7.4.1 工程社会风险的特点

对工程社会风险的认识和研究需要结合风险社会理论进行社会学考察。基于风险社会理论，现代工程社会风险具有如下特点：

（1）随着现代工程的超大规模化、区域化与国家化，甚至国际化，以及现代风险的传播性，使得现代工程社会风险的后果和危害已从个别风险、区域风险转向全球性风险，超越了地理边界和社会文化边界的限制，其时间影响也是持续性的。应对和规避现代工程的社会风险不再是个别的任务，而是区域的、国家的、全球的任务。

（2）现代工程的社会风险具有隐蔽性、延时性。以三门峡工程为例，其引发的社会问题，在其运行的后期逐步显现并扩大，并且这些风险很难预估和量化，导致基于风险计算的经济赔偿往往无法实现。

（3）工程的社会风险很大程度上是人为制造的。人为制造的风险，是指由人类不断发展的知识对世界的影响所产生的风险，以及人类在没有太多历史经验的情况下所产生的风险。贝克曾经指出，现代风险是内在的和人为的，并且来自人类的决策。工程作为科学与技术的实践，具有集成创新性，这种创新性需要突破既有的经验，而这种突破往往也蕴含着社会风险，工程的社会建构性阐释了这一点。

（4）现代工程社会风险具有高度复合性与复杂性。人类工程实践活动给社会生活以及自然干预带来了广度和深度上的变化，现代工程社会风险通常与其他风险耦合在一起，故风险的构成和后果呈现高度复杂化特征。从单一风险后果转向多重风险后果，从单一风险主体转向多重风险主体，灾难性事件造成的结果多种多样，使得风险计算使用的计算程序和常规标准等无法准确把握，风险应对方式也从简单转向综合。

7.4.2 工程社会风险种类

1. 高新技术风险

尽管传统技术也有其潜在的风险,但现代技术产生社会风险的机制和水平却发生了根本性的变化。高新技术同时也是一种高风险技术,包含着巨大的不确定性。科技在给人类带来福祉的同时,也潜在地威胁着人类社会,成为现代社会风险的重要根源。工程的应用中也暗藏着技术风险。科技的社会风险部分是由于科技本身的不完善造成的。一方面,将科学知识应用于技术开发需要一定的前提,大多数技术开发的实验设计中忽略了许多相关因素。另一方面,系统在外部条件下并非都兼容,各种技术之间可能的交互关系数量有时会呈现指数增长,使得社会风险迅速增加。技术风险包括两类风险,即技术开发的风险和技术应用的风险。而在工程实践中,更多的是因为技术应用的风险而造成重大事故的发生。技术实施风险的产生原因是技术观的扭曲,它导致技术发展开始走上歧途,即以牺牲社会利益为代价的道路。人类这种局部的胜利往往意味着总体上的失败。

2. 制度风险

工程社会的制度风险包括不合理的制度安排、薄弱的管理体系、繁杂的管理程序和低能力。在制度方面,为了便于项目的实施新的临时性实施机构会成立,其工作人员来自不同职能部门,受过去工作习惯的影响,他们可能不了解或者没有足够的能力,这会导致制度风险的出现。和所有其他类型风险一样,了解社会制度方面可能的风险来源,有利于清除或减少其危害。制度分析和利益相关者分析对确定社会制度风险可能的来源很有价值。

3. 人文风险

一项工程往往还会涉及众多的非工程问题,例如经济、社会、管理、文化、风俗习惯等,因此处理起来难度较大,一旦处理不当容易引起社会矛盾。如拆迁工程中,若拆迁程序参与、补偿机制、住房安置、社会保障、社会支持等工作做得不尽如人意,就会引发社会问题和矛盾冲突,社会秩序将受到严重影响,社会风险大量增加,政府的公信力将受到损害和质疑。要避免这种现象,政府应重建责任伦理意识和人文关怀观念,对有关居民做出妥善的制度安排,避免出现居民因工程施工而被边缘化和贫困化的现象。

7.5 工程风险可接受性与工程风险分配

7.5.1 工程风险可接受性

要评估风险,首先要确认风险,这就需要先对风险的概念有所了解。风险含有负面效果或伤害的意思。工程风险会涉及人的身体状况和经济利益,使人们遭受人身伤害和经济利益的损失。一幢在设计上存在缺陷的建筑可能坍塌,会对房屋所有者造成经济损失,并可能导致居住者的死亡。一座在设计上有缺陷的化工厂可能导致事故和经济上的灾难。

在现实中,风险发生概率为零的工程几乎是不存在的。既然没有绝对的安全,那么在工程设计的时候就要考虑"到底把一个系统做到什么程度才算安全的"这一现实问题。这就涉及"工程风险可接受性"的概念。

工程风险可接受性是指人们在生理和心理上对工程风险的承受和容忍程度。风险的面向对象是复杂的,即使对于同一工程风险,不同主体的认知也有所不同。工程风险可接受性因人而异,即工程风险的可接受性是具有相对性的。这种相对性的差异在专家和普通公众之间体现得更为明显。一般公众往往会过高地估计与死亡相关的低概率风险的可能性,过低地估计与死亡相关的高概率风险的可能性,而后者会导致过分自信的偏见。尽管专家在评估各种风险时也会出错,但至少不会像普通公众那样带有强烈的主观色彩。有实验分别让专家和普通公众对由吸烟、驾驶汽车、骑摩托车、乘火车和滑雪所导致的死亡人数做出估计。结果发现,专家的估计是实际死亡人数的10%,而普通公众的估计则更远地偏离实际数字,仅为死亡人数的1%。

7.5.2 工程风险的专家视角与公众视角

近些年来,我国各地陆续发生了多起因建设项目选址而引发的社会群体事件。其中社会影响较大的有2007年的厦门PX(对二甲苯)化工项目,因为市民集体抵制活动而被迫迁址;2009年广州番禺区生活垃圾焚烧发电厂项目因选址不当而遭到周边市民的强烈反对,故而搁浅;2011年北京海淀西二旗餐厨垃圾相对集中资源化处理站项目公示后,引发了附近两三百名居民举着反对条幅的聚会抗议。这些事件直接影响到我国的经济发展和社会稳定。国外一般把这类事件称为"邻避行为"。这类冲突起源于"邻避设施"的兴建。"邻避设施"是指能使大多数人获益,但对邻近居民的生活环境与生命财产以及资产价值带来负面影响的"危险设施",如垃圾场、变电站、殡仪馆、炼油厂、精神病院等。对于这类设施的公益性、重要性及建设的必要性,当地居民一般是认可的,但是由于他们承受着切实的或者潜在的危害,所以他们的态度是:这些项目确实应该建设,但"不要建在我家后院"。

可见,邻避行为显著地揭示了工程项目建设中存在的一个重要问题,即利益与损害的不公平分配。设计时主观预期的公共效益为广大人群所享受,但项目周围居民蒙受危害或者承受危害风险,即大众与周围居民之间出现利益-损失分配上的不平衡。公平性问题,即"大家受益,为什么损失者偏偏是我"的疑问一直是邻避冲突中抗争居民关注的焦点。对于邻避设施所具有的社会效益,大部分居民都能理解和承认,但矛盾在于越是靠近邻避设施的人承担的成本可能越大,某些时候甚至会超过他们从该邻避设施所获得的收益。

一般工程项目以及工程产品的使用,也存在邻避效应。例如,私家轿车的使用为车主带来出行便捷的好处,但其排放出的尾气污染却需要城市居民共同承担,造成的道路拥堵影响到整座城市。工程项目中的邻避效应本质是专家与公众的视角和认知不同。从专家角度看工程风险不大,但是公众因认知局限而产生的感受不同。此外,工程项目都预先设定了所要服务的目标人群,这蕴含着公平问题,但实际的风险分配没有做好分配的公正性,因此专家角度或者从社会整体看来有利的事情会变得不可行。然而,问题却不限于此,引起更大社会问题的是工程活动、工程产品的使用等对直接目标人群之外的无辜第三方会产生危害或带来风险。邻避事件发生的原因很复杂,不一定是现实的危害,而是居民对危害的心理担忧和风险感知。随着工业化、城市化进程的进一步发展,居民权利意识、风险意识以及环保意识逐渐增强,邻避冲突的发生数量预计将呈上升趋势。

7.5.3 工程安全的社会结构

安全是工程的内在属性,有相当多关于工程安全事件的报道把安全事件称为安全事故。事故的英文单词是 Accident,具有偶然发生的含义。从表面上来看,任何安全事件都是某一特定时间出现的某些特定失误导致的。但实际上,灾难发生的原因从一开始就已经滋生于工程的设计、建造和运营之中。

在认识工程安全之前,我们要先区分风险与安全。从工程的自然物品属性来看,安全事件如瓦斯爆炸、毒气泄漏、隧道塌方等都是自然事件。这类事件的发生就像自然灾害一样,是人类无法控制的,并且由于人类知识有限,许多类似事件是不可预测的,这就是任何工程都有可能发生风险的原因。安全则与风险不同。安全和工程的生成有所联系,因而是工程社会属性的一部分。安全反映了人们对风险的态度,人们无法接受的风险被定义为不安全。人们认为一个工程是安全的,并不意味着没有风险,也不意味着风险很小,而是说明该工程的风险为人们所接受。所谓"接受风险",就是能够承受风险可能带来的损失。

风险与安全不可混为一谈,不能忽略工程的社会建构属性与安全的社会属性。工程的安全实际上蕴含在工程的社会决策过程中。一个工程的诞生和因此产生的工程安全程度,是具有不同利益诉求和不同风险态度的利益相关者在一定社会制度安排下达成的一致意见。安全是工程顺利实施的基础,安全被接受的程度以及如何分配是工程社会决策的结果。从根本上来看,安全依赖于工程的社会决策的制度安排。因此,所有工程都是不安全的,所有不安全都是人为的,不安全或是人为制造的,或是人为默认的。

没有任何一个理性的利益相关者愿意参与一个不安全的工程,一个工程的出现必定意味着存在一个社会可接受的工程安全水平。工程是利益相关者的共同作品。工程可接受的安全水平是由利益相关者的集体决策共同确定的。但是,不同的利益相关者对于风险的观点和能承受的损失是不同的,不同的损失往往是无法比较的。那么所有利益相关者都能够接受的安全水平是如何形成的呢?一般来说,一个可接受的不安全容忍程度往往取决于利益相关者中最能容忍的不安全水平。因此,目前工程的安全程度反映了当下社会最大的不安全容忍水平。此外,社会对不安全的最大容忍水平还取决于整体社会经济水平。发展中国家安全事件频繁发生通常与发展中国家的经济发展水平有关。同时,社会对不安全的最大容忍水平还取决于工程社会决策的制度安排。

建设工程的社会结构影响着工程中的各种行为。以我国工程建设安全管理为例,当前我国建设工程领域,工程安全问题突出。在国家三令五申强调建设工程安全,并切实加强了政府监督情况下,建设工程安全风险仍然很大,安全事故频发。除了技术、管理等原因外,社会结构要素对工程安全现状有着重要的影响。具体地,工程的不安全程度受到参与主体间结构的共同作用,并非某一参与主体的力量能够改变。要降低建设工程的不安全水平,就必须打破当前工程社会中参与各方的风险与利益分配结构,改变工程共同体对于可接受的安全水平的形成机制,提供一种可供各方平等公平分配风险的协商平台。

7.5.4 工程社会风险的分配

现代的风险分配与工业社会的财富分配不同,工业社会的财富分配呈现阶级型,即财富自上而下逐渐减弱,处于顶端的人掌握着大量财富,而底端的人则处于贫困状态。工程社会风险分配从某种意义上说是阶级型的,风险由上而下逐渐增强。为什么说是从某种意义上而不是绝对的呢?首先,一项工程对环境造成破坏,比如水污染,不管是富人还是贫困的人,所饮用的水质都是被污染过的,都将平等地接受该风险,可以称它为"飞去来器效应";而另一方面,富人可以凭借他们的权利和财富购买免除风险的特权,而穷人却没有此条件。比如富人可以通过购买保险来降低自己的损失和风险,而穷人为了攒钱养家糊口就不会去购买保险,因此风险在不同职业、收入群体之间呈现不平等分配。而这种不平等状态在大范围内起主导作用。比如民工由于家庭贫困,孤身一人来到城市打工,从事高风险、低报酬的职业,一旦自身受到了伤害,结果多被用钱打发,类似的案例时有发生,需要引起社会普遍关注。

7.6 工程风险的伦理评估

在工程风险的评价问题上,有人以为这是一个纯粹的工程问题,仅仅思考"多大程度的安全是足够安全的"就可以了。实际上,工程风险的评估还牵涉社会伦理问题。工程风险评估的核心问题是"工程风险在多大程度上是可接受的"。它本身就是一个伦理问题,其核心是工程风险可接受性在社会范围的公正问题,因此,有必要从伦理学的角度对工程风险进行评估和研究。

作为一种社会建构的产物,工程的出现是一定技术水平约束下社会决策的结果。一项工程通常包含多个阶段,如规划、设计、决策、建设、运营等,各环节实施主体不同。是否开发一个工程、开发什么类型的工程是由相关社会团体共同决定的。

工程的参与者是利益相关者,包括政府部门、专家、建设企业、运行企业、工人、社区居民等。工程的社会决策往往需要考虑两个因素,即工程的收益和成本。一项工程可能为所有社会成员带来共同利益,但在大多数情况下,同一项工程中参与决策的不同社会群体会有不同的预期收益,并承担不同的成本,因此对可接受风险的认识是不同的。

就专家而言,他们认为"可接受的风险是这样的一种风险,即在可以选择的情况下,风险造成的伤害至少和产生收益的可能性持平"。可以看出,这种判断可接受风险的方式通常采取"风险-收益"分析方法进行风险评估。但是对于风险的各类成本和收益都进行价值估算是不太可能的,因此,专家不得不根据风险对总体利益的贡献程度来对各种选择进行更加直观的评估。

就管理者而言,他们认为"可接受的风险保护公众免遭伤害的重要性远远超过了使公众获利的重要性"。这就促使政府管理者在管理风险时面临着两难选择:一是风险的科学评估充满不确定性,使得公众面临不可接受的风险。二是消除任何可能风险的技术都会花费巨额资金,且更适用于消除公众健康威胁的其他方面。与政府管理者相类似,工程管理者也会关注公众的安全与健康,同时更关注经济效益和工程总体目标。

因此,安全不仅涉及风险的大小问题,而且涉及风险的分配问题。公正地分配工程的收益和成本,特别是公正地分配安全风险,是工程建造顺利实施的重要保障。一个公正的工程是由公正的社会决策机制来保证的。一个公正的社会决策机制需要一个公开平等的协商对话平台,所有利益相关者都能够参与到决策过程中,表达各自的利益和损失,同时工程的决策不能侵害公民的基本权利。

目前,工程决策中"官员、专家、企业主"的决策机制存在很多不公正之处。它不恰当地将利益相关者中的弱势群体,特别是作业现场的工人、社区居民等,排除在决策过程之外,从而导致他们的利益不在决策考虑范围之内。提高社会工程安全总体水平的根本途径是提高经济社会发展的总体水平和改变工程的社会决策体系。但是,此过程单靠工程利益相关者某一方的力量是无法完成的,就像仅仅依靠政府监督不能解决工程安全问题一样。为了降低不安全程度,有必要更改利益相关者可接受安全水平的形成机制,这就需要所有利益相关者积极参与,把由某强势集团拍板定论的主导机制转变为不同成员平等协商的公开机制。

结合上述内容,工程风险的伦理评估需要采取如下原则进行:

1. 以人为本

"以人为本"的风险评估原则意味着在风险评估中要体现"人不是手段而是目的"的伦理思想,充分保障人的安全、健康和全面发展,避免狭隘的功利主义。在具体实践中,尤其要加强对弱势群体的关注,重视公众对风险信息的及时了解,尊重当事人的知情同意权。

2. 预防为主

在工程风险的伦理评估中,要实现从"事后处理"到"事先预防"的转变,坚持"预防为主"的风险评估原则,做到充分预见工程可能产生的负面影响。工程在设计之初都设定了一些预期的功能,但是在工程的使用中往往会产生一些负面效应。比如设计师为酒店设计旋转门本来可以起到隔离商店内外温差的环保效果,却给残疾人进出酒店带来了障碍。

3. 整体主义

任何工程活动都是在一定的社会环境和生态环境中进行的,工程活动的进行一方面要受到社会和生态环境的制约,另一方面也会对社会和生态环境造成影响。所以,工程风险的伦理评估要具备大局观念,要从社会整体和生态整体的视角来思考某一具体的工程实践活动所带来的影响。在人与社会的关系上,每个人都是社会整体的组成部分,整体价值大于个体价值,个体只有在社会整体之中才能充分获得自身的价值。相应地,在工程风险的伦理评估中,不应该只关心某个企业、某个团体或某个人的局部得失,而应该把它放在整个社会背景之中来考察利弊得失。

4. 制度约束

许多工程事故发生的最终根源不在于个人,而在于制度体制合理与否。因此,建立健全完善的制度体系是实现工程伦理有效评估的途径。首先,建立健全安全管理制度。安全管理制度主要包括安全设备管理、检修施工管理、危险源管理、特种作业管理、危险品存储使用管理、电力管理、能源动力介质使用管理、隐患排查治理、监督检查管理、劳动防护用品管理、安全教育培训管理、事故应急救援管理、安全分析预警与事故报告管理、生产安全事故责任追究管理、安全生产绩效考核与奖励等。其次,建立并落实安全生产问责机制。企业应建立主要负责人、分管安全生产负责人和其他负责人在各自职责内的安全生产工作责任体系。责任体系要实现责任具体、分工清晰、主体明确、责权统一的目标。最后,还要建立媒体监督制度。媒体监督具有事实公开、传播快速、影响广泛、披露深刻等特点。一个工程安全事件一旦被媒体报道,就可以迅速吸引大众的注意力,引起全社会的广泛关注,从而促使相关部门加快解决矛盾和问题。

可见,解决工程安全问题,除了在技术水平、设施设备、管理规章、员工培训、监督监管等方面下功夫以外,还必须逐步消除工程决策机制之中的不公正之处。一个公正的工程,才可能是一个安全的工程。

案例分析

征地拆迁引发的惨剧

随着经济转轨、社会转型、改革逐步深入以及法制日臻完善,社会生活发生了深刻而巨大的变化,各种社会成分日趋复杂化,各种新问题、新情况不断涌现。因各种利益关系的调整,群众观念价值取向发生变化,因诸多领域深层次矛盾和问题得不到及时妥善解决而引发的社会矛盾事件日益呈上升趋势,特别是拆迁工程中拆迁程序参与、补偿机制、住房安置、社会保障、社会支持等工作做得不尽如人意,所引发的社会问题和矛盾冲突日益增多,社会秩序遭到挑战,社会风险大量增加,政府的公信力受到损害和质疑。

2020年7月12日,贵州省安顺市公安局官方微信公众号"安顺公安"发布"贵州公交车坠湖"事件警情通报。认定7月7日安顺公交车坠湖造成21人死亡事件是司机蓄意报复社会:张某钢因生活不如意和对其承租公房被拆除不满,为制造影响,针对不特定人群实施的危害公共安全个人极端犯罪,造成21人死亡,15人受伤,公共财产遭受重大损失。

2016年,张某钢与妻子离婚后,租住其姐姐女儿的房子,户口也寄搭于其姐姐处。经调查走访,张某钢常感叹家庭不幸福,生活不如意,离异了,想申请公租房又因条件不够未获得同意,且所承租公房被拆除掉,补偿少,拆的时候想到现场看一下都不被允许。这件事情,点燃了张某钢心中仇恨的怒火,做出了伤天害理的极端事件。

为了推进城市化进程,多少年来,我们的一些地方在大力地征地拆迁,曾上演了许多暴力流血冲突。其成因主要有以下几点:拆迁补偿标准偏低且不统一;法律行为程序缺失;拆迁政策的透明度低;拆迁政策的随意性较强。而张某钢事件正是工程人文社会风险中,一个不稳定因素最后造成极大社会危害的典型。要避免这种现象,政府应重建责任伦理意识和人文关怀观念,对有关居民做出妥善的制度安排,避免出现居民因工程施工而被边缘化和贫困化的现象。政府应合理确定补偿标准,加强拆迁政策宣传,严格遵守法定程序,畅通民意诉求渠道,建立多元协调机制。

思考:分析本案例,你认为应该如何重视工程实施过程中存在的人文社会风险,如何防范这些风险?

参考文献

[1] 安东尼·古登斯.失控的世界——全球化如何重塑我们的生活[M].南昌:江西人民出版社,2001.

[2] 李伯聪.风险三议[J].自然辩证法通讯,2000(5):48-55.

[3] 李伯聪.工程哲学引论[M].郑州:大象出版社,2002.

[4] 查尔斯·E.哈里斯.工程伦理:概念与案例[M].北京:北京理工大学出版社,2006.

[5] 乌尔里希·贝克.风险社会[M].南京:译林出版社,2004.

[6] 张成福,谢一帆.风险社会及其有效治理的战略[J].中国人民大学学报,2009,23(5):25-32.

[7] 张婕,王慧敏.南水北调工程运行期社会风险分析[J].人民长江,2008,39(15):18-19+66.

[8] 刘岩.风险的社会建构:过程机制与放大效应[J].天津社会科学,2010(5):74-76.

[9] 李明德,王蓓.大众传媒在化解社会风险中的作用[J].长安大学学报:社会科学版,2008,10(4):10-15.

[10] 李正风,等.工程伦理概论[M].北京:清华大学出版社,2016.

[11] 徐长山.工程十论:关于工程的哲学探讨[M].成都:西南交通大学出版社,2010.

[12] 史培军.五论灾害系统研究的理论与实践[J].自然灾害学报,2009,18(5):1-9.

[13] 何江波.论工程风险的原因及其规避机制[J].自然辩证法研究,2010,26(2):62-67.

[14] 张广利,俞慰刚.应对现代社会风险:基于风险分配的社会政策思考[J].社会科学研究,2008(2):120-123.

[15] 费多益.风险技术的社会控制[J].清华大学学报:哲学社会科学版,2005(3):82-89.

[16] 王朝纲,李开孟.投资项目社会评价专题讲座(九) 第五讲 投资项目社会风险的识别与规避[J].中国工程咨询,2004(9):47-49.

[17] 刘剑锋.城市拆迁中弱势群体的风险及其治理[D].武汉:华中科技大学,2008.

[18] 胡志强.安全:一个工程社会学的分析[J].工程研究-跨学科视野中的工程,2005,2(1):89-94.

[19] 彭晓艳.风险社会理论视域下我国社会风险防治研究[J].企业家天地下半月刊:理论版,2009(8):4-7.

[20] 李伯聪等.工程社会学导论:工程共同体研究[M].杭州:浙江大学出版社,2010.

第 8 章 工程的社会评价

学习目标

通过本章的学习,掌握社会评价的含义、工程社会评价的标准、社会经济评价和技术经济评价的主要指标与评价内容;理解工程评价的社会学范式、公众参与社会评价的形式;了解工程社会评价的演变、公众参与面临的问题。

8.1 社会评价

8.1.1 社会评价的主体

评价具有多维性,如经济评价、技术评价、社会评价等。社会评价是对社会价值的批判性认定,是社会价值的理念体现。评价主体是在引导社会价值取向的过程中,实施对社会价值的批判的。在社会评价中,评价的主体是人,评价的对象是人的社会,评价的核心是对人的价值评价。社会评价涉及各种社会价值,如"善""恶""美""正义""平等""民主""权利""进步""发展"等。而工程社会评价就是评价主体对工程社会的社会价值的评价。进行工程社会评价是为了识别与分析项目的社会影响与社会风险,提出完善项目以及促进项目可持续运营的建议。在项目整个生命周期中坚持社会评价,以确保项目设计目标的实现。

社会评价的一个基本理论特征是把社会整体视为价值主体。社会只有作为整体存在,才可能有社会自身的价值问题以及社会的评价问题。然而,由于社会不具备像个体主体那样完整的自我意识和人格特征,我们能够直接感受到的、活生生的、有生命的价值评价主体只能是个体主体。黑格尔认为,被我们称作"理念"的东西就是主体的特质。绝对理念是能动的主体,它把自己外化为客体,又通过"理性本能的两种不同运动"使主体与客体达到统一。这两种不同运动指理论认识活动和意志的或理念的实践活动。具有能动性是主体的本质特征。社会个体具有意志,就具有主体能动性的内在规定,并且能推动由个体组成的社会群体改造世界的实践活动,从而转化为主体能动性的外在尺度。在理论方法上,主体,即个体,也一定要经常作为前提浮现在表象面前。

人是社会实践活动的主体,是社会认识活动的主体,因而也必然是社会评价活动的主体,因此我们认为对工程社会进行评价的主体就是人,具体可以是公众、专家、学者等。

8.1.2 社会评价的对象

社会评价的对象一般理解为社会,社会又只能是人的社会。社会既是一个事实世界,又是一个价值世界。即使从事实世界的一面看,它也完全不同于自然事实。自然事实是不依赖于人的、非人创造的世界,而社会事实却是人的活动所创造的结果。社会评价把实体性的社会结构视为对象,是从社会评价的角度来审视社会实体性结构及其活动的,或者说是对于社会结构及所支撑的活动的社会价值的要求。例如,在世界银行所资助的贷款项目的社会评价中,所重视的评价对象就是项目带来的社会与环境风险影响以及采取降低风险和减缓负面影响的措施。在工程社会评价中,评价的对象可以分为两个,一是工程所形成的社会系统,二是工程本身。

(1) 将工程社会作为评价的对象,主要是对其社会价值进行评价。这是由三个层次的人的需要决定的。人的基本需要包括物质层面、社会层面和精神层面,这三种基本需要决定了价值的三个基本类型,即物质价值、社会价值和精神价值。物质价值是物体自身的属性,可以满足人的需要。社会价值是指社会对人的意义。而精神价值就是社会精神表现出来的价值。

(2) 将工程本身作为社会评价的对象,主要是针对工程的外部性、社会成本、社会风险、社会影响及社会互适性等进行评价分析。例如,对工程的外部性进行社会评价,是观察工程开发主体是否因工程项目开发给他人产生了效益却没有因此得到应有的实质性收益,或给他人造成了成本却并没有因此提出实质性补偿;对工程的社会成本进行评价,是分析除了建设项目本身建造成本之外,由于项目对社会环境的负面影响而形成的成本;对工程的社会风险进行评价,是关乎社会稳定及生态环境等方面的评估工作;工程社会影响评价是分析和评估项目对实现当地经济、社会发展目标所做贡献和影响的社会学评价;工程社会互适性分析主要是对项目不同利益直接相关者对待项目生产建设和运营的态度及参与程度等进行分析预测。

8.1.3 社会评价的标准

关于社会评价的标准,国内有学者认为:"社会的评价标准,是这个社会本身客观需要和利益(价值标准)在它的社会意识形态中的反映。"也有学者认为,"在社会评价活动中,作为评价主体的群体……以对自身需要的意识作为评价标准",即被社会群体意识到需要也就成为社会评价活动的评价标准。以上两种理解尽管在细节上有所不同,但在把评价标准看作对价值标准的"反映"这一点上是相同的。

在现实的社会评价活动中,起先社会评价标准总是要以某一理论为出发点和元标准的。在评价社会时,这个元标准往往会受到社会某种程度的抑制或挑战,从而迫使评价对元标准进行修改,成为标准的二次形态。之后又遇到类似状况,它又被进一步修改。由于同一类评价可以在诸多场合运作,因此其二次形态可以有不同的具体形式,之后还可以有三次、四次形态,直至产生新的元标准。这样,评价标准在评价活动中得到了丰富的变化,也使得社会评价的效用更加真实贴合。以世界银行贷款项目的社会评价为例,世界银行是全球范围内最重要的国际金融组织之一,高度重视所资助项目带来的环境与社会风险可能产生的影响,要求识别和分析项目所带来的社会与环境风险及影响,以便采取降低风险和减缓负面影响的措施。不仅如此,世界银行还要求借款方在项目整个生命周期中对社会与环境风险的影响进行评价,监测各种应对举措的执行情况及成效。识别、分析、监测和评估社会与环境风险及影响通常被统称为"社会评价"。社会评价的重点是分析项目的社会可持续性和项目与所在地的互适性,强调项目与当地社会相协调。其评价标准是依据实际情况经过不断变化形成的。在中国工程项目中,社会评价的变化以工程的质量为例,工程质量的标准随着社会的变迁与技术进步而不断提高,质量标准的背后体现着技术专家的认可程度与对当前技术水平的接纳程度。

8.2 工程社会评价

8.2.1 工程的外部性

外部性亦称为外部成本、外部效应或溢出效应等,是指一个人(广义)的行为影响了其他人(广义)的福利,但却没有根据市场等价交换的原则来平衡这种影响。外部性被分为正外部性和负外部性,正外部性是指行为人因自身行为使他人获得了效益却并未因此受益的现象,负外部性是指行为人给他人造成了损失却并未给予补偿的现象。如户外的私人花园给路人带来了美景的享受,却并不会向路人收费,这是正外部性;而新工厂的建设与运营可能引起交通堵塞和噪声,影响周边居民的出行与生活,却并不向居民支付补偿,这是负外部性。

工程的外部性是观察工程开发主体是否因工程项目开发给他人带来了效益却并未因此获得实质性的收益,或给他人施加了成本却并未因此给予实质性的补偿。如果存在这种事实,则认为这部分效益属于正外部性,成本属于负外部性。

8.2.2 工程社会成本

传统的工程观主要是考虑企业本身以及对工程项目的投入和产出有直接密切作用关系的群体(供货商、销售商、用户),考虑企业本身的收益和付出,不考虑社会对工程付出的代价。随着工程活动的作用,尤其是副作用效应的不断累积和增强,工程活动引起了媒体、公益组织、政府部门以及社会公众的反应,在经济学中经济行为的外部性问题开始被关注,社会成本/代价的理念得以确立。工程的社会成本,是指除工程项目本身的建造成本以外,由于工程项目对社会环境造成的负面影响而产生的成本。

社会成本主要包括对环境、资源影响形成的社会成本,如引起水污染、空气污染、噪声污染、固体垃圾废弃物污染等,对自然资源的消耗,特别是对不可再生资源的消耗;对社会影响形成的社会成本,如对人们身心健康造成损害,影响居民生活质量,占用农民土地和公共用地,大规模拆迁和移民;对经济影响形成的社会成本,如工程干扰了附近商业活动的正常开展,造成交易量下降,新型产业对原有产业的替代和冲击。在工程全生命周期中,工程活动都可能对社会造成不利的影响,产生社会成本。

工程的多个阶段和时间点都可能产生社会成本,比如施工生产过程中的文物保护、施工噪声、施工质量与安全等都会产生社会成本。如在道路施工过程中挖断水管,根据工程社会成本理论,居民家意外断水是可以索赔的,居民有权利要求施工单位在发现挖断水管造成停水的第一时间弥补其过错。

8.2.3 社会风险评价

2005年,我国的社会风险稳定评估工作在四川遂宁率先开始试点。目前,从中央到地方各级政府都高度重视社会风险稳评工作,并且从政府层面予以制度保障。近年来,我国相关政府部门对于重大工程项目的社会稳评机制建设已经进行了积极的讨论并展开了大量研究。我国经济发展及社会发展等相关法律已经提出了非常明确的要求,在重大工程项目建设过程中需要制定社会风险评估机制。国务院的相关意见中也有明确要求,只要关乎经济发展及人民切身利益的相关政府性建议,都应该积极推进。综观各省市近年来在重大决策社会风险稳定评估机制方面的探索,虽取得了较大的进展,但也出现了一些问题,如概念不清、定位不准、责任主体和评估主体模糊、评估程序模糊、评估范围模糊等。而且,在评估过程中过分看重结果,忽视了对过程的关注,对相关人员的利益诉求理解不够充分,使得人们的基本意愿不能够被完全理解,使得风险评估结果难以保证准确性及科学性。

目前我国重大工程项目决策相关工作,需要确保决策的合法性及合理性,同时还需要确保评估工作的可行性,最重要的还是需要确保社会稳定及生态环境等方面的评估工作正常运转。由工程项目的特点决定,重大工程在建设过程中必然会给社会生活、国家经济、生态环境等带来一定的影响,因此会出现不同程度的社会风险。若能够将工程施工中出现的各类风险因素进行妥善处理,会一定程度上提升人们对政府的信任度,确保社会人民的基本权利及基本利益能够被充分保障。

8.2.4 社会影响评价

1. 社会影响评价的定义

项目的社会影响评估(SIA)是一种用于分析和评估项目对实现当地经济、社会发展目标所做贡献的社会学评价体系。它基于社会学的理论、视角、范式和方法,识别项目给当地带来的直接或间接、积极或消极影响及社会变迁过程,促进利益相关者对项目有效参与、优化项目实施方案、规避可能出现的社会风险。在工程社会影响评价中,工程项目业主/项目实施单位要评估检验所建议项目的社会效益、社会成本、社会风险等可能产生的影响以及当地社会可能产生的反应,同时确认项目的关键利益相关者,并为他们制定适当的协商和参与机制。

社会影响评价始于1963年澳洲社会学者与人类学者对受矿产开发影响的土著社区进行的社会调查。1969年美国出台了《国家环境政策法》,要求联邦机构采用系统和多学科的方法,保证在环境设计及可能产生环境影响的计划决策中兼顾自然科学和社会科学的规制。这通常被视为社会影响分析/社会评估领域最初确立的标志性事件。1973年,美国阿拉斯加输油管道建设方在这部法律的要求下,编写了对因纽特(Inuit)文化的影响报告,奠定了社会影响评价在发展项目中的地位。在本质上,社会影响评价注重社会弱势群体的福利,避免弱势群体相比其他群体承担了更多由于城市发展而产生的社会负面影响。

在工程项目中,社会影响评价是一套预先对项目或政策的社会影响做出评估的知识体系,是有效的决策和管理发展项目的工具。社会影响分析坚持在采取重大行动(重大工程、活动、政策出台)之前,除了应该对其技术经济可行性、环境影响进行评估外,还应该对其可能产生的社会影响进行评估。也就是说,预先评估行动将影响到哪些人,对他们有什么影响,他们会做出什么反应,并制定对策把不良反应降到最小。不同机构或学者对社会影响评价的定义有差异,但大体是一致的。

2. 社会影响评价的目的与意义

开展工程社会影响评价是为了实现社会经济的可持续发展,保证项目与所处社会环境相协调,提高投资的社会经济效益,促进自然资源合理利用与生态环境的保护,以促成一个在生态、社会文化和环境上可持续发展的公平环境。

在宏观视角下,社会影响评价的总体目标是使工程项目能够对减贫扶贫有所贡献,同时提高社会包容性,开发人力资源,发展社会资本,建立地方参与机制。为了达到这样的目标,社会影响评价还要确保消除或尽量减少项目的负面影响。针对每一个具体的工程项目,根据它们自身的特点,社会影响评价能够帮助工程项目的发展立足于地方需求,确保工程项目设立了正确的社会发展目标,并以合适的方法达到这些符合地方需求的社会发展目标。

基于以上的认识,社会影响评价在具体工程项目中的目的和作用简述如下:

(1) 识别项目主要利益相关者,并建立参与项目设计、实施、监测和评价的机制。

(2) 确保项目目标为广大群体所接受,提高项目人口特别是贫困人口的受益程度,同时确保性别差异、民族差异等社会因素能够被考虑在项目设计和选择之中,从而增加弱势群体的发展机会。

(3) 评估项目的社会影响和风险,包括对当地人群产生的风险以及对项目本身产生的社会风险,如有不利影响因素,应尽量避免、缩小或减缓负面影响,并提出当地社会认可的解决方案和措施,同时也应关注更广范围的影响。

(4) 发展地方群体在社会参与、解决争端及提供服务等方面的能力,拟定社会管理计划,帮助开拓项目和当地的可持续发展的前景。

3. 社会风险与影响的构成

社会影响评价要考虑所有与项目相关的社会风险与影响,世界银行发布的《环境与社会框架》明确了七个方面的社会风险与影响。

(1) 因个人、群体或国内的冲突,以及犯罪或暴力行为的上升,对人的安全构成的威胁;

(2) 工程项目对个体或群体带来的过多影响导致的风险,这些个人或群体因其自身特殊条件而处于弱势或成为脆弱性群体;

(3) 任何针对个体或群体在获得发展资源和项目利益中的偏见或不公,尤其当个体或群体属于弱势或脆弱性群体时;

(4) 因非自愿征地和土地利用限制而导致的经济社会方面的消极影响;

(5) 与土地和自然资源所有制和利用相关的影响或风险,包括(与之相关)工程项目土地利用模式和所有权安排、土地产出与收益、食品安全和土地价值的潜在影响,以及与围绕土地和自然资源产生的冲突争论相关联的风险;

(6) 项目对社会和工人面临的健康、安全和福祉的影响;

(7) 与文化遗产相关的风险。

这七个方面是社会影响评价的核心内容,贯穿于社会影响评价各个阶段。

8.2.5 社会互适应性分析

工程项目与所在地的互适性分析主要分析预测与项目直接相关的不同利益相关者对项目建设和生产运营的态度及参与程度，选择可以促使项目成功的参与方式，对可能阻碍项目存在与发展的因素提出防范措施；分析预测项目所在地区的各级组织对项目建设与运营的态度，了解可能在哪些方面、多大程度上对项目予以支持和配合；分析预测项目所在地区现有技术、文化状况能否适应项目的建设和发展。

1984年12月4日在印度博帕尔（Bhopal,Indian），美国联合碳化物公司的农药厂发生异氰酸甲酯（CH_3NCO，简称 MIC）毒气泄漏事故，造成了震惊世界的12.5万人中毒、6495人死亡、20万人受伤、5万多人终身受害的重大事故。经调查发现，在安全防护措施方面，联合碳化物公司存在偷工减料的事实。在生产设计上，该公司设在印度的工厂和设在美国本土西弗吉尼亚的工厂是一样的，然而在环境安全防护措施方面，却采取了不一样的标准。印度博帕尔农药厂只有一般的装置，而设在美国的工厂除了一般装置外，还装有电脑报警系统。另外，博帕尔农药厂建在人口众多的地方，而美国本土的同类工厂却设立在远离稠密人口的地区。因此对一个项目进行社会适应性分析是相当必要且重要的。

近年来，中国建筑施工企业加快了"走出去"的步伐，海外承接工程量连续10年保持两位数的增长。但在"中国建造"迈向全球化的过程中，即便在中国企业承包的绝大多数项目上，也很难在海外找到"中国标准"。技术标准是契约合同维护、贸易仲裁、合格评定、产品检验、质量体系认证等的基本依据，是项目社会互适性分析的一个相当重要的方面。由于欧洲、美国和日本工程建设标准主导国际承包市场，中国企业不得不被动采标，花费大量人力、物力和财力去学习、熟悉和应用外国工程标准。在国际工程投标和项目执行的过程中，有的企业由于对工程所适用的国外技术标准事先缺乏一定的了解，会带来一些不可忽视的风险。不少企业交了"学费"，还"哑巴吃黄连——有苦难言"。

为了更好地实施"一带一路"倡议，在开展"一带一路"合作项目时，我们必须分析预测项目所在地的社会、人文条件能否接纳、支持项目的存在与发展，以及当地政府、居民支持项目存在与发展的程度，考察项目与当地社会环境的相互适应关系。

8.3 工程社会评价实践挑战

8.3.1 工程社会评价发展历程

项目社会评价的产生源于人类发展观的转变以及对传统社会发展动力、发展模式的深层次思考。它带有寻求某种多元化发展道路的积极取向。

20世纪70年代，环境影响评估（EIA）引入项目评价体系，在评价基础上提出合理减轻或消除负面环境影响的对策，以促进社会经济和环境保护的协调发展。到20世纪80年代后期，尤其到了90年代中期，可持续发展观以及以人为本发展观被确立，促成了在投资项目评价中，除了需保证经济、环境可行性外，也应保证社会的可行性。基于这样的认识，世界银行、亚洲开发银行等一些国际金融机构率先在一些投资项目中引入社会影响分析，并逐步演变为对整个项目的社会评价。

我国在投资项目社会评价方面起步较晚，20世纪80年代末才开始系统地进行项目的社会评价研究。1986年至1996年，在联合国开发计划署（UNDP）和英国国际发展部（DFID）的资助下，中外专家组成了"投资项目社会评价课题组"，完成了《投资项目社会评价方法》和《投资项目社会评价指南》两项成果，这标志着我国工程项目社会评价工作开始起步。

8.3.2 评价的经济视角

从经济视角对一个工程项目进行社会评价，社会经济评价包括财务评价和国民经济评价，财务评价与国民经济评价只不过是从两个不同的角度对经济评价的称谓。

从投资主体的角度考虑，财务评价是指从项目的费用和效益角度进行的可行性分析。它依据国家现行财税制度和价格体系，分析、计算项目直接发生的财务效益和费用，编制报表，计算评价指标，考察项目的盈利能力、清偿能力以及外汇平衡状况，以判别项目的财务可行性。财务分析一般包括投资获利性分析、财务清偿能力分析和资金流动性分析。

从国家整体角度考虑，以项目对国家经济所做的贡献判别项目的可行性的评价称为国民经济评价。它是按照资源合理配置的原则，用影子价格、影子工资、影子汇率和社会折现率等国家经济参数分析、计算项目对国民经济的净贡献，评价项目的经济合理性。

经济评价指标一般从两个角度分类：第一个角度分为三类，价值型指标（净年值、净现值）、效率型指标（内部收益率、投资收益率、净现值指数等）和时间型指标（投资回收期、借款偿还期）；第二个角度分为两类，静态指标（静态投资回收期、投资收益率、偿债能力）、动态指标（动态投资回收期、内部收益率、净现值、净年值等）。

8.3.3 评价的专家视角

从专家视角对一个工程项目进行社会评价，可称为技术经济评价。工程项目中的技术经济评价问题是一个集多学科于一体，在工程技术学科的基础上运用经济学将经济效果应用在工程项目技术发展过程中的繁复问题。

在技术方面，要综合运用建筑学、工程结构、建筑材料、建筑施工、管理学、数学以及计算机应用等各种知识。在经济方面，既要考虑微观经济，又要考虑宏观经济。工程项目最终目的不在于项目本身，而是为了投入使用后使其整体功能满足社会需要，从而产生良好的经济效益和社会效益。工程技术经济是从建筑物的整体上，研究设计方案和施工方案的经济效果，对工程项目投资经济效果进行评价，考察必须包含可行性研究、工程设计、建筑安装施工和使用维修等全过程评价。技术经济评价的目的之一，在于从若干备选技术方案中选出经济效果最佳的方案。工程项目与一般工业产品生产不同，受地点、作业条件、建筑材料、技术工艺等因素的影响较大，为建筑工程项目的技术方案选优增加了复杂性。

技术经济评价就是用经济的观点分析、评价、研究技术工作，从而实现技术上的先进性和经济上的合理性的最佳结合。对工程项目进行技术经济评价的过程中应结合项目的实际情况对工程技术方案进行分析，重点注意以下几个问题：

（1）工程项目技术经济评价指标体系要较为全面地反映方案的基本特征，应根据工程项目的目的、任务对工程技术的要求进行分析。该指标体系应包含技术指标、经济指标、其他因素指标三类。

（2）工程项目技术经济评价分析要全面、客观，在建立较为全面的技术经济评价指标体系的基础上,对各个指标的计算分析应采用不同的策略。对于不同方案中可计量指标分别计算和分析,得出定量的结果,对不同方案中不可计量指标(质的指标)也要通过分析和判断,得出定性分析的结果。

对于工程项目而言,前期费用、建设成本、税金和利润等经济指标,既是构成建筑经济现金流量的基本要素,也是进行工程项目技术经济分析的基础数据。相对于会计分析,工程项目技术经济分析最大的特点在于对未来不确定性的评价和分析。工程项目技术经济评价论证的主体是项目本身而不是其最终的具体运作情况,所有的数据都要在已知的前提下,对未来进行猜测和推算而得到的。考虑到建筑工程投资周期普遍比较长、资金量大、不确定性多,因此在分析中要准确考虑资金的时间价值,否则得出的结果就可能与现实相去甚远。因此在多方案的分析、评价、选择过程中要充分考虑各种因素,突出主要评价指标,分清主次,权衡其重要性程度的大小。

8.3.4　工程评价的社会学范式

国内工程界在对项目进行经济评价和财务分析时,在可计量的经济分析之后再加个"尾巴",分析一下项目的社会效益。社会效益通常是指经济效益的剩余物,属于那些说不清道不明的效益,比如,方便人们的生活、促进地方发展等。潘家铮反对工程界的"上马概算"。其实"上马概算"忽略或压低的是硬成本,但"社会成本"更容易被忽略或压低。从事社会学或社会科学研究的专家做社会评价容易使社会评价成为学术研究。由于社会评价是服务于具体项目的,因此,如果所进行的社会评价脱离具体的项目,即使它具有很强的学术价值,它仍然是一个失败的社会评价。

工程社会评价不是公众评价,不是经济评价的剩余物,也不同于纯粹的社会学学术研究,它是社会学理论与方法在项目实践中的具体应用。其功能为:

(1) 给出项目能否成立的基本判断;
(2) 实现项目的社会发展目标;
(3) 提高项目的经济效益。

社会评价没有超出社会学方法论范畴,除了常用的文献研究、观察、访谈、问卷、座谈会等方法外,一些有社会评价特色的如协商、公众参与等方法也被发展出来。

工程评价的社会学范式可以定义为:以项目区域人口及相关人群的社会发展为基本出发点,综合应用社会学、人类学及其他社会科学的理论与方法,通过系统的实地调查,分析项目中的重大社会事项,从社会方面给出项目能否成立的基本判断。如果项目可以成立,则需要给出项目实施过程中重大社会事项可能出现的各种情况,进行社会分析,提出相应的社会发展策略与建议,以保证项目的顺利实施,实现社会公正,促进社会发展。

8.4　工程社会评价的公众参与知情权

8.4.1　公众参与主体

1. 公众参与的必要性

工程与大众的利益和社会的福祉是直接关联的,工程绝对不允许也绝不能成为一个被专家所"控制"和"垄断"的领域,公众必须参与工程活动。我国传统的工程管理体制多是从上到下的科层制结构,即官僚制结构,在决策过程中,行政管理层占主导地位,缺少公众参与;在工程建设和管理方面,看重工程建设,忽视运营管理;在工程效益评价中,偏重经济效益,忽视社会效益,在工程快速审批和开工的同时,往往也存在着诸多不可调和或未经考虑的矛盾冲突。在工程哲学和交叉学科工程研究领域,"公众理解工程"存在特殊的重要性。目前,关于"公众理解科学"的问题已经得到了一定的关注,需要进一步关注在"公众理解工程"方面存在的问题。

正如 20 世纪 60 年代和 70 年代大多数欧洲国家因二战而出现的快速城市化进程一样,中国如今也面临着同样的背景,因为快速的经济发展和巨大的政府权力,城市化形成蔓延趋势。城市化的大扩散在一定程度上反映了一个国家的现代化程度和经济发展水平,但凡事都有两面性。大规模的城市化工程不仅改变了旧城的历史文明结构,也极大地破坏了传统的社会网络。这阻碍了社会秩序的维护和和谐社会的形成。正因为如此,公众参与工程活动在我国当前的情境下是必要的。项目管理中公众参与制度的建立,将公众的街头对抗转变为有序参与,平衡了城市发展与利益相关者的利益,使他们有权通过程序来保护自己的利益。中国当前的经济发展和城市化也面临着同样的问题,导致城市拆迁和土地征收中的人与政府严重对立。公众参与是从根本上解决这一矛盾并将街头抗议纳入制度秩序的最佳方式。

2. 公众参与面临的问题

(1) 公众参与的广度和深度不够。

从参与者来看,我国公民意识相对薄弱,参与意识有待提高,对参与大型公共项目决策持怀疑态度,积极性不高。大型公共工程是一项复杂的工程,要求公众参与者具备一定的工程知识素养。公众工程知识的缺乏决定了公众参与的局限性。由于自身环境、利益需求、年龄和职业背景的限制,公众不可能有效参与大型公共项目建设的各个环节。从组织者的角度来看,组织的主体是单一的,主要是政府部门和建设单位。特别是对于公众参与大型公共项目建设的实质性决策过程,建设单位不愿意花费更多的资金和时间去组织,公众参与存在"被卷入"的问题。由于建设单位和政府在大型公共工程建设中处于信息的主导地位,受各种利益的影响,他们向公众发布信息时存在误导现象,问卷调查往往设定了一个特定的人群,以利于项目业主,但不利于公众意见的反馈。

(2) 组织者与参与者缺乏连续性和互动性。

参与过程并不形成"参与—反馈—再参与"的连续互动机制,而往往是一个"数据收集"的过程。政府通过各种渠道收集公众的意见和建议,但后续事项如这些意见和建议是否被采纳,对提意见的公众是否给予反馈并给予适当的奖励等不了了之,整个参与过程是"到此为止"的。此外,公众反馈的处理缺乏公正性,相关管理机构过于重视有利于大型公共工程项目建设或具有较高文化素质的正面公众的意见,忽视了不利于大型公共工程项目建设或文化水平较低的公众的意见,影响了公众意见的真实性。

(3) 参与的方式被动且单一。

在绝大多数大型公共工程项目中,采用自上而下的方式,号召公众参与项目设计方案的宣传活动。这种方式是单一的,公众地位是被动的、不对称的。公众积极参与大型公共工程项目建设活动的例子很少,在一些项目的实施环节(如移民环节),公众的切身利益容易受到严重侵犯,通过媒体曝光,这些问题有望得到解决。然而,这种方式的滞后往往导致国家、集体和人民的利益产生不可挽回的损失。目前,中国的公众参与仍处于探索和完善阶段,最常用的方式是问卷调查,形式单一,不利于信息的全面掌握。

3. 各国公众参与实践的共同特点

(1) 公众参与的目的是明确的。城市更新决策可以兼顾各个层面和各个利益群体的利益,使实施过程受到各方面的监督,使实施效果最大化。

(2) 法律保障公众参与。法律赋予公众相关权利,公众拥有相应的诉讼权利,公众有能力影响城市更新进程。

(3) 公众参与制度由封闭向开放转变。由专家、开发商、政府和媒体组成的封闭体系逐渐开放,参与渠道开始丰富。

(4) 公众参与的形式多种多样。公众可以全面、深入地参与工程实践活动。

(5) 广泛而深入的公众参与。公众参与不是表面上的少数代表或少数利益集团的参与,而是公民的普遍参与。

(6) 公众参与城市更新的全过程。公众参与不仅体现在规划准备的各个阶段,也体现在规划审批和实施的各个阶段。特别是在实施阶段,公众可以对不符合规划要求的行为向法院或仲裁监督机构提出申诉。

8.4.2 参与的形式与程度

1. 公众参与机制

参与机制促进了与项目利益相关方的协商,促进了信息的双向流动,并有助于提高项目目标群体的主人翁意识。参与机制的方案设计是社会评价的重要内容之一。完整意义上的参与机制框架一般分为三个层次,即信息共享机制、协商机制和参与机制。

(1) 参与的含义。

"参与"一词在发展项目的规划、实施、监测和评估中被广泛引用。关于"参与"的概念,国际文献有许多解释,主要有以下几种类型:

① 参与是指通过一系列非正式机制直接让公众参与决策(Sewell,Coppock,1977)。

② 参与是指在选择兴趣活动和努力工作之前的干预(Uphoff,Esman,1990)。

③ 参与是权力的重新分配,它使目前被排除在政治和经济进程之外的弱势群体能够参与进来(Cahn,Passeff,1971)。

④ 参与是指人民对决策的自愿和民主干预,包括参与制定总体目标、制定发展政策计划以及实施评估发展计划;参与促进发展目标;参与分享发展的利益(Popp,1992)。

⑤ 参与的意义在于参与者在执行决策时具有更强的动机和责任感;参与可以促进创新(Spencer,1989)。

⑥ 参与使人们能够真正确定自己的需求,并参与行动计划的设计、实施和评估的全过程;参与是所有行动者的投入,它基于对当地社区资源和服务的利用,而不仅仅是劳动力的投入(Oakley,Peteretal,1991)。

⑦ 参与是项目利益相关者影响和共同控制其发展干预、发展决策的过程(Maria,Aycrigg,1998)。

(2) 参与机制实施保障。

为确保利益相关者参与机制的长期有效性,应采取以下保障措施:

① 制度设计和法律保障:通过参与程序的强制性规定,建立参与渠道;依法赋予公众监督和约束旧城居住区的权利,以改善项目决策和项目资源控制;通过信息公开等制度,确保信息畅通和社区居民的知情权。

② 社区组织的参与保障:大力发展社区居民中的第三种组织形式——非营利和非政府组织,扩大参与的社会影响,保证参与行为的稳定性和连续性,促进旧城居住区个体向集体群体转变。

③ 政府职能的定位保障:政府和项目评估主体的引导对于利益相关者的参与非常重要。政府的引导对于提高旧城居住区的参与度非常重要。其功能是构建和谐的旧城社会,重点是加强引导、制度设计和立法,保障社会公平,保护弱势群体利益,搭建参与平台。

2. 公共参与的模式

(1) 调查访问。

调查访问是访问者和被访问者通过面对面的接触和有目的的交谈来寻找研究资料的一种方法。调查访问不同于日常对话:首先,访问比日常对话更具有目的性。日常对话不一定有明确的目的,但访问必须有明确的目的。从目的的广度和范围来看,日常对话的目的比较广泛,而调查访问的目的相对简单,即目的是了解某些情况,从被访谈者那里获取信息。此外,双方的关系不同,日常对话是一种平等的人际关系,而调查访问则构成一种特殊的人际关系。研究人员控制谈话的内容和方式,以及信息的类型和容量。一般来说,研究人员会通过提问,收集并分析被研究人员的回答来获取信息。

访问的方式有两种:一种是抽样调查,在某个市区选择几个街道办事处,采访者根据门牌号进行抽样,然后对每户家庭成员进行抽样,确定被采访者,并收集一些需要的信息;二是采用随机访谈法,由规划设计者在规划过程中进行,如询问小店主、街头购物者、街头摊贩或在公园休息的老年人等。

(2) 听证会。

听证会起源于英美,是一种将司法审判模式引入行政和立法程序的制度。听证会模拟了司法审判,在这种审判中,对立双方相互争论,其结果通常对最终的处理具有约束力。与座谈会、论证会等其他听取意见的方式相比,听证会最大的区别在于开放性。听证主持人是从报名的公众中产生的,不是由会议组织者在小范围内邀请的。会议的举行是公开的,允许公众参加,允许记者采访和报道。

具体而言,决策者必须在最终判决中对听证会上提出的意见做出回应,否则相关行为可能无效。在美国行政法中,正式听证会通常以抽签的方式选出双方当事人,由行政机关任命的行政法官主持。听证会完全照搬了法庭辩论,双方不仅表达了自己的观点,还提出了自己的证人和文件来支持自己的观点。最后,行政法官必须像法院审判一样做出最终裁决,裁决必须详细回应双方的意见,否则裁决可能因司法审查中的程序问题而无效。

在我国,除了行政程序中的听证制度外,立法中也有听证制度。许多地方的人大在制定地方性法规时举行了听证会,全国人大常委会在修改个人所得税法时也举行了听证会。但是,我国的听证制度存在明显缺陷,立法过程中听证缺乏透明度,听证代表难以充分、恰当地表达意见,行政程序中的听证不具有约束力,导致听证形同虚设。此外,缺乏民主机制也使得听证结果不会成为对立法机构成员的事实上的制约。

（3）群体协商。

群体协商是为了达成共识而一起进行的讨论,包含援助、协调和协商。协商可以使双方代表友好交谈,解除思想上的戒备,使会场形成一种轻松、真诚、认真的合作气氛。在谈判协商中,不需要太多的礼仪,因此,"群体协商"一词很容易被双方接受。

群体协商的使用有利于提高项目计划的透明度和决策的民主化,帮助获得项目所在地所有相关利益相关方的理解、支持和合作,有利于提高项目的成功率,有助于维护正义和减少不利的社会后果。

8.4.3 对公共参与的评价

1. 评估项目立项决策时公众表达的充分程度

工程项目建设是一个不断决策和选择的过程,公众应充分参与项目决策,这不仅是公众参与形成的基本条件,也是影响公众参与的主要因素。

在我国现行的项目决策制度安排下,公众权力太弱,行政权力太强,公众缺乏与行政机关平等对话的能力。同时,公众分散的声音很难对决策层产生影响,这也使得决策机关对公众需求的细节不甚了解。由于项目决策系统内外能量不等和信息沟通不足,系统内外压力不平衡,因此项目决策过程始终处于压力状态。为了缓解系统压力,迫切需要在决策系统中引入公众参与,一方面释放公众积累的能量,另一方面向社会公开系统内部信息,从而实现项目决策系统的稳定与平衡。任何项目决策方案与实际情况都存在一定程度的偏差。公众参与可以发挥公众监督的作用,及时纠正偏差,保证整个项目决策系统正常运行。因此,提高公众参与的地位,拓宽公众参与的渠道,是实现项目决策民主化、科学化的必然途径。

在工程项目领域引入公众参与,让公众充分参与项目决策,充分体现项目决策以人为本、维护社会公平和追求社会民主的理念,减少因市场失灵和政府失灵给工程建设带来的各种干扰,消除因项目管理决策不当而产生的矛盾和负面影响。

2. 评估项目建设过程中公众参与的投入程度

容易产生邻避效应的项目难以落地的重要原因之一是群众不相信项目不会侵犯他们的利益,因此,如何在项目规划建设过程中与公众沟通就显得尤为重要。

公众沟通虽然不是目前立项的前提条件,但有利于项目特别是重大项目的顺利进行。做好公众沟通,首先,要通过第三方智库进行公开的科学论证,同时在媒体和政府网站上组织问卷调查以听取公众的声音;其次,通过专家认证等形式开展风险评估,扩大公众调查范围,收集项目的公众意见;最后,完善重大项目的公众传播机制,使公众传播工作贯穿于项目推进的全过程。例如,通过多种渠道科普,向公众讲解项目的意义,并及时回应公众关注,制定重大项目的舆情应急预案。

一个项目的前期工作包括项目立项、环境管理审批、土地审批等环节,每个环节都需要公众参与,个别项目在公众沟通过程中存在问题。比如建设者担心建筑信息一旦公开,就遭到群众反对,项目就进行不下去了,于是在公开的过程中,走流程、走过场,公众参与度低,直到项目动工,大量群众觉得自己不知情,最后可能引发矛盾。

因此,政府应在项目建设的早期阶段承担"统筹规划"的角色,协调各部门在各个环节共同做好群众工作,使信息公开、有效沟通。

3. 评估项目建成运行后成果分享的合理程度

"参与"还应该包括人们希望从参与的项目中分享利益。如果利益共享没有在项目的整体设计中得到充分体现,则不能也不应该期望公众积极参与项目的任何活动。例如,炼油炼制、矿产开发、电厂建设等重大项目的建设,一方面关系到经济社会发展的大局,是国民经济的基本保障;另一方面,在生产经营过程中,也会给周边生态环境和居民生活带来一定的不利影响。如果处理不好,就会导致资源开发地区或者生态保护区的资源流失、环境恶化,"做了奉献,苦了自己"。一个好的解决方案可以实现项目施工现场和利益相关者共享效果的互利共赢。因此,建立和完善项目建设的补偿和利益共享机制,是确保重大项目建设顺利进行,并实现项目建设受益区和生态贡献区互利共赢的关键,也是促进社会科学和谐发展的关键。

案例分析

怒江水电站开发问题

怒江,是三大国际河流之一,水量以雨水补给为主,大部分集中在夏季,多年变化不大,水力资源丰富。怒江中下游干流河段落差集中,水量大,淹没损失小,规划装机容量21320兆瓦,是我国重要的水电基地之一。与此同时,怒江州辖区内分布着大面积保存完整的原始森林,是世界上生物多样性保护的关键地区。从水库移民问题来看,怒江可供移民安置的土地面积有限,大部分移民需考虑进行州外安置。在怒江州世代居住的有12个少数民族,其中怒族和独龙族为怒江所特有,民俗文化是怒江人文旅游资源最主要的组成部分,水电开发及水电移民将带来一系列问题,可能会对当地极具特色的民俗文化造成一定程度的破坏。

1958~1959年昆明勘测设计研究院就已经对云南省境内的怒江干流进行了全面查勘,提出了《怒江干流水力资源普查报告》。2003年8月,国家发展和改革委员会通过了怒江中下游河段两库十三级梯级开发方案。但对于怒江的水电开发,一些记者从环保角度持批判态度。2003年9月,在国家环保总局(现已改为环境保护部)主持召开的"怒江流域水电开发活动生态环境保护问题专家座谈会"上,一些媒体与专家学者对怒江建坝发出了强烈的抗议,反对建坝的呼声通过各大主流媒体传向社会。2004年2月,国家相关领导在国家发展改革委报送的《怒江中下游水电规划报告》上亲笔批示:"对这类引起社会高度关注且有环保方面不同意见的大型水电工程,应慎重研究,科学决策。"怒江水电站的开发就此告了一段落,但地方与中央政府对怒江水电站开发的预期并未停止。

思考:从怒江水电站工程的社会评价角度出发,怒江水电站开发问题该如何解决?

参考文献

[1] 陈新汉.论社会评价活动中的主体[J].学术月刊,1997(7):3-9.
[2] 黑格尔.历史哲学[M].上海:复旦大学出版社,2005:73.
[3] 马克思,恩格斯.马克思恩格斯选集(第2卷)[M].北京:人民出版社,1995:88,104.
[4] 李德顺.价值论[M].北京:中国人民大学出版社,1988.
[5] 陈新汉.评价论导论[M].上海:上海社会科学院出版社,1995.
[6] 郑腾飞.水电开发项目外部性研究[D].北京:清华大学,2015.
[7] 刘彬.重大决策社会风险稳定评估的思考[J].中共珠海市委党校珠海市行政学院学报,2018(6):29-34.
[8] 程坤.重大公路工程项目社会稳定风险评估研究[J].研究成果,2019(12):9-10.
[9] Cramer J,Dietz T. Social impact assessment of regional plans policy sciences[J].Policy Sciences,1980(12):61-82.
[10] 黄剑,毛媛媛,张凯.西方社会影响评价的发展历程[J].城市问题,2009(7):84.
[11] 中国国际工程咨询公司.投资项目可行性研究指南[M].北京:中国电力出版社,2002.
[12] 施国庆,董铭.投资项目社会评价研究[J].河海大学学报:哲学社会科学版,2003,5(2):49.
[13] 何琦,李杨.技术经济评价在建筑工程项目中的应用研究[J].产业与科技论坛,2018,17(14):285-286.
[14] 覃欣.浅谈技术经济评价在建筑工程项目中的应用[J].价值工程,2011(25):72.
[15] 潘家铮.有关"南水北调"的补充汇报提纲[J].中国水利,2000(8):4.
[16] 陈阿江.社会评价:社会学在项目中的应用[J].学海,2002,6:81-85.
[17] 蔡定剑.公众参与:风险社会的制度建设[M].北京:法律出版社,2009:13.
[18] 甘琳,申立银,傅鸿源.基于可持续发展的基础设施项目评价指标体系的研究[J].土木工程学报,2009,42(11):133-138.
[19] 朱东恺.项目可持续发展影响初探[J].中国人口资源与环境,2004,14(2):39-41.
[20] 罗小勇,邹颖.论水利水电工程环境影响评价中的公众参与[J].水电站设计,2007(6):105-107.
[21] 段世霞.我国大型公共工程公众参与机制的思考[J].宁夏社会科学,2012,5(3):64-68.
[22] 杨宇等.公共投资建设项目决策中的公众参与机制[J].重庆建筑大学学报,2006,28(2):107-110.

Chapter 9

第 9 章 现代工程社会的工程师及其责任

学习目标

通过本章学习,掌握工程师责任所包含的内容;了解影响工程师履行责任的环境因素;熟悉工程师面临责任困境时的解决措施、工程问责的机制和作用;了解工程师角色内涵及其社会关系、工程良心的概念与责任意识的培养方法。

9.1 工程师角色

9.1.1 工程师角色变迁

随着 18 世纪军事工程转化为民用工程,工程师的地位也逐渐由军士转换为建造者,现代工程师不再是工程决策中的权威,而逐渐向多个维度渗透,在现代社会中扮演着多重角色。与此同时,工程师与公众的联系逐渐紧密起来,工程师可以是投资者、决策者和公众理解工程的媒介,利用自身的专业知识和实践经验协助投资者和决策者进行投资决策,及时传达工程信息帮助公众更好地了解工程,同时帮助共同体中的其他成员以及工程的利益相关者理解工程,为公众在工程方面的决策提供参考。

据米切姆考证,最初在中世纪时,"engineer"被用来称呼破城槌、抛石机等军事机械的制造者及其操作者,后来逐渐演变出了动词"to engineer"和动名词"engineering";至 1672 年出现了第一个叫作"the French military cops du genie"的工程师职业组织;工程师在 1755 年的约翰逊英语词典中被定义为"指挥炮兵或军队的人";在 1828 年的韦伯斯特英语词典中被定义为"具有数学和机械技能的人"。工程师的定义逐渐从操作者转换为指挥操作的人。随后,出现了第一个称呼自己为"民用工程师"(civil engineer,civil 的原意是指"非军用""民用")的人——英国建筑师约翰·斯弥顿(John Smeaton)。在法国,ingenieur civil 至今仍指代不受雇于国家的工程师,工程师和军事工程的联系随着时代的发展慢慢弱化了下来。

在中国,工程师角色的变化以鲁班为例。鲁班出身于世代工匠的家庭,从小就跟随家里人参加许多土木建筑工程相关的劳动,被尊为土木工程的祖师爷级别的人物。那鲁班的角色在现在看来,又是一个什么样的角色呢？当然,尽管在鲁班那个年代还没有如今工程师的概念,但无论是过去还是现在,鲁班在土木工程上的成就无疑达到了工程师的水平。而且,鲁班这位工程师在现在看来是身兼数职的。在工程活动过程中,鲁班不仅是监督者,对工程质量方面进行监督,督查工程总体进度；还是工程的设计者,鲁班心思灵巧,能够从不同的角度对工程进行分析,通过鲁班的设计改造,更能实现符合具体需求的工程；也是能够在工程中直接干活的工人,鲁班凭借在土木工程中积累的经验以及自身的工程灵感,经常自己上手对工程进行改装；更是工程活动的管理者,鲁班以自身经验对工程活动中的其他人进行管理和指导。此时,像鲁班这样的工程师同时承担着监督者、设计者、工人以及管理者的责任,工程师并不像现代工程体系中那样分工明确。

后在洋务运动时期,1881年李鸿章等在奏章中提到"总监工"官凭,此处的总监工与"engineer"相对应。1883年,"工程"和"工程师"等字样出现在官方文件中,1888年詹天佑被任命为津榆铁路"工程司",此处的"工程司"对应着工程的某项职司,同时负有技术和管理的责任,1912年之后,詹天佑创立中华工程师学会,其成员自称为工程师。此时,随着西方文明的引入,"工程师"这一概念正式出现在中国,"工程师"这一角色同时承担着技术和管理的责任与职务。而后就是大家所熟知的现代工程中定义的工程师,具有从事工程系统操作、设计、管理、评估等工作的能力,此时的工程师之间分工明确,不再将工程活动中的各类活动混为一谈。

在工程角色的演变过程中,工程教育发挥了非常重要的作用。随着产业革命的兴起,工程师职业由最初的为军事工程出谋献策发展到现在的为经济产业发展贡献技术支持。其中工程师群体经历了一段波折的自我职业定位后,工程师逐渐转化为为整个社会及环境发展提供技术服务的角色。在这一维度上,社会对于工程师角色的认识逐步得到拓展和深化,其主要过程分为以下三个阶段：

(1) 强调忠诚：19世纪末20世纪初之前,工程师的基本义务被认为是对机构权威的忠诚。如1912年美国电气工程师协会(AIEE,IEEE的前身)以及1914年美国土木工程师协会(ASCE)所提出的伦理准则,都规定工程师的主要责任是做雇佣他们的公司的"忠实代理人或受托人","把保护客户和雇主的利益作为他的首要职业责任,并且要避免一切违背这个职责的行为",较少考虑到工程师与公众、社会之间的联系。

(2) 强调普遍责任：随着工程师技术的加强和工程师队伍的逐渐庞大,尤其是工程师的各类伦理意识如公众意识和责任意识等的提高,工程师开始对自身的责任进行重新定位。1976年,美国土木工程师协会ASCE在其伦理准则中明确规定了工程师需要为改善环境、提高生活质量尽责。到了1983年,这个规定加强为,"工程师应当以多样的方式提供服务,即为当代人和后代人的利益节省资源、珍惜天然的和人工的环境"。在1996年修改准则时,又明确增加了关于环境的规定："工程师得把公众的安全、健康和福利放在首位,在履行其专业职责时努力遵守可持续发展原则"。

(3) 强调社会责任：象征着工程师们承担起普遍责任的"工程师的反叛"和"专家治国运动"虽然失败了,但它引出了新的工程伦理责任观念。新观念下的伦理准则要求工程师"利用其知识和技能提高人类的福利,将公众的安全、健康和福利置于至高无上的地位,对公共安全、生产安全、环境安全和人类社会的可持续发展等社会要求负责"。工程师职业逐渐"从一个向雇主和顾客提供专业技术建议的职业演变为一种以既对社会负责又对环境负责的方式为整个社群服务的职业"。

工程师在工程中发挥着非常重要的作用,不仅需要为工程的推进提供技术支持,还需要协调各方关系,可想而知,工程师在工程伦理上也有着十分重要的位置,曾经工程师的职责是对业主忠诚,但业主的意愿存在着一定的局限性。随着工程师伦理意识的逐渐觉醒,工程师也更加意识到工程与社会之间的紧密联系,工程师不仅对工程负责,更开始对社会负责。可以说,工程师伦理意识的觉醒为工程伦理受到重视创造了条件,当然,工程伦理的推进更需要工程师的不懈努力。

9.1.2 工程师角色扮演

1. 工程师角色扮演

当工程师在工程实践中与人交流时,他就开始了工程师的扮演。工程师的角色首先要经历角色认知,也就是认识自己的权利和义务。它大致包括两个方面:其一是确定自身承担着的角色身份——"我是一个什么样的人";其二是确定自身在特定条件下适当的行为方式——"我现在应该怎么做"。

首先,可以通过学校学习和实践,初步了解自己的角色、认同自己的角色,进而肯定自己的角色。接下来就是怎么扮演,这是重要一步,在社会中工程师通过社会的锻炼,渐渐理解自己角色的权利和义务,懂得在不同环境下怎么处理问题。这里有个重要的因素——角色期望,即社会对特定角色行为模式的期盼和要求。如果处于鲁滨孙的境地,那么工程师可以随意扮演,没有人来评论和指责,但是在社会中工程师应该要选择一套社会接受的行为方式。期望来自三个方面,首先是工程师的权利和义务,这是最基本的,如果不具备工程师的基本技能,那么角色扮演就难以进行。其次是工程其他方的期望,工程师的角色体现在和其他工程相关者互动中,比如工程项目管理高层会要求工程师采取经济工程方案,节约成本;其他工程师会期望彼此工作上的协调一致;底层工人会期望工程师合理安排工程计划,体恤工人。这些人对工程师的期望会进一步塑造工程师角色。最后是公众的期望,虽然公众和工程可能没有什么直接联系,但是不可小看舆论的压力,公众的态度导致了许多工程项目无法顺利实施,工程师的声望一部分来自社会的认可,过不了公众这一关就难以获得肯定,现在公众的观念在变化,希望工程带来良好的社会效应,那么工程师就要顺应这一要求,承担起社会责任。

最后一步是角色实践。有时候领悟和实践是不一致的,比如偷工减料,工程师应该明确予以制止,但是在高层的威胁和金钱的诱惑等情形下,有些工程师的确会感到困惑,所以应该在实践中锻炼角色,从而真实地感受角色。毕竟,工程师的权利和义务只是一个大的框架,具体的实施还是要根据个人的选择,因为每个人的成长背景不同,对同一角色会有不同的认知,比如有些工程师认为自己应该负责技术,不需要关心其他方面,而有些工程师则认为自己的社会责任更大。

2. 工程师角色失范

在社会学中,角色失范是指社会角色的权利、义务和行为标准模糊,角色承担者和其他人都不清楚角色应该做的和不应该做的。急剧的社会变迁是造成角色失范的基本原因。中国经济发展经过计划经济的发展,尽管现在处于市场经济的状态,但是还没有彻底摆脱计划经济,在这期间人们容易出现思想上的彷徨。

然而经济发展与思维发展的不协调,使得人们没有来得及摆脱过去思想就被带入另一番景象,工程师这一角色还没有从原来的市场地位中走出来,思想上与现代工程师这一角色的期待还有较大差距，最终导致工程师角色出现了角色失范。

工程师角色失范带来极大的危害，不仅会让本就不够完善的建筑市场更加乌烟瘴气，而且使得与工程相联系的社会环境以及公众福祉受到各种各样的影响，导致出现了许多怪现象和坏现象。如经济的发展促进了建筑行业的繁荣，但却带来了伦理的丧失，承包商的偷工减料成了潜规则，农民工工资的拖欠成了普遍现象，同样地，在工程决策中也出现了过分偏好于经济利益而忽视其他的情景。

工程师角色在这样的背景下也难免失范，比如过去工程师的职责是忠于雇主，强调忠诚，但是现在人们越来越重视环境质量，只忠于雇主还能适应社会吗？再比如，随着经济的发展，工程行业愈发繁荣，在一切向钱看的经济社会中，工程师能否对工程活动中的经济利益进行权衡？诸如此类的种种疑惑不能够简单作答，不是对或错就能决定，没有一套行为规范，也没办法轻易评价，这就需要在实践中慢慢总结出一套新的、适应社会的规范。

9.1.3 工程师的社会关系

1. 工程师与公众

工程社会的对象不仅仅局限于自然界，还包括人类本身，就在现代工程社会中，工程师扮演着工程与公众之间的桥梁（图9-1）。工程项目本身程序繁多，专业技术性强，涉及金额巨大且成本伸缩性强，不易于被外人了解和掌控。况且公众对于工程本身不够了解，看待问题更习惯于从自己所掌握的知识角度出发，如怒江水电站的开发建设项目，公众中的环保人士反对怒江水电站的开发，理由是该项目会破坏当地的生态环境和优美的自然景观，然而怒江水电站的开发直接关系着怒江周边人民的经济发展，有助于改变怒江地区原始封闭落后的生存状态。工程师作为工程的主导者，有义务帮助公众了解工程，从专业知识层面为公众普及工程知识和工程背景。当某项工程的推进遭受公众质疑时，由于公众对于工程专业知识的掌握程度不如工程师，了解工程知识结构的工程师可以从专业的角度为公众剖析工程，进行专业而全面的解释，这样会使得工程在推进过程中所受到的阻碍减小，从而有助于工程的建设。

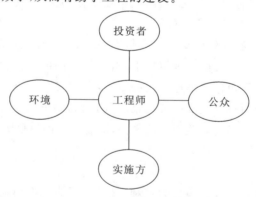

图9-1 工程师与各方关系示意

2. 工程师的社会地位

中国工程院曾做了一项面对全国5000名工程科技人员的调查，调查结果显示："超过80%的被调查者认为目前工程师职业的社会地位'一般'或'偏低'，对个人收入的满意度仅为

53.75%。"2010年7月,由中国科协组织开展的五年一次的"全国科技工作者状况调查"显示,有近半数的科技工作者表示"如有机会更愿意从事企事业管理、公务员等其他职业"。

正如《新工程师》和《社会中的职业工程师》两本书所写到的,工程师所获得的社会地位和声誉与其社会贡献在很大程度上不匹配,工程师的社会作用被低估。1980年,英国发表的芬尼斯通报告(the Finniston report)指出尽管工程师对社会福利做出了很大贡献,但却未受到应有的承认。美国工程院的一项调查表明,许多人不能很好地区分出工程师与科学家、技术员等,存在着将工程师的工程成就如阿波罗飞船等归功于科学家的这一现象,不能很好地将工程与技术联系起来。在2002年科协学术年会上,我国工程院徐匡迪院长谈道:"今天,当孩子们被问到长大想做什么时,很少有孩子说想当工程师,这件事情本身就值得我们忧虑。"于是,不难想象,在现实生活中工程师的社会地位远不如科学家和发明家,工程师的社会作用未被了解,工程师的社会贡献未受关注,这显然与工程事业飞速发展的现象不相符。

3. 工程师角色社会化

角色社会化是指按照社会上角色规定的要求来支配自己的行为,使个人行为符合社会期望。在中山大学及暨南大学申请的自然科学基金项目中,员工的组织社会化行为成为研究对象,该研究中与角色社会化相关的两点假设分别为:"角色社会化程度的提升会积极促进其任务绩效,而群体社会化程度的提升则会积极促进其组织公民行为。角色社会化程度的提升会积极促进其工作满意度,而群体社会化程度的提升则会积极促进其组织承诺。"其中角色社会化的重要性不言而喻。

(1) 大学教育是工程师角色社会化的重要途径。

社会在不断地发展,工程师的角色需要有人不断地接替,那么这个接替就需要大学生来完成。一代一代的大学生走向岗位,新的工程观需要从大学生着手,如果只从社会实践磨炼中才悟出道理,那么工程的发展将是缓慢的。大学生培养计划主线中非常重要的一条是学科培养,系统、正规的教育是基础,在教育上有句老话叫"从娃娃抓起",那么对于建筑行业就是要从大学生抓起。

社会在变化,观念在更新,学科培养不再只有专业知识,还需要在大学中设置人文学科,培养大学生的工程社会观念,当代大学生不仅要具有职业知识,还要有职业道德。人们常说先学会做人,再学会做事,那么就需要让大学生认识到工程的社会性,知道自己的社会责任,从根上灌输工程的社会性。之后,在社会实践上将理论用于现实,真正地树立工程社会观,培养出能够看到工程相关的自然环境和社会环境的"眼力",扮演好社会角色,满足社会的期望。

(2) 角色再社会化。

虽然有些人已经获得角色身份,但并不代表适应角色,或者说扮演好了角色,还需要我们在社会实践中不断调整,将自己的角色稳定化。在社会大变迁中,工程管理模式不断更新,工程技术不断创新,需要工程师随时跟上时代步伐,从工程本身探索出适合社会的绿色技术和节约资源的管理模式。同时,工程责任的胜任是再社会化的重要部分,工程师要在实践中不断地去了解工程师角色的内涵,总结出协调角色冲突的方法,尽力在社会公众和客户之间获得平衡。

(3) 职业道德和伦理道德的统一。

工程是和人类生活息息相关的,甚至和人的生命紧密联系,那么工程师应该要有合格的技术,保证工程顺利实施,这就是工程师的职业道德要求。但是工程的社会性决定了工程师要将职业道德上升到伦理道德,不仅只专注工程,还要重视工程的未来和结果。随着工程规模的扩大,

工程师的作用和地位也随之扩大,所以工程师在工程的社会方向上是关键人物,如果工程师把握不住工程的社会定位,那么工程反而会带来社会危害。职业道德是工程师的底线道德,工程师的最终目标是伦理道德。

4. 工程师角色要与时俱进

从工程师的发展史上可以发现工程师的作用、地位,虽然工程师角色在不断变化,但工程师始终与时代相适应。比如,过去工程师要忠于顾客,在当时这种观念并不是错误的,当时社会下工程师的工作性质(公司雇员)决定工程师的服从;但是随着社会发展,工程师的工程地位因自身的专业知识增加而提高,自身责任逐渐扩大,直至发生"工程师的反叛"。在现在的和谐社会背景下,时代需要工程师具有人文精神,那么工程师就应该学习人文知识,将理论与工程结合,实现工程的价值理性。

5. 中国国情下的角色社会化

工程师在工程活动中受雇于工程活动的各方主体,身处于不同阵营的工程主体中,工程师的角色也有所不同。以工程活动过程中的第三方主体为例,我国第三方与国外的第三方存在着较大的差异。我国在施工过程中强制推行工程监理服务,主要表现为监理工程师对施工过程的监督管理,这是我国特有的与其他国家市场主导第三方相区别的特色。监理工程师在我国的工程监理发展过程中,与设想中独立的第三方有所不同。随着工程监理的发展,监理工程师更多地偏向于甲方立场,在施工过程中站到了施工单位的对立面,此时第三方监理工程师的角色便与国外的咨询工程师角色有着较大的差异,这体现了中国国情下的角色社会化。

9.2 工程师的责任

9.2.1 责任的定义

现代工程作为一个复杂的系统,工程师由于其角色的多重性也肩负着各种各样的责任。随着历史进程中工程师角色的变迁,工程师的职业责任在这一进程中得到了不同程度的定义,由最初忠于雇主,完成工程建造活动,以及避免指责的基本要求,发展到要求工程师更多地关注工程可能造成的社会影响,期望工程师能够从伦理的角度承担起伦理责任,并且鼓励工程师基于自身的专业知识积极主动地为工程的建设提供建议,为公众谋福祉,为社会谋福利。然而,工程师角色的多重性,以及工程师责任的多样性,不可避免地导致了工程师在责任履行过程中不断陷入不同情形的困境中。

责任是人们生活中经常用到的概念,它不专属于伦理学,许多学科如法学、经济学、政治学、社会学等都涉及和关注责任问题,因此,人们对责任的理解是多维度、多视角的。责任有三个基本含义:分内应做的事,如履行职责等;特定的人对特定事项的发生、发展、变化及其成果负有积极的助长义务,如工程师对所承担工程活动的全过程进行监督管控等;因没有做好分内的事情或没有履行职责义务而应承担的不利后果或强制性义务,如工程师应当为自身工作疏忽而导致的工程事故后果负责等。简单来说,责任就是指一个人不得不做或必须承担的事情,是一种职责和任务,是衡量一个人精神素质的重要指标。

在责任的分类上,可以从不同角度进行划分:① 按照职业性质划分可以分为教师责任、公仆责任、领导责任等,与社会承担的职业联系起来;② 按照意识形态的某一领域可以划分为法律责任、道义责任、政治责任等;③ 按时间先后可分为事前责任和事后责任,前者是一种实质责任,以高度的责任意识来规范实践行为,后者是一种形式责任,强调事后的补救行为;④ 按照责任对象和约束程度,把责任分为对自己的完全责任、对他人的完全责任、对自己的不完全责任和对他人的不完全责任等四类,不完全责任指并非承担所有责任;⑤ 按照其内在的属性可以分为角色责任——相同角色共性的责任范畴,能力责任——超出共性角色责任要求的责任表现,义务责任——不在角色责任限定范围的责任,原因责任——原因直接导致的责任;⑥ 按照责任主体与责任对象的关系而言,可以分为对称性责任——等值地、交换式地履行各自承诺,非对称性责任——责任主体无条件地、不求回报地对责任对象负责。

不论何种类型的责任,责任都会包含以下几个要素:① 责任主体,即责任的承担者,可以是个人或法人;② 对何事负责;③ 对谁负责;④ 面临指责或潜在的处罚;⑤ 规范性准则;⑥ 在某个相关行为和责任领域范围之内。

责任的概念与角色义务相对应,扮演何种角色,就对应着相应的角色期待,并表现为对义务的履行期待,承担起某一职责,就应该遵守其职业规范要求并认真履行,若出现过失则应承受相应的惩罚。从这个意义上讲,责任可以进一步划分为义务责任、过失责任和角色责任。

(1) 义务责任是指工程师在遵守甚至超越自身职业标准情况下承担起的责任,是一种积极的事前责任,这种情况下,工程师会以一种有益于社会和公众,并且不损害自身信誉的方式使用专业知识和技能来承担相应的义务责任,此时,工程师有遵守自身职业标准和操作程序规定的义务,以及完成合同中所规定工作的基本责任。

(2) 过失责任是指在某项工程事故发生后,追究事故产生的原因和事故负责人的责任,与义务责任相比,这是一种消极的事后责任,事故追责时可以将责任归咎于某人,此人便为具体错误"负责",或者作为一起事故的"负责"人。过失责任倾向于事后追责,关注事故产生的原因。

(3) 角色责任是指角色处于一种承担了某种义务和责任的情形中,可以被看作是责任的积极方面和消极方面的结合,涉及承担某个职位或管理角色的具体个人,如某位工程师"负责"一项设计或工程项目,从积极的方面说,工程师有义务按照职业技术和伦理的标准来完成工程项目;从消极的方面说,如果工程师没有按照这些标准实施,那么该工程师将因此受到责备。

9.2.2 职业责任

责任与个人的角色身份紧密相连,具有何种角色,就需要承担相应的职责。个人处在不断发展的社会环境中,因而,每个人也承担着不一样的责任,除了个人责任外,还要承担社会责任、民族责任等。对于个体而言,个人责任最可靠的基础是亲族、国籍、地域、宗教、种族和民族,这些可以称为"稳定的身份",因为它们是建立在根深蒂固和真实可信的基础之上的。在稳定身份基础之上,人还有因社会关系而形成的扩展身份,义务与责任也随之扩展。每个人都是要承担责任的,但人承担责任也有限度,所承担的责任是应负之责。对于每一个人而言,承担责任是基本的职责与要求,个体应自觉养成责任意识,规避社会风险。

工程师的职业责任是由社会分工决定的,指工程师在职业活动中应承担的特定职责,往往通过行政或者法律的手段来维护，具有明确的规定性质。工程师职业责任可以通过监管的形式得到履行，如责任的分配制度。

古人对于责任的分配机制一事早就建立了基本的雏形，在人类未进入热武器时代时，国家的防御主要来自坚固的城墙，与此同时，城墙的雄伟坚固在一定程度上体现了国家或朝代的繁荣。古代天子热衷于修筑城墙，然而经历过几千年的风霜雨雪，很多城墙并没有在历史的长河里幸存下来。不过南京的明长城从修筑完成到如今已经过去了六百多年，依旧是最坚固的城墙之一，究其原因，还要从朱元璋说起。

由于南京地处长江下游中部地区，河流湖泊众多，想要修筑城墙，只能改用全砖堆积的形式来构造。以当时的生产力来看，南京明长城所需原材料极多，工作量巨大，只能向周边各地分摊，朱元璋担心各地官员偷工减料，于是下旨令各产地地方官员、负责砖块制造的基层负责人和工匠农夫都要在所制造的砖块上刻下姓名，万一出现质量事故，可根据砖块上的名字追究责任，最高可处以极刑。此时南京明长城工程的修筑就有了工程实名制的雏形。

然而工程发展到今天，工程的体量和队伍都在飞速发展，出现的"豆腐渣"工程却随之增多，虽然其中包含各种各样的原因，但责任的监管机制出了问题是不容置疑的。现在的工程采用工程师实名制，由工程师负主要责任，而在其他各个环节中，由于责任监管体系的不到位以及很多临时工的雇佣，因此在工程活动过程中，很多人缺少对工程和责任的敬畏之心，工程出现问题后追责困难。好在，目前各方政府已经开始注意到这类事件，加强了对于工程责任的监管，开始实行工程的责任终身制。

在这种监管体系下，工程师被动地开始履行自身的职业责任，为自己在工程活动中的决策负责，这也是工程师职业责任的底线。倘若按照美国土木工程师协会的伦理章程将工程师的责任分为三个层次，那么此时是工程师承担责任的最低限度，即避免指责。

自 19 世纪的产业革命开始，产业发展由劳动密集型转向技术密集型，工程师此时拥有的技术开始受到很多企业的青睐。而当工程师拥兵自大，开始不满足于此时的地位，想要在政治领域占有一席之地时，工程师革命爆发，革命失败之后，工程师的责任开始逐渐演变，更多地承担起社会责任。这时工程师的责任已经完成了由忠于雇主向对公众和社会的福祉负责的转换。而后随着人类征服自然、改造自然的脚步逐渐加大，人类对自然和生态的破坏也越来越大，其中必然少不了工程师的技术推动，于是，工程师的责任开始延伸。

世界工程组织联合会（WFEO）、美国土木工程师协会（ASCE）等国际/国家级别的工程师组织机构在工程师伦理规范中都将环境效益作为工程是否合格的重要指标之一，强调环境保护、资源节约及可持续发展的重要性。

美国土木工程师协会伦理规范的第一条基本准则便是："工程师必须把公众的安全、健康和福祉放在首要位置，并在履行他们的职业责任时，努力遵守可持续发展原则。"同时将工程师的责任划分为三个伦理层次，前文中所提及的避免指责，即为第一个层次。责任的第二伦理层次是"合理关照"（reasonable care），"工程师应认识到，一般公众的生命、安全、健康和福祉取决于融入建筑、机器、产品、工艺及设备中的工程判断、决策和实践"，即工程师必须评估与一项技术或行为相关的风险，在工程活动中要考虑到那些可能给其他人带来伤害的风险，并为公众提供保护；责任的第三伦理层次是要求工程师实践"超出义务的要求"，鼓励"工程师应寻求机会在民事事务及增进社区安全、健康和福祉的工作中发挥建设性作用"，"在反思社会的未来中担负更多责任，因为他们处在技术革新的前线"。

9.2.3 伦理责任

1. 伦理责任的概念

《简明社会科学词典》中谈到：伦理就是人们在处理相互关系时所应当遵循的道德与规则。伦理责任中的"伦理"二字，现在已经不只局限于简单的人与人之间的关系，而是延伸到人与社会、人与自然之间的关系。工程师的伦理责任从一定的角度来看，被发散为工程师有义务有责任处理和协调好人与社会、人与自然之间的关系。

工程师拥有着独特的专业知识，从"能者多劳"的角度出发，在一定程度上决定着工程师有责任去思考工程活动会给公众和社会，乃至自然环境带来什么样的影响。现代工程对工程师自身素质和能力提出的要求有以下六点：专业技术能力；面对伦理困境做出道德判断及行为选择的能力；预测工程实践带来可能性风险的能力；评估工程实践所带来经济价值和社会效应的能力；具备科技素养和高尚的职业道德品质；为全人类负责的责任意识。工程师的伦理责任随着社会的发展也有所拓展，不仅表现在对公众承认的职业责任发生变化，也加入了对于环境影响的考虑。

责任在当下的伦理学中已凸显为一个关键概念，这与当今社会的时代特征是息息相关的。如今的社会科技高度发达，科技的发展同时引发了许多伦理问题。科技进步带来的许多问题是人类有限的理性无法预期和控制的，"现代科技的行动能力所具有的集体性与累积性，使得行动的主体不再只限于有意志的个人（或有组织的团体，如法人等），而行动的结果通过科技附带效应的长远影响，也已经不在人类目标设定或可预见的范围之内"。因此，科技进步带来的新型责任是"未来责任"和"共同责任"，不局限于当前的伦理责任，而取决于对长远未来的责任性。它所带来的伦理问题是传统伦理学无法应对的，责任变得比以往任何时代都更为复杂和尖锐。

德国学者马克斯·韦伯（Max Weber）首先提出了"责任伦理"的概念，对"信念伦理"与"责任伦理"进行了区分，并强调"责任伦理"在行动领域里的优先地位；而真正把"责任"引入伦理学，并建构理论化的"责任伦理"体系的，是德国学者汉斯·尤纳斯（Hans Jonas）。20 世纪 70 年代末，尤纳斯等人论证了为何保证人类与自然的可持续发展是未来责任的终极目标，指出责任伦理的基本原则是"绝对不可拿整个人类的存在去冒险"。尤纳斯等人还提出这样一个核心观点，即道德的正确性取决于对长远未来的责任性，不能为了当代人的利益而忽视对长远未来的侵害。责任伦理不仅仅关注眼前当下的行为，更将目光投射到未来的社会上，要求我们在可预见的情况下，以自身的意图和道德原则来尽可能承担其行为的后果。如果说尤纳斯的责任伦理学主要关注的是"未来责任"的话，那么阿佩尔（Karl-Otto Apel）则关注和回答的是如何应对"共同责任"的问题。他通过构建"对话伦理学"，深入地阐释了为何沟通共识本身即是我们共同解决实践问题的最终理性基础。

如上所述，责任与道德判断发生联系的时候，便具有伦理学意义。伦理责任的含义比较抽象，要澄清伦理责任的内涵，可以通过与其他责任类型相比较的方式进行。首先，伦理责任不等于法律责任。法律责任指对已发事件的事后补救及责任追究，属于"事后责任"，而伦理责任指在行动之前针对动机的事先决定，属于"事前责任"。"专由法律所规定的义务只能是外在的义务，而伦理学的立法则是一般地指向一切作为义务的东西，它把行为的动机也包括在其规律内。单纯因为'这是一种义务'而无须考虑其他动机而行动，这种责任才是伦理学的，道德内涵也只有在这样的情形里才清楚地显示出来"。另外，相对于法律责任而言，伦理责任对责任主体人的要求更高。法律责任是社会为社会成员划定的一种行为底线，以法律条例的形式来规范约束社会成员的行为。但是仅靠法律责任还不能解决人们生活中遇到的所有问题，尤其是涉及伦理观的问题，所以人们必须超越这个法律规范的行为底线，用更高的伦理责任的要求来规范自己的行为。

其次，伦理责任也不等同于职业责任。职业责任是工程师履行本职工作时应尽的岗位（角色）责任，而伦理责任是为了社会和公众利益而承担的维护公平、正义等伦理原则的责任。一般而言，职业责任和伦理责任在大多数情况下方向保持一致，即在恪守本职工作的同时也不会对社会的生命财产造成损害。但在某些特殊情况下二者会发生冲突，比如工程师在知道工程存在质量问题并有可能对公众的生命财产产生威胁时，应该坚持保密性的职业伦理要求还是遵循把公众的安全、健康和福祉置于首要地位的社会伦理责任要求呢？这就需要工程师在职业责任和伦理责任之间进行权衡。按理来说，工程师的伦理责任要大于其职业责任，社会利益要大于或重于个人利益。工程师仅仅简单恪守职业责任可能导致同流合污，损害社会和公众的利益，而尽到伦理责任才能够切实保护社会和公众的利益。

2. 工程师的合理关照

工程师的责任和义务在法律条文以及合同签订的过程中已经明文规定，但在某些情况下，仅仅按照工程师的基本责任和要求的操作流程来是不够的，在特殊的环境或场景中，工程师可以对工程进行合理的考量，发挥人的主观能动性，对一些不必要的工程风险进行抵御。

在工程师的伦理责任履行过程中，工程师必须评估一项技术或行为的风险，关照该工程是否会对公众和社会造成不利的影响。土木工程的工程师开展工程活动时，应提前进行项目的环境影响评价和环境影响后评价，关注项目对周边生物及生态圈造成的影响，估计和预测项目周边水土流失、地质环境等的变化，对建筑物的垃圾进行合理的规划及回收，减少施工项目对周边环境的噪声和扬尘影响，并尽可能维护社会及生态环境，发挥出工程师作为公众一分子的角色作用。

1952年秋，川藏公路快要修到昌都时，由于缺乏水文地质条件等资料，甚至没有一份完整的西藏地图，工程队伍面临选线的困难。工程师余炯主动请缨，带领一支小队，踏勘昌都至拉萨间的路线，其间失联近四个月。在法律条文及国家标准中并没有要求工程师在工程活动中以工程为重，涉险踏勘，但工程师们在当时的恶劣环境中，为了推进工程进展，还是义无反顾地选择了危险的踏勘方法，这便是工程师从合理关照的角度去更好履行伦理责任的体现。

3. 工程师的善举

如果工程师的义务责任是合理关照首要的和最重要的构成成分，那么工程师的善举就是义务责任的一种扩展。工程师在职业活动中的某项活动是否能够被称为工程师的善举，与此项活动的重要性没有必然的联系，工程师的善举也可以是关注于生活工程中特定团体、看起来微不足道的小事。

同时工程师的伦理责任对工程师的善举也有一定的期待，工程师的善举并不局限于工程师完成自身的职业责任与保障社会公众的福祉，同时也不强制工程师必须实现，更多的是一种鼓励行为。鼓励工程师基于自身的专业知识和身为一个公民的道德素养，从大局出发，尽自己最大能力对项目进行优化，对工程活动周边环境进行考虑，对工程技术进行革新等，用自身的努力去推动工程水平的整体发展。

同样是工程师在崇山峻岭中修建川藏线，公路的两边需要进行地质勘察，在设定勘察护坡的防护范围时，由于当地道路陡峭，没有当地适用标准，按照工程要求只能引用国家标准。但是如果按照国标进行设置,结合当地的地形特征显然是十分危险的,实际上如果按照国标设置,工程师对此也并不负有任何责任,但是来自同济大学的工程师还是选择将勘测防护范围拓展到3~5米,结合当地的险峻地形,虽然增加了工程施工成本,但对社会有利,这就是工程师的善举。

9.2.4 工程师伦理责任困境

工程实践中的伦理困境可划分为三个层次,分别是个体困境、群体困境和责任困境。个体困境可以简单地区分为个人利益与内心道德的冲突、双重身份导致的伦理困境。前者多为个人利益与内心道德的权衡,这是生活当中最常遇见却又最难解决的一种困境,后者则为前文所提到的工程师由于在社会环境中具有多重角色而导致的角色冲突。

群体困境则经常发生在大型复杂的工程中,当责任主体由个人扩大至群体时,工程活动中各个主体分别代表着各方的不同利益,构成一个复杂的群体结构。李伯聪教授认为,工程师、工人、管理者、投资者以及其他利益相关者构成工程活动共同体,即"异质成员共同体"。在工程的开展过程中,这些"异质成员共同体"是从工程活动过程中不同人员的分工角度出发的,各个成员都有自身的利益追求,在一个大的工程中,就很容易出现利益分配不均匀、多方共同进行取舍的问题,于是出现了群体困境。

责任困境则发生在责任主体缺失时,在工程体量越来越大、各项工程越来越复杂的现代社会,一项工程活动中,责任主体也往往由单个的主体扩大至整个群体。技术与个体的对应关系被弱化,而这一过程则易导致责任主体的缺失,即格鲁恩瓦尔德所说的"技术发展的匿名性和无主体性"。在责任主体缺失的工程中,一旦出现安全质量事故,责任主体则为集体而非个体,然而集体的责任却难以分摊至个体,于是个体无罪。这种责任困境可能会导致工程活动中管理机制松散,工程事故发生后追责困难。

1. 工程师的角色冲突

工程师在现代社会中扮演着多重角色,既是公司员工,需要忠诚于雇主公司,为公司创造利益,实现公司利益的最大化;又是公众的一员,需要维护公众福祉,保护社会环境;还是家庭生活中的一分子,需要维护好家庭关系;同时是工程的主导者,以其专业知识技能为工程建设贡献力量,等等。然而工程师在这些多重角色状态中极易发生角色冲突,工程师的角色冲突可以分为三种。

第一种是和工程相关者的冲突。这个是比较常见的,出现在工程师和工程高层之间、工程师与工程师之间等。有些高层为了减少成本而要求工程师偷工减料,但是工程伦理原则要求工程师保证质量,这样使得工程师陷入困境,如果选择保证质量,那么就会和高层产生冲突,也就会导致角色紧张。

第二种是工程师自身多个角色之间的冲突——角色丛冲突。工程师有多个角色,在工程中既是管理者,也是公众顾问,还是高层的下属。随着工程规模和技术的发展,工程呈现出多维度,那么工程师很容易产生角色丛冲突。比如工程的新技术会使成本降低,但是也污染环境,作为管理者当然应该采用新技术,作为公众的代表又应该反对,那么工程师应该怎么做呢?这也反映出工程师职业道德和伦理道德的冲突,角色之间的冲突会使工程师不知所措,有些可能被利益驱使,有些选择公众但却失去了工作,可谓境地尴尬。

第三种是工程师单一角色的冲突。对同一个角色,社会期望有时是矛盾的,比如老师对待学生应该像朋友一样关心学生,但是老师又需要在学生之间树立威信。同样地,作为公众代表,工程师应该听取公众的意见,重视公众的态度,但是公众的科学素养不足又使得工程师不能盲目采纳公众意见,也就是科学性和民主性的矛盾。

工程师的角色冲突主要体现在角色间冲突,因为工程师在不同的情景中扮演着不同的角色,往往这些角色对于工程师的行为有着不同甚至完全相悖的期望与要求,于是造成了工程师的角色冲突。在企业中,一方面,工程师受雇于雇主,需要按照雇主的要求,尽最大可能实现雇主的利益,对雇主展现忠诚的品质;另一方面,工程师在企业中也可能承担着领导者的角色,需要为手下人负责,合理争取员工的利益。在社会中,工程师也是公众的一分子,应当为社会为公众谋求福祉,展现出工程师的职业道德和伦理道德素养。然而一旦雇主的利益与社会整体利益相悖,例如企业的某些决策会威胁到公众的福祉,而工程师以其专业技术能够预测到时,工程师的角色冲突便产生了。如果按照企业要求,就要置工程师身为公众一部分的角色而不顾,做出违背伦理道德的事情来,这就与工程师职业道德相悖,但如果工程师遵从伦理道德,就要抛开企业利益,那么工程师就是选择了对雇主不忠。这种情况就是"工作追求和更高的善的追求之间的冲突"。

工程师一方面受雇于公司,需要忠诚于公司,另一方面,工程师代表着公众福祉,需要考虑公众利益。从伦理的视域来审查工程师的个人利益与公众利益抑或是工程师代表的公司利益与公众利益的关系,当工程师选择维护公众利益时,个人的前途将会受到威胁,但如果选择维护个人利益而损害公众利益,个人利益也就难以持久获得。当工程师选择了维护公司利益,个人利益能得到提升,公众利益却会在不久的将来受到损害,但如果维护公众利益,正如前文所述,公司利益受损,则个人利益难以维护,于是造成了工程师角色的进退两难。

2. 角色冲突的解决之道

角色冲突的产生是多种因素共同作用的结果,其中可能包含社会、组织、个人和角色。想要对工程师的角色冲突进行缓解,还需要对角色冲突产生的原因加以分析,了解工程师实际扮演的角色,提高其自我角色调适能力及其角色扮演的技能,才能更好地利用工程师人才资源,减轻工程师角色扮演冲突。工程师一方面需要代表公司利益,另一方面又是公众利益的代表,当公司利益和公众利益不一致时,这种角色要求带给工程师一种冲突。这种角色冲突的解决,从根本上讲需要提高公众利益与公司利益的一致性和相容性。

工程师的角色冲突往往会导致一部分工程师备感压力,甚至痛苦。当然,根据科尔伯格的道德演变理论,对于刚参加工作的年轻工程师来说可能处于最高级的道德水平,而现实生活可能会引起价值观的退化。

解决角色冲突的方式是多种多样的,大致可分为"内解决"和"外解决"两种方式。"内解决"是指角色个体通过自身的努力解决角色冲突,不同个体会采取不同的态度,有的积极参与,有的消极回避,有的怨天尤人。"外解决"就是通过借用或发挥角色个体之外的力量介入角色冲突。

从"内解决"的角度来看,工程师需要提高自身的自我调适能力,强化自身的工程师角色意识,增强其角色扮演的责任性,这些都需要工程师加强自我学习来达到,从而提高工程师角色技能。从"外解决"的角度来看,由于经济的发展与社会思维的不匹配,缓解工程师的角色冲突,可能需要对工程师的角色扮演环境进行优化和营造,重构工程与社会及公众之间的关系,为工程师角色扮演提供良好的环境,此外,从工程师的角色技能提高的角度切入,打造一个对工程师进行系统培训的环境,也是一种"外解决"手段。

9.3 工程师责任履行的环境

9.3.1 权威与服从

工程师出于自身的职业责任与伦理道德，有责任对工程的质量、公众和社会的安全负责，然而工程师在履行自己职业责任的过程中，总是会不可避免地受到多重因素的考虑和干扰，如利益的分割、权力的博弈以及工程师本身的角色多重性等因素，这些因素都与工程师能否履行职业责任息息相关。

其中工程师角色与管理者角色天然冲突，在工程师的责任履行环境中，往往由于管理者从经营角度看待问题造成工程师责任的难以履行，而且在具有某些特征的组织氛围中，工程师的责任履行更为困难。不过在工程问责机制的完善以及工程师责任意识及工程良心的培养过程中，工程师的责任履行环境将会一步步得到改善。

在挑战者号悲剧中，1986年1月27号，莫顿·瑟奥科尔公司的工程师们建议不要在第二天上午发射挑战者号航天飞机，虽然没有确切数据和技术支撑，但工程师们发现温度和弹性之间存在着某种相关性，且表示对O形环在低温下的密封性能感到担忧，然而考虑到瑟奥科尔公司与NASA未来的合作，加上NASA急切需要一次成功的飞行，瑟奥科尔公司副总裁梅森站在经营的立场否定了工程师们的工程师姿态，火箭依然在第二天发射，但就在发射后的第73秒，挑战者号爆炸，人员伤亡与设备损失巨大，NASA名誉扫地，这无疑是一个管理者与工程师决策上的悲剧。

在这场事故中，工程师们受制于管理者的经营立场，没有坚持自己工程师的职业立场，导致工程师的责任没有得到履行，于是灾难发生了。以小见大，不难想象在很多情况下，工程师很有可能在权威面前选择服从，尤其是当工程师对于技术性结论没有足够的支撑数据，只能依靠自身工程经验之时。在职场中的某些情形下，组织权威对于工程技术并不在意，更多地关注于工程技术以外的东西，如经济利润、名声、名誉等。此时工程师对于职业和道德的关注很难受到应有的尊重，工程师对于职业责任和伦理道德的履行就会更加艰难。

官僚制是现代社会的产物，是一种权责划分明确的行政管理制度，由经过选拔并培训的专业人员组成，这种体制具有理性、规则、法治化等明确特点。广义的官僚制不仅包含政府部门，还包括企事业单位、科研机构以及民间组织等，照此看来，工程师也身处官僚制的体制之中。官僚制能够磨灭人的责任感，在工程中，可能表现为尽量承担起技术责任，但是避免承担其中的道德责任，尽管对责任进行了分配，但都是以鼓励回避失误为目标，在这种制度之下，非常不利于工程师责任的履行。

9.3.2 组织氛围

霍桑实验的主持者梅奥提出"社会人"假设，他认为，人们在工作中得到的物质利益，对于调动人们的生产积极性只有次要意义，良好的人际关系对于调动人们的生产积极性是决定性的因素。在组织行为学中，人们工作的群体氛围及环境对人的影响大于物质对人的影响，工程师作为群体工作的一分子，其工作环境也是大同小异的。工程师并不只是机械地沉浸在技术性工作中，

组织环境中的群体影响力对工程师的责任履行也起到一定作用。

许多工程师面临的伦理责任与专业问题都涉及工程师角色与管理者角色之间的冲突问题,管理学家约瑟夫·梅林认为,在教育背景、工作习惯以及价值观和见解等不同因素的作用之下,管理层和职业层之间存在着天然冲突,工程师与管理者出于不同的立场,掌握不同的工程信息,然而在工程开展过程中,管理者与工程师的沟通并不能做到完美的相互理解,工程师的责任履行就会受到较大阻力。

工程师一方面背负着多重角色,既是公司的员工,希望对公司的利益负责;又出于职业的考虑,需要承担起职业责任,对整个工程过程进行精准把控和严格要求;同时还是公众的一员,有责任也有义务关注工程的社会及环境影响;在某些情况下,非管理层的工程师还希望成为管理层的一员,以获取更高的收益和权利。这些多重身份的作用下,工程师能否按照工程师职业的高标准来履行责任就有待观察了。

那么,在什么样的组织氛围中,工程师的责任履行会受到阻碍呢?罗伯特·杰尔卡对这种情况进行了研究,他发现,当管理者或公司具有某些特征,就会对工程师的责任履行造成阻碍。

第一,组织风气不允许在公司管理者的决策中道德承诺起到任何作用,特别是不能起很大的作用。管理者对组织利益有一个很强的关注,组织利益主要是以经济的术语来衡量的,但是,它也包括一个良好的公众形象及相关的应对危机的运作,管理者是不倾向于认真地考虑伦理问题的,除非这些道德问题能够被转化为影响公司利益的因素。

第二,对于同事和上司的忠诚是管理者的基本品德,管理者很少具有超越他们对组织所认知的责任的职业忠诚。

第三,为了保护自己、同事和上司,责任的界限被蓄意模糊。细节被推到了幕后,信誉被推到了台前。行为总是尽可能地从结果中分离出来,于是就能避免责任。在制定困难而富有争议的决策时,一位成功的管理者总是会尽可能让更多的人参与,于是,当出现问题时他总是可以指责他人。此时,保护和掩护老板、同事和自己的考虑取代了所有其他方面的考虑。

9.3.3 工程师自身情绪

工程师处于社会环境中,担负着工程师职业带来的责任与义务,与此同时,工程师又不仅仅只扮演着工程师这一角色,与其他人一样,工程师还有着不仅仅局限于个人职业的期望与抱负,所以,在工程师的责任履行过程中,还要考虑到工程师自身情绪因周边环境作用而给责任履行带来的影响。

(1) 私利:工程师对于自身利益的关注有可能诱使工程师的行为与其他人的利益相抵触,甚至与社会对于工程师的期望相悖。工程师对于私利的过分关注有时会妨碍工程师自身对于其责任的领会和履行。比如在挑战者号的发射事故中,私利可能就是阻碍 NASA 中许多管理者担负起自身职业责任的因素之一。在发射准备过程中,管理者们更多地关注于火箭的发射计划能否实施,关注于后续合同签订程序对自身事业的提升和发射成功将带来的声誉好评,却因此忽视了火箭有可能发射失败的技术风险以及火箭上宇航员的生命安全风险。

(2) 害怕:工程师即使在工程活动过程中没有受到自身私利的诱使,也很有可能被各种害怕与担心的情绪影响,如:害怕与管理者观点相悖而不敢发声,害怕在工程活动过程中由于自身原因造成决策失误而带来处罚,害怕复杂的工作环境等等。有时这些害怕的情绪也会像私利一样妨碍工程师对自身责任的履行。在工程活动过程的举报事件中,很多举报他人犯了大错的事件里,举报人需要在被举报人的举报事件确认过程中接受调查,举报人在这一过程中需要承担很大的压力,同时,举报人也会因为其公开的敌对行为在生活中受到别人的关注,这可能给举报人带来困扰。在这种害怕情绪的作用下,一部分知道工程中违反法律规定事件真相却又没有足够勇气的工程师会选择沉默。知道真相的人不敢发声,违反法律的人就会为所欲为,这种环境就非常不利于工程师履行工程师责任。

(3) 自欺:合理化通常会妨碍人对于私利诱惑的抵制。一些合理化表现出了比其他因素更多的自我意识,尤其那些为自己辩护或寻找的借口。其他的合理化似乎暴露了一种蓄意的自我理解的缺失,因为自身知道有意识地面对某些事实是很痛苦的,于是产生了一种对事实的刻意回避行为——自欺。当然,公开交流有助于纠正自欺带来的影响。

9.3.4 工程问责

工程问责在不同国家工程实施过程中的深入程度以及问责阶段各有不同,但是对于工程问责大家都有着不同程度的需求。对于美国等发达国家而言,工程问责更多地关注于工程开展前以及完工后的审核,如合规性审计、造价审计、基建财务审计等,对于过程的关注较少。而中国与印度等国家几乎将工程建设活动中的每一个过程都看作工程问责的重点。

"问责"一词中的"问"字同时包含"追究""监督""过问"等含义,"问责"则代表"监督责任的落实,过问职责的履行"。对于突发事件应对过程中的责任来说,监督过问性质的问责应该是我们关注的重点。按照周慧的说法,"工程问责"一词并不仅仅有事故发生之后对责任人进行追究的含义,也包含职责义务的履行,代表着在工程实施过程中对工程质量的监管,更加偏重对未发生事故的预防。

在工程实现全过程中,各参与者的利益需求与工程责任不完全一致,因而在工程中存在机会主义行为的可能。代理人欺瞒工程所有者而获取私利以实现自身利益最大化,工程管理者在对承包商的监督管理过程中管理不善,甚至存在与承包商合谋串通掩盖工程信息、欺骗工程所有者的行为,这些行为恰恰就是工程师履行职业责任的消极面。

工程治理系统需要有效地应对机会主义行为,表现为制衡机制、激励机制以及问责机制(图 9-2),问责机制在治理体系中表现为对代理人进行责任追溯,对各主体的责任履行状况进行奖励或处罚。随着我国建筑业飞速发展,在现实工程履责过程中,激励机制和制衡机制的作用发挥得明显不够,所以人们对工程问责机制寄予了越来越多的希望。

工程师在这种问责机制下,有责任也有义务对工程的实施进行专业性的决策,以便能够在工程实施过程中拥有更多的话语权和决策权。同时管理者和经营者出于对企业社会声誉及自身权责利的考虑,也会更加尊重工程师的专业意见。

随着工程问责机制的逐步完善,一旦工程事故发生,工程师和管理者都难以独善其身,从法律角度出发,工程师和管理者站在同一立场,有效地减少了工程师与管理者之间由于各种因素产生冲突的可能性,工程师和管理者能够共同以较高的工程标准和保守的态度对工程质量进行把控,这就为工程师的责任履行创造了比较积极的条件。

在工程责任的问责追溯过程中,不得不关注工程活动过程中的工程风险,其中,一个十分重要却又经常被忽略的问题就是工程风险的分配。从实际情况出发,工程风险的分配与工程活动中的利益和责任相挂钩,风险越大,利益越大,其责任也就越大。然而在现实环境中,风险与责任的分配机制并不一定合理,这就会造成分配不公的问题。这就可能表现为工程活动过程中人与

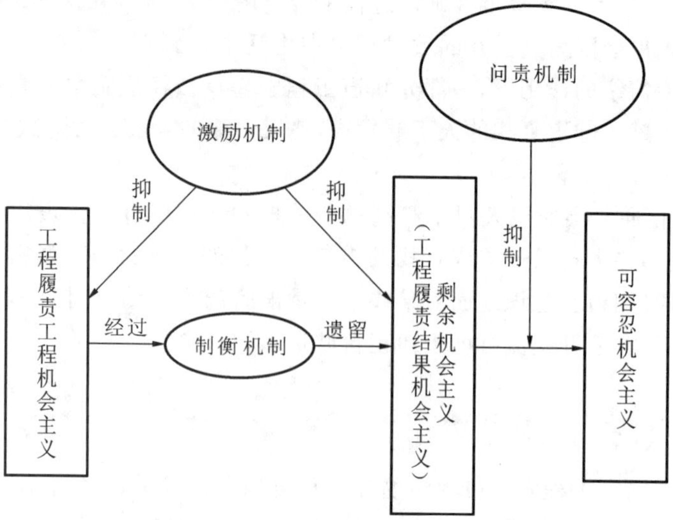

图 9-2　工程履责及工程治理的过程

人之间权责利不对等的关系,一旦工程出现问题,那么在工程问责的过程中,以忽略风险谋取利益的人不负有相应的责任,非常有可能逃过法律的制裁,这就不利于工程师责任的履行。

9.4 工程师的工程良心与责任意识培养

9.4.1 工程良心

　　工程活动过程中会遇到各种各样的工程风险,这些风险经常会影响到工程活动的顺利开展和如期完成,甚至导致人员伤亡和经济损失,造成严重的社会影响。为了规避这些工程风险,公正健全的理性制度显然必不可少,与此同时,责任意识与工程良心也不可或缺。责任意识与工程良心是在规避工程风险过程中的主体性保障与最后底线,在工程活动过程中,再好的技术与管理都离不开人的责任意识和工程良心。

　　责任意识是指公民应根据自己所处的地位、角色而积极主动地承担相应义务,尽自己应尽之职责,其含义带有明显的主观性。如果将责任至义务的发展看成个体意识客观化的过程,那么义务至道德的转化就可以看成社会个体意识主观化的过程。相对于义务而言,责任更加能够凸显出个体主观性,当我们享受便利的时候,也要树立起责任意识。

　　责任意识的培养最终体现为工程良心,工程良心在某种意义上是上述工程责任(风险责任、伦理责任、社会责任)的履行在工程师以及工程共同体责任主体上的综合体现和反映,是这一本质的另外一种朴实表达。工程良心本身包含着对工程师在工程上的道德、伦理、技术等多维度期待与要求的总体表述和体现。

　　工程良心是责任意识的内化与升华,严格说来,工程良心这一概念包括所有与工程相关者的责任心与良心,如:政府的工程良心、企业的工程良心与工程师(从业者)的工程良心等。工程师的工程良心对工程师起到监督、约束作用,应该成为每一个工程人所必需的品格。工程师培养工程责任意识或者说工程师具有工程良心,有助于工程师在日后的工程决策中发挥主观能动性,主动将工程责任意识与自身的工程专业知识相结合,做出基于伦理道德的判断。

9.4.2 责任意识的培养

工程师责任意识的培养有助于工程师作为人的一面的全面发展,工程师不仅要具有扎实的专业技能,更要具有高尚的伦理道德情操,避免在工程实施过程中"片面化"看待问题。工程师责任意识的培养还有助于工程伦理领域的完善和卓越工程师的培养,使更多的工程师能从各个维度分析和解决工程实施过程中遇到的复杂伦理问题,最终培养出一批优秀的工程师人才。

责任意识的养成需要个体的主观努力和外在的客观条件共同作用,而非环境决定论或唯意志论,"好的人"与"好的制度"是可以共同存在、相伴相生的。外在客观条件可称为外因,如法律制度和公共道德要求等,起到保障作用;个体主观努力称为内因,个人积极主动地进行工程责任意识的培养,结合外在的保障制度,就会起到好的作用。

培养责任意识的外在客观条件需要法律和道德的双向支撑,从法律层面上规定执业活动中各自的职业责任,在道德层面上营造一个具有良好道德素养和责任意识的责任履行环境,也应当从工程师的角度为工程师提供社会关怀。

在个人的主观努力过程中,需要工程师积极主动地发挥自身主观能动性,既要不断学习新的专业知识,掌握工程活动中的专业技能,更要深入学习工程伦理概念,有意识地进行工程责任意识的培养,向社会期待的卓越工程师目标前进,在工程活动中做出符合社会期待的伦理决策。

责任意识的培养离不开法律制度的建设,虽然我国现有法律法规对于工程师责任履行范围做出了规定,但在一些方面仍然存在漏洞,个别方面还存在严重漏洞。随着现代工程体量越来越大,工程活动过程中各方主体之间复杂的关系以及利益的博弈,相当于一项复杂的系统工程,其中还有许多需要进一步完善的细节,因此,想要更好地培养工程师的责任意识,还需要完善和健全工程活动过程中的法律制度要求。

道德的基础是人类精神的自律,在工程师的道德形成过程中,不仅仅需要他律,更需要自律。在法制等他律的基础上,社会中工程师的道德素养的养成还需要自律来实现。人类社会的进步需要道德的普遍指导,工程师的责任意识同样需要工程师的道德来规范,工程师在工程活动中还需要牢记自己的工程师身份,时刻谨记自身的职业责任,培养自己的工程师责任意识,塑造自我工程师品格,提高自己作为工程师的职业素养,努力成为卓越的工程师人才。

案例分析

江西丰城发电厂事故谁之过

2016年11月24日,江西丰城发电厂三期扩建工程发生冷却塔施工平台坍塌特别重大事故,造成73人死亡、2人受伤,直接经济损失10197.2万元。

事故发生的7号冷却塔为丰城发电厂三期扩建工程D标段,筒壁工程采用悬挂式脚手架翻模工艺,以三层模架(模板和悬挂式脚手架)为一个循环单元循环向上翻转施工。事故发生时,已浇筑完成第52节筒壁混凝土,高度为76.7米。经检测,施工单位在7号冷却塔第50

节筒壁混凝土强度不足的情况下,违规拆除第50节模板,致使第50节筒壁混凝土失去模板支护,不足以承受上部荷载,冷却塔从底部最薄弱处开始坍塌,造成第50节及以上筒壁混凝土和模架体系连续倾塌坠落。坠落物冲击与筒壁内侧连接的平桥附着拉索,导致平桥也整体倒塌。

事故发生后,司法机关审理查明,对28名被告人判刑。其中,追责最严厉的当属江西省投资集团公司党委委员、工会主席、丰电三期扩建工程项目工程建设总指挥邓勇超,他构成重大责任事故罪、贪污罪、受贿罪和滥用职权罪,予以数罪并罚,被判处有期徒刑18年,并处罚金人民币220万元。

思考:工程师在这起事故中没有承担哪些责任?原因可能有哪些?

参考文献

[1] 杜澄,李伯聪.工程研究:跨学科视野的工程(第2卷)[M].北京:北京理工大学出版社,2006.

[2] 杨盛标,许康.工程范畴演变考略[J].自然辩证法研究,2002(1):38-40.

[3] 杨海滨.企业"双师型"人才培养的难点与对策[J].武汉冶金管理干部学院学报,2013,23(3):32-33.

[4] 蒋华林.工程师伦理培养:工程教育不能承受之重[J].高等工程教育研究,2009(6):37-40.

[5] 李伯聪.关于工程师的几个问题——"工程共同体"研究之二[J].自然辩证法通讯,2006(2):45-51+111.

[6] 陈晓凡.家庭结构变迁背景下的婆媳关系对比研究[D].武汉:华中科技大学,2010.

[7] 贾淑品.农民市民化过程中的角色失范与角色转移障碍探析[J].淮南师范学院学报,2006(6):73-75.

[8] 刘云,李树,刘吕吉.中国青年工程师群体对中国及世界的影响[J].中国青年研究,2013(7):7-11+6.

[9] 李伯聪.工程创新是创新的主战场[J].中国科技论坛,2006(2):33-37.

[10] 严鸣,邹金涛,王海波.认同视角下新员工组织社会化的结构及其作用机制[J].管理评论,2018,30(6):149-162.

[11] 张文显.法理学[M].北京:高等教育出版社,北京大学出版社,1999.

[12] [德]康德.道德形而上学原理[M].苗力田,译.上海:上海人民出版社,1986.

[13] 李国庆.教育责任的协同分担[D].长春:东北师范大学,2017.

[14] 黄正荣.论工程师的责任意识及实践转向——以广州地铁质量验收事件为例[J].自然辩证法研究,2011,27(7):38-42.

[15] 兰克.什么是责任[J].西安交通大学学报:社会科学版,2011(3):1-4+50.
[16] [美] 查尔斯 E.哈里斯,[美] 迈克尔 S.普里查德,[美] 迈克尔 J.雷宾斯.工程伦理概念和案例[M].3版.丛杭青,沈琪,译.北京:北京理工大学,2006.
[17] [美] 菲利普·塞尔兹尼克.社群主义的说服力[M].马洪,李清伟,译.上海:上海人民出版社,2009.
[18] 李昊.工程师承担伦理责任的困境及对策研究[D].西安:陕西科技大学,2015.
[19] 何菁.西方工程职业伦理章程建立的逻辑理路分析[J].昆明理工大学学报:社会科学版,2015,15(2):8-12.
[20] 李伯聪.微观、中观和宏观工程伦理问题[J].伦理学研究,2010(7):25-28.
[21] 林远则.责任伦理学的责任问题:科技时代的应用伦理学基础研究[J].台湾哲学研究,2005(5):297-343.
[22] Jonas H. The imperative responsibility:In search of an ethics for the technological age[M]. Chicago:University of Chicago Press,1984.
[23] 朱葆伟.科学技术伦理:公正和责任[J].哲学动态,2000(10):9-11.
[24] 罗亚玲.阿佩尔的对话伦理学初探[J].哲学动态,2005(6):31-37.
[25] 朱葆伟.工程活动的伦理责任[J].伦理学研究,2006(6):36-41.
[26] 董雪林,姜小慧.工程实践中的伦理困境及其解决途径[J].沈阳工程学院学报:社会科学版,2018,14(4):461-467+480.
[27] Martin M W,Schinzinger R. Ethics in engineering [M]. New York:McGraw-Hill,2005.
[28] 张松.工程伦理的又一向度[D].日照:曲阜师范大学,2006.
[29] 吕甫亮.高校学院书记的角色冲突研究[D].武汉:华中师范大学,2017.
[30] 佐斌.西方管理心理学的人性观[J].高师函授学刊,1994(5):16-19.
[31] 熊琴琴,雒燕.工程治理系统研究:基于工程问责视角[J].项目管理技术,2016,14(5):27-31.
[32] 于建星.现代性视域中的公民及其公民意识[J].河北工程大学学报:社会科学版,2009,26(4):39-43.
[33] 于建星.现代性视域中的工程风险及其规避研究[M].南京:东南大学出版社,2017.
[34] 马克思,恩格斯.马克思恩格斯全集第一卷[M].北京:人民出版社,1956.

第10章 工程可持续发展

> **学习目标**
>
> 通过本章学习,掌握可持续建设的意义、建筑工人产业化存在的问题和提升的途径、工程组织可持续发展的责任与路径;理解建筑工人产业化的意义、可持续发展政策和可持续激励的内容;了解建筑业可持续发展的影响因素、工程可持续评估的作用。

10.1 可持续建设发展战略的意义与关键因素

10.1.1 可持续建设发展实施的意义

1. 把握建筑业的运行现状

通过对可持续发展的评估,一方面可以了解建筑行业可持续发展体系的现状,分析行业运营中哪些因素正在阻碍或限制其健康运营。另一方面评估建筑业的可持续发展现状,可以为政府、行业部门、公司和公众了解建筑业的可持续发展提供科学依据。

2. 监测建筑业可持续发展的变化趋势

利用建筑行业可持续发展的持续和长期评估数据,可以科学地预测该行业体系的未来发展趋势,并全面揭示其变化规律。这涉及分析建筑业可持续发展中各个子系统的所占比例和操作结构的稳定性。准确评估每个子系统对整个建筑业系统发展的正面(贡献)与负面影响,并识别关键影响因素,是至关重要的。有效的系统监控可以及时发现子系统变化的原因,识别并纠正可能妨碍行业可持续发展的因素,确保行业能够回归到可持续发展的轨道上。

3. 提供预警

在建筑业的可持续发展系统中,如果某个子系统的运行超出正常合理范围,整个系统就可能崩溃,因此有必要制定基于每个子系统的预警系统。预警系统的建立应以可持续发展理论为基础,以严格的检查和实践为基础,分析影响可持续发展的具体机制和因素,运用收集到的数据和合理的方法进行监测。快速、全面地评估可持续发展的当前状态,以保证每个子系统都在安全区域内运行。

4. 提供决策依据

评估的最终目的是为决策提供科学依据。对建筑业可持续发展的评估旨在寻找定量和可操作的方法,以分析建筑业可持续发展战略实施的进展和效果,为实现这一目标提供合理的建议。建筑业的可持续发展目标是引导实践,达到行业可持续发展的目的。可持续性评估是国家、各级地方政府、行业组织和公司促进建筑业可持续发展的必不可少的政策工具,也是评估可持续发展的重要信息来源,还是促进公众参与可持续发展的有效途径。

总而言之,对建筑业可持续发展的评价为实施建筑业可持续发展战略提供理论依据,并确保建筑业朝着可持续发展的方向前进,它反映了行业随时间的发展速度和趋势,整个行业在空间上的设计和结构、数量上的规模以及行业水平,具有描述、评估、预警和决策功能。功能评价的目的决定了建筑业可持续发展评价的基本方向、内容和标准的选择,具有重要的现实意义。

10.1.2 影响建筑业可持续发展的关键因素

为了使一件事情更好地发展,有必要找出促进和限制其发展的因素,以便有针对性地找到解决方案。在此基础上,寻找影响建筑业可持续发展的因素,是我们促进建筑业可持续发展并提出有效的改善措施的基本环节,值得我们关注。综上所述,影响建筑业可持续发展的因素主要有以下几类:

1. 社会与经济

可持续发展战略是在人类社会达到一定生产水平之后出现的,并且是在一定物质基础上产生的。只有在社会和经济发展到一定程度时,人们才能认识到可持续发展的重要性,才能在全社会达成共识,并将其理论付诸实践。因此,建筑业的可持续发展概念是可持续发展问题与特定产业的有机结合,也是社会经济发展的必然产物。

建筑业作为国民经济的重要组成部分,担负着促进社会经济发展的重要任务,必须走可持续发展之路。一方面,由于资源枯竭和环境破坏会制约社会经济发展,建筑业必须改变现有的集约利用能源和污染物的生产方式;另一方面,还要重视建筑业与经济发展之间的互动关系,确保两者相辅相成,加快我国经济的发展进程。

2. 科学技术

科学技术是第一生产力,是经济发展的有力保证,也是实现可持续发展的根本途径。随着社会的进步和科学技术的发展,建筑业承担建设项目所需的技术条件越来越严苛。今天,中国的建筑业普遍存在诸如机械化程度低、机械设备老化等问题,新技术、新工艺和新设备的应用进展缓慢,现有技术设备难以适应现代建筑的要求,远远不能满足建筑业的生产发展需要,大多数公司无法应对激烈的竞争。在建筑市场,企业只能走低价低利润的道路,这给整个行业带来了困难,因此提高整体生产水平是实现整个建筑业的可持续发展的必要条件。

另外,由于科学技术力量缺乏和机械化程度低,大多数建筑生产项目都是人工完成的,质量难以保证,频繁的工程事故已造成大量资源浪费和个人财产损失。这在一定程度上也影响了建筑业的可持续发展。

技术水平还决定了建筑材料的研发水平。没有先进技术的支持,就不会有新的、高质量的建筑材料。建筑行业需要依靠科学技术的不断进步来改变对不可再生资源的依赖,因此,只有大力发展科学技术,创造高效合理的工艺流程,开发可再生节能的建筑材料,才能为建筑业的可持续发展提供充分的物质基础。

3. 资源

由于其工业特性,建筑业在走可持续发展道路时必须考虑资源因素。一个国家或地区资源是否丰富,在很大程度上决定了其产业结构和经济优势,因此,作为国民经济发展基础的资源受到了高度重视。我国科技发展水平不高,经济发展主要依靠资源密集型产业和劳动密集型产业,这种情况下资源状况对经济的影响较大。合理利用资源问题已经成为 21 世纪中国可持续发展中要解决的主要问题。

建筑业的发展应采取不消耗能源、尽量利用可再生资源的形式,以各种方式节约资源,同时,还要实施建设项目环境影响评价制度,促进行业生产过程中环境污染的控制和资源的保护。

值得一提的是,资源因素可以对建筑业的发展方向产生一定的影响,例如,人口膨胀导致日益严重的住房问题,并且在土地资源有限的情况下创造更多的居住空间已成为建筑业的挑战。为了提高对地球资源的利用率,建筑业必须朝着高层和超高层建筑的方向发展,这需要先进生产技术的支持,并要求企业根据时代的不同要求不断完善,最终实现整个行业的发展。

4. 政府宏观调控

政府宏观调控是解决建筑业可持续发展的有效手段之一,也就是通过行政干预、政策支持和管理来控制建筑业发展。建筑业只能在总供求基本平衡的市场环境中实现可持续发展,要求政府在职能转变的基础上充分发挥其监管作用。建筑公司可以适应市场需求并避免使用建筑设备盲目发展。此外,调整建筑业的产业结构也是可持续发展的关键,通过改变传统的投入产出关系,减少对不可再生资源的依赖,减轻对行业发展的环境约束,可以为建筑行业可持续发展创造更多的活动空间。通过制定一系列政策措施和财政支持措施,政府可以促进建筑业朝着可持续发展的方向发展。

5. 环境保护

在当今经济飞速发展的同时,生产过程造成的环境污染和生态破坏严重危害了人类的生存和发展。建筑业与环境污染及环境保护之间存在特殊的关系,这决定了环境保护对建筑业可持续发展的重要性。

首先,建筑活动造成了严重的环境污染。建筑业的活动改变了自然环境,占用了大量土地,并将地形、水文和原始生态系统变成了无法恢复的退化系统。建筑业的活动还破坏了大气环境,造成了水污染和噪声污染,产生了大量的建筑垃圾。完工的建筑物将造成光污染和光化学污染。

其次,环境保护与建筑业的生产活动密不可分。一方面,建筑业本身的生产活动的主要目标是为人类创造良好的人工环境;另一方面,诸如废水处理系统和城市卫生垃圾填埋场之类的环保设施的建设也要通过建筑业的生产活动来完成。各地开展的一系列环保工程项目,间接为建筑业的发展带来了新的机遇。

可以看出,建筑业的可持续发展与环境保护是密不可分的。它们之间存在相互制约的关系。只有建立全面的长期发展战略体系,合理利用自然资源,保护和改善生态环境,建筑业才能实现长期、稳定和全面的发展。

6. 建筑人员素质

人是生产要素中最活跃的因素,建立高素质的项目管理团队和员工队伍是制造业可持续发展的根本保证。与建筑工程相关的法律法规在我国已实施超过 20 年,项目管理水平不断提高,项目经理的素质也大大提高,施工队伍的素质却没有得到相应的提高。当前建筑行业的劳动市场主要由在城市工作的农民工组成,他们绝大多数人在进入建筑行业之前没有相应专业知识,缺乏系统的培训和严格的工作评估,因此项目的质量得不到保证,安全事故频繁出现,极大地影响了建筑业的发展。如果建筑业要健康持续发展,就必须全面提高建筑人员的素质。

7. 规划设计

规划和设计在建筑活动中通常被忽略,全面合理的规划设计可以更好地协调经济发展和环境保护之间的关系,以寻求最大的社会利益、经济利益以及环境利益。在城市建设规划过程中,去年建造今年拆除的建筑物并不少见,关键问题在于缺乏对"可持续发展"的认识。由此可以看出,将可持续发展的思想纳入规划设计是极其必要的,这可以促进建筑业向良性发展。

以上七个因素对建筑业的可持续发展都有一定的影响,但影响的性质和程度不同。社会与经济发展是建筑业可持续发展的目的,是影响建筑业可持续发展的内在因素。科学技术、政府宏观调控、建筑人员素质、规划设计从不同的角度影响可持续发展,从减少资源利用和保护环境的角度,推动建筑业走可持续发展之路。

10.2 建筑工人的竞争力和产业化

10.2.1 建筑工人产业化的意义

我国的建筑工业化建设始于 20 世纪 50 年代,但那时还没有形成规模。近年来,在各级行政部门的支持下,许多城市和企业开始探索建筑工业化的发展道路。为了对促进可持续发展起到积极作用,必须对劳动工人实施建筑产业化发展,因为劳动工人是建筑业的微观主体,也是最直接的参与者,没有劳动者,建筑产业化战略就无法顺利实施。随着我国经济建设的稳步发展,高科技建筑在建筑市场上出现得越来越频繁,这对建筑工人的专业素养提出了更高的要求,因此,工人的产业化是建筑业可持续发展的必然要求。同时,建筑公司也迫切需要实现工人的产业化。在经济下行压力下,企业的竞争压力不断增加。实现劳动者产业化将有助于企业承受市场竞争的压力。劳动者的共同愿望是,实现建筑劳动服务业的产业化,这有助于提高劳动者的归属感,提高劳动者的社会地位和技术水平,保障劳动者的权益。建筑工人的产业化对提高企业竞争力的意义如下:

1. 帮助加快我国建筑业的工业化

随着中国建筑市场从劳动密集型产业向技术密集型产业的逐步转变,建筑业的产业化已成为时代发展的必然趋势。对建筑业而言,人力资源是第一要素,直接决定建筑业的发展水平。建筑工人的产业化是建筑业产业化的关键环节,对促进建筑业的产业化具有重要的价值。

2. 保障建筑工人的合法权益

建筑工人的产业化可以保护工人的基本权益,对提高工人的生活水平、提高工人的专业技能、提高工人的社会地位具有积极的作用。

3. 增强建筑劳务企业的竞争优势

基于劳动者产业化的建筑劳务公司竞争力研究对企业的经营管理具有重要意义。重要的是了解提高建筑劳务公司竞争力的关键能力,发现发展过程中的缺陷,着力建设企业优势,加速企业成熟和发展。冷静对待日益激烈的竞争趋势,建立企业的竞争优势,保持健康发展,为未来的发展开拓广阔的世界。劳动者的产业化是建筑业发展的必然趋势,是影响企业未来发展的战略问题。

10.2.2 建筑工人产业化存在的问题

1. 建筑劳务队伍流动性偏高

在建筑业制度改革之后,劳务公司和劳动工人开始相互选择。劳务分包公司正在选择具有一定操作技能的劳动人员。同时,劳动人员也开始选择劳动公司,以及工程建设项目和工作地点。此外,近年来,中国劳动力的自然增长和盲目无序进一步加剧了劳动力的高度流动性。受建筑工人流动性的限制,劳务公司与劳动者之间的劳务合同以及养老金、失业、医疗和工伤保险等保险服务难以实施;公司不能对劳工进行系统的劳工培训;发生劳资纠纷时,没有劳动合同的劳动者很难保护自己的权利。这些都阻碍了社会的和谐发展,给新时期建设高素质、高标准、高需求的产业团队制造了很大的困难。建筑业的工业化团队需要一定的稳定性,就要减少劳动力的流动性。规范建筑分包企业的劳动管理,改善建筑工人的工作生活环境和劳动强度,有利于减轻建筑工人流动的主观意愿。同时,建立和完善用人制度,从根本上消除零星的劳务和"承包商"式的用工方式,加强对建筑工人的统一管理,增加文明施工的投入成本,采用建筑劳务模型,进而从客观方面减少劳动力的高度流动性。

2. 劳动工人产业化意识薄弱

为了在建筑业中建立一支产业工人队伍,必须对建筑工人进行培训,支付社会保险,并建立健全的劳动合同制度。这些任务的顺利实施离不开劳动者的密切合作。目前,建筑工人的社会保障体系薄弱,对缴纳社会保险的积极作用认识不足,对缴纳社会保险缺乏积极合作甚至抵制。尽管对工人的培训有助于提高工人的文化素质和专业技能,但劳动工人不愿意牺牲自己的金钱或休息时间参加培训。即使培训工作是完全免费的,劳工的参与积极性也不高。劳动者的产业化离不开劳动者的合作,必须增强劳动者的培训力度,提高劳动者社会保险等方面的意识。

3. 产业工人队伍社会地位偏低

随着中国城市化进程的加快,越来越多的农村剩余劳动力转向城市,一些建筑工人的社会角色逐渐从农民变成了工人,劳动的性质已经从体力劳动变成了混合劳动。一部分劳动工人已经成为企业的技术骨干,甚至一些劳动者也逐渐转移到领导岗位。但是,社会角色的转变并没有带来社会身份的转变。建筑工人留下的"凌乱和贫穷"的形象没有改变,社会地位仍然不高,城市对建筑工人的社会认可度低,导致建筑工人的社会主人翁意识较弱,有严重的抵制城市心理,并给社会的和谐发展带来不和谐的因素。全面提高建筑业劳动者的社会地位,是实现经济快速稳定增长的必要保证,是可以从根本上解决城乡长期隔离、对抗不公平局面的有效手段。

10.2.3 基于建筑工人产业化的企业竞争力提升

1. 开展建筑劳务企业的人力资源建设

人力资源是建筑劳务企业生产力的第一要素,是企业实现可持续发展的动力之源。建立多元化的劳动服务体系,可以减少劳动力的流动性,提高企业的组织管理能力;建立三维的建筑工人培训体系可以提高工人的多方面多层次的技能,以满足建筑业的快速发展。

2. 建筑劳务企业的人文建设

人文建设是企业可持续发展的基石,对于提高企业的凝聚力具有重要意义。加快解决留守家庭的问题,改善劳动者的生活和工作环境,实施社会保障制度,可以增强劳动者的归属感,增强劳动者的凝聚力和竞争力。

3. 完善建筑业政策体系建设

建筑劳务公司竞争力的全面提高离不开政府部门的宏观调控。户籍制度一直是劳工无法融入城市经济结构的行政障碍。积分结算系统已经实施,在某种程度上,建立针对建筑工人的积分优惠制度可以提高农民工的归属感;加强培训、考核、监督制度的建设,加强施工法规建设和健全施工市场诚信体系建设,可以规范施工市场行为,净化施工市场环境,发挥政府强制性作用,促使中国建筑行业的长期健康发展。

10.3 工程组织的可持续

10.3.1 组织的社会责任

道德责任是指必须遵守并保持法律和经济责任的工程组织的社会道德、行业道德和社会正义。法律并未规定企业的所有活动。在法律规范之外,公司行为只能以道德为参照和限制。道德责任与组织的经济活动密切相关,是组织在经济活动中应承担的责任。结合建筑行业的特点,工程组织应遵守的道德责任主要包括以下几个方面:

1. 诚信经营,承担维护建筑市场健康发展的责任

一是遵守法律,依法纳税,为社会创造财富,同时为股东创造利润,虚假账目、逃税和漏税将最终损害公司及自身利益。二是抵制建筑市场中的违法行为,注重诚信,签订合同,依法纳税,在建筑市场良性循环中发挥独特作用。三是满足客户和所有者的需求,开展业务,同时有效地保护他们的权益。

2. 认真履行安全施工的责任

建筑工程质量的优劣,不仅关系到工程的适用性,还关系到人民生命财产的安全,所以在工程建设过程中加强项目施工质量管理,确保建设工程的质量和人民生命财产的安全,是建筑企业的头等大事。建筑企业安全施工的管理水平,不仅是企业管理水平高低的问题,而且是一个企业是不是真正对公众负责、对社会负责、对生命负责的大事。建筑行业是安全事故高发行业之一,人们已逐渐认识到安全施工的必要性。建筑企业首先要加强内部安全施工教育培训;其一,组织员工认真学习施工过程中需要遵守的国家、行业和地方的有关法律法规,加强安全施工的投入,为安全施工创造一切必要的物质条件;其二,要指导、监督各分包单位及其职工的安全施工,提高分包单位职工的安全意识,增强他们的自我保护意识,把安全事故频率降到最低;其三,要积极做好安全防护工作,有效防止高空坠物等威胁公众安全的情况发生,维护施工场地周边居民和行人的安全。

10.3.2 工程组织面向可持续

1. 依靠互联网打破"信息孤岛",实现产业结构转型

在省内,建筑企业要大力发展重大基础设施和重大公共服务项目的建设市场,加快进入各种工业园区建设领域,扩大省级高端市场份额。在省外,建筑企业应根据地区经济政策,特别是与民生有关的政策,积极参与建设项目。西藏、新疆的发展晚于中部和东部地区,市场潜力巨大。

2. 调整产品结构,实现"传统施工领域"向"现代施工领域"的转化

建筑公司必须时刻关注行业动态,准确把握行业结构变化趋势,根据市场发展要求调整管理决策。除本身优势业务之外,建筑企业还要积极参与道路交通、垃圾处理、港口、机场和水利等建筑领域,进一步扩展业务范围,增强公司的综合实力。

3. 打造核心竞争力,实现"劳动密集型"向"技术密集型"的转化

近年来,中国一直坚持在绿色建筑、节能建筑、建筑环境保护、智能安全系统和旧城改造等新建筑领域加大投资。大型困难项目不断增加,施工管理标准正面临严峻考验。建筑公司应及时把握这一行业趋势,并努力根据技术研发创造新的专业优势。企业还可以与相关院校建立更多的合作关系,例如建立博士后工作站等,利用科研机构和大学的教育资源为公司的技术研发工作提供强大的技术支持。

4. 提高管理质量,实现"延伸型"向"内涵型"的转化

转型升级已成为一种普遍趋势,建筑集团也正面临这一挑战。在这个过程中,无论是大型企业还是小型企业,都必须适应这一趋势,否则就会面临被淘汰的风险。因此,建筑集团不论是主动选择还是被迫适应,都必须走上转型升级的道路。为了实现有意义的转变,集团应当采取"硬性和软性相结合"的策略。软性措施包括改革企业内部管理、创新管理模式、激发新

的发展动力；硬性措施则涉及扩大企业规模、跨越行业边界、通过规模扩张或跨界合作来开拓新的发展空间。

可持续认证和激励政策

10.4.1 可持续认证

随着可持续发展思想和理论的逐步推广，许多学者开始在可持续发展理论的基础上进行定量研究，提出了一系列可持续发展模型，并在不同的研究领域得到了应用和检验。在可持续发展模型中，可持续发展程度（DSD）是使用广泛的可持续发展模型之一。该模型由牛文元提出，旨在建立一个基于经济、社会和环境三个层面的指标体系，然后对发展中国家的一个产业或地区的可持续发展程度进行定量评估。在现阶段，可持续发展模型已经在国内外的实证研究中得到验证，具有较高的应用价值。此外，生态足迹模型也是一种广泛使用的可持续发展模型，也已被用于可持续发展水平的动态研究领域。

从文献分析中可以看出，学者在结合可持续发展模型进行相应研究时，大多以评价指标体系的构建为切入点，即通过选择合适的评价指标，构建可持续评价指标体系。因此，在基于上述可持续发展模型进行相关研究时，首先应根据研究对象的特点选择合适的评价指标。

10.4.2 可持续政策和激励

1. 可持续政策

我国的建筑节能工作主要是通过政府强制手段来推动的。随着我国经济体制向市场的逐步过渡，我国现有的基于行政控制的节能体系逐渐暴露出与市场经济体制的不兼容。自我国建筑节能工作开展以来，政府颁布了《民用建筑节能管理规定》等法律法规。此外，各部委还制定了一系列规范性文件和国家标准，包括《关于加强国家机关办公建筑和大型公共建筑节能管理工作的实施意见》和《国家机关办公建筑和大型公共建筑节能专项资金管理暂行办法》。目前，公共建筑的能效设计有两个强制性标准：《建筑照明设计标准》和《公共建筑节能设计标准》。它们可以在一定程度上保证公共建筑整个生命周期的节能管理。公共建筑的节能工作主要依靠开发商和用户的自愿节能和强制性标准。尽管中国目前正在实施某些激励政策，但整个激励政策体系主要集中在节能设备上。在技术领域，大多数政策是政府的财政补贴，总体上缺乏用于建筑节能的激励政策。

2. 可持续激励

（1）公共选择理论。

公共选择理论起源于20世纪末，公共选择是一种使用非市场决策方法分配资源的机制。该理论假设社会由两个市场组成，即经济市场和政治市场，同一个人在两个市场中都活跃，并且同一个人不能基于两个不同市场中两个完全不同的动机来进行活动。由于其局限性，市场机制可能遇到市场失灵，这时，必须引入政府干预。但是，政府不是万能的，它也可能无法干预市场。

公共选择理论为建筑节能领域的激励政策制定提供了一定的基础和参考。在最大限度地利用市场节能主体的利益进行干预的同时,政府必须实现国家和社会的总体节能目标。这就要求政府建立一种有效的机制来约束和监督市场上的节能实体,否则必然会有更多的"免费乘车者"免费享受公共产品的效用,最终偏离公共利益的轨道。政府活动不像理论分析那样有效,单靠政府无法迅速有效地促进我国的建筑节能工作。政府法规和市场机制相结合是有效解决市场失灵和优化资源的途径之一。

(2) 博弈论。

博弈论用于研究个人和团队在特定条件下观察和使用彼此策略的问题。博弈论的最大特点是,个人决策不仅取决于自己的选择,还要考虑另一方的行为。博弈论强调在给定约束下追求最大利益和个人理性。当经济学家研究单个决策时,他们会发现做出决策必须在理解别人的决定之前或之后。决策时机受他人决策的影响,进而影响他人的决策。行为的时机在经济学中变得非常重要,因此,博弈论逐渐演变为经济学的一部分。通过博弈分析,可以对我国现行建筑节能转化的激励机制进行相关研究。

(3) 激励相容理论。

根据激励相容机制的设计,在市场经济中,每个经济人都有自己的利益。如果有一个系统允许参与者在追求个人利益的同时最大化他们的集体利益,这就是激励相容性。激励相容原则设置了一定的激励机制,可以有效解决个人与集体之间的利益冲突,从而达到最大化集体利益的目的。在建筑节能改造过程中,激励主体与激励对象之间往往存在不对称关系。激励相容性的目的是在激励机制中引入更多的市场机制,并通过激励政策解决各利益相关者之间的矛盾。

10.4.3 工程可持续评估

工程项目应有利于改善人们的生活质量,并需要强有力的制度保障。可持续发展项目的建设必须从技术、经济、社会和环境等方面进行综合评价。过去政府对工程项目的规划和管理着重于技术评估和经济评估。为了使未来的项目服务于可持续发展,尤其是服务于中国的发展,实现从"经济增长"到"以人为本"的升级,有必要加强工程项目的环境评估和社会评估。

(1) 加强工程项目的环境评估是为了防止和减少工程项目对资源环境问题的负面影响。以水电工程为例,加强工程环境评估,可以最大限度地减少水电站建设期间和施工后对环境的不利影响,有利于环境保护,重塑美景。

(2) 加强工程项目的社会评估是为了防止和减少工程项目对社会发展问题的负面影响。以水电工程为例,加强工程社会评估,可以妥善处理水电建设区的居民安置问题,使水电工程建设有利于改善居民生活,促进当地社会经济发展。由于我国在20世纪80年代之前建造的水库项目没有经过社会评估,因此产生了大量移民问题,这是一个历史教训。在中国,水电项目的社会评估还可以促进区域之间的协调发展,例如,中国西部的经济相对落后,但其水力资源丰富,加快西部水电开发,实施"西电东送工程",可以充分发挥西部的资源优势和东部的市场优势,带动中国区域协调发展。

案例分析

武汉市民之家的可持续建设

武汉市民之家是武汉市重要标志性景观建筑,是一个集市民办事、规划展示、市民教育、培训讲座、商务洽谈、文化休闲于一体的多功能服务平台,是政府和市民联系沟通的平台桥梁。市民之家总用地面积为9.92万 m^2,总建筑面积为12.34万 m^2,主要分为行政办公区域和城市规划展示区域。

市民之家内建有一生态中庭,中庭内50%以上的室外地面为透水地面,铺设镂空大于等于40%植草砖,用以减少热岛效应;屋顶设置有总计4580 m^2 面积的绿化,包括屋顶花园和佛甲草绿化,选用适宜当地气候和土壤条件的乡土植物,采用乔灌草相结合的复层绿化。此外,建筑采用复合外墙外保温系统、中空Low-E玻璃、外遮阳卷帘、屋顶综合被动式自然通风等措施;中庭5800 m^2 的空调负荷采用地源热泵系统设计;10%以上热水量采用太阳能热水系统供给,集热面积至少170 m^2;屋面铺设5000 m^2 光伏板,提供28 kW负载的地下室照明,充分利用天然采光,照明设计结合室内采光照度分布,根据实际使用状况,采用节能灯具,并设置智能控制系统;通过节水景观、雨水收集与中水处理在用水上实现环保效益;同时选择具有可持续性的建筑产品、材料,减少运输过程中的气体排放,控制经济费用,减少建筑废弃物的产生。通过能耗模拟计算,建筑节能率达到60%以上。

思考:武汉市民之家工程体现了哪些可持续建设因素?从工程社会维度看还有哪些方面可以做得更好?

参考文献

[1] 常璐平.基于建筑劳务工人产业化的企业竞争力提升途径研究[D].天津:河北工业大学,2015.
[2] 赵晓婧.建筑企业社会责任指标体系及管理模型研究[D].北京:华北电力大学,2012.
[3] 朱昀嘉.我国公共建筑节能激励政策研究[D].南京:南京工业大学,2014.

Chapter 11

第 11 章 工程社会研究范式与工程社会意识培养

> **学习目标**
>
> 通过本章的学习,了解工程建造行业转型升级背景下工程社会研究的范式转移;理解工程社会意识的内涵、工程社会意识培养的必要性及路径;掌握新工科背景下工程伦理意识的培养方法,建立正确的工程价值观。

11.1 工程社会研究范式

11.1.1 研究范式的转移

工程成为当前社会经济的发动机,人类经济社会生活越来越多地以工程建设的形式展开。随着我国社会发展,大量工程活动兴起,并凸显出工程的社会维度。关注工程的社会维度及社会问题,已成为当前工程管理理论与实践工作者义不容辞的责任和义务。这就要求工程管理的知识领域向社会维度拓展。工程活动是社会主体围绕新生社会事物的生成而进行的综合性建构性社会实践活动,是技术要素、经济要素、管理要素、社会要素等多要素集成、选择和优化的结果。近年来,学界对工程与社会的综合性研究逐渐兴起,研究范式也正经历由强调工程技术和工程经济,向同时注重工程的环境影响与可持续建设转变。关注工程的社会维度促进了对工程活动研究范式的转移。

李伯聪教授在 2002 年提出了科学、技术、工程三元论。作为专门探讨科学技术的社会性质及科学技术与社会相互关系的学科,科学社会学和技术社会学得到了广泛研究。近年来,工程与社会的综合性研究在国内开始兴起。2004 年,杜澄、李伯聪主编的《工程研究——跨学科视野中的工程(第 1 卷)》出版,这是学术界第一本专门对工程进行跨学科和多学科研究的论文集。2004 年 12 月,中国工程院举办了以"工程与社会"为主题的论坛。从工程哲学角度,2003 年中国自然辩证法研究会在西安交通大学召开了以工程哲学为主题的全国性学术会议,次年正式成立了中国自然辩证法研究会工程哲学专业委员会,殷瑞钰教授等在2007年出版了《工程哲学》。这些表明我国出现了对"工程与社会"进行综合性研究的可喜势头。

11.1.2 工程社会维度的研究思路

工程社会维度研究的议题十分广阔,并不限于本书所提出的范围,还有很多问题值得研究,例如"工程社会教育与公众理解"等重要内容。当前,我国正在进行大规模的工程建设,为工程社会维度研究提供了广阔的舞台。我国的工程建设所处的社会环境大不同于其他国家。工程的社会建构性告诉我们,我国学者在开展工程社会维度研究时,必须立足于中国国情。可围绕本书1.4节中所述议题,但不囿于这些议题,从宏观、中观、微观三个层面,结合实证研究,积极开展关于工程社会维度的多学科交叉研究。具体研究思路包括:

1. 宏观、中观和微观相结合的研究取向

从宏观层面,对工程社会结构、工程制度进行研究。当前我国社会变迁必然导致制度变迁,这一制度变迁必然会反映到工程建设的管理体制上,因此,可以从制度革新的角度进行思考。例如,将建设工程质量管理纳入我国社会变迁的大环境下思考,我国工程质量监督管理制度变迁的特点是以政府主导型为主的强制性制度变迁向诱导性变迁方式转变。

从微观层面进行工程社会维度研究。工程建设以人的全面发展为中心,工程社会维度研究需要充分突出人的主体地位,要注重研究工程社会中个体的角色地位、行为方式、个体间的互动等。

作为联系宏观与微观的研究,工程社会维度研究应该重视从中观层面对我国当前工程中的社会问题开展社会学研究。在某种程度上讲,工程社会维度研究应该向默顿提出的"中层理论"方向努力,构建出工程社会维度研究中介于抽象的综合性理论和具体的经验性命题两者之间的工程社会"中层理论"。

2. 注重实证研究

工程社会维度研究在国内还属于初创阶段。在这一阶段,要强调工程社会维度研究作为应用社会学的特性,重视运用社会学的理论、概念与方法对人类工程实践活动进行描述与分析,基于工程实际开展问卷调查,收集现场数据,进行实证性经验研究。这是工程社会维度研究发展的现实选择。特别是需要遵循社会学实证研究的传统,注重研究工程特有的社会事实,通过工程社会事实来理解工程社会。当前,在工程管理方面,大量的研究文献都属于引用性和思辨性的分析,这和实证分析存在本质区别,不利于研究水平的实质性提高,也不利于实际问题的有效解决。

当然,工程社会维度研究在注重经验研究的同时,也需要进行理论的构建,应注重与当前主流社会学研究进行融合,借鉴主流社会学的研究成果,形成自己特有的概念框架体系、分析方法、评价指标体系等,积极发展建设工程社会维度研究独有的概念和观点。工程社会维度研究应该在"经验研究"和"理论研究"的良性互动中不断前进和发展。

3. 基于系统科学思维的多学科合作研究

在现代社会,工程的规模越来越大,复杂程度越来越高,与社会、经济、产业、环境以及伦理价值观念的相互关系也越来越紧密,我们需要采取系统科学的思维和分析方法来看待工程。建设工程本身构成复杂的社会系统。工程社会系统作为一个子系统又嵌入到社会大系统之中，并与政治、经济、文化等子系统存在着交换与依赖关系。工程社会维度研究应从系统论视角研究各子系统的相互联系与作用。

工程是科学技术、经济社会、自然环境、管理等要素的综合集成。工程社会维度研究需要多学科的合作，需要工程学家、社会学家、经济学家、系统工程专家共同参与。同时，应该注意到，除了工程社会学外，还存在工程经济学、工程管理学、工程哲学等关于工程的学科。

11.2 工程社会意识内涵与培养现状

11.2.1 工程社会意识的集中体现

工程社会意识是新时代工程建造发展背景下的一个新概念。工程社会意识是工程人在工程造物活动中对工程社会属性的认识、理解、内在感悟，以及由此派生出的潜在行为倾向等的总和，是工程社会存在的总体反映。工程社会意识作为工程人对外在客观世界的反应，表现出他们对于价值的判断和认知。依据目前的工程实践现状和已有研究，工程社会意识集中体现在以下四个方面。

1. 综合多元化价值观理解

工程实践前应进行价值判断。现代社会出现了越来越多元化的价值观，这也意味着工程决策必然是一个多方博弈的过程，不同利益主体的社会评价角度也是多样化的。因此，工程决策需要考虑多方面的社会因素，应充分考虑工程的经济价值、生态价值、人文价值、伦理价值等。

2. 考虑工程的社会风险

工程作为推动社会的发动机，其风险也是内生的，在一定程度上工程具有风险的社会建构性。在风险的管控上，需要将对象从工程共同体拓展至更加广泛的利益相关者（特别是公众），考虑风险在不同群体中的可接受性，认识风险分配的社会机理，并注重风险分配中对弱势群体的保护。

3. 保护大众福祉

工程直接关系到大众的利益和社会的福祉，工程活动必须强调"公众参与"，要权衡各方利益，减少各方冲突，贯彻人道主义和社会公正；充分贯彻伦理教育，提高工程人员的道德水准和伦理素养，培养工程专业人员的社会责任感。

4. 促进社会可持续发展

当前，社会发展理念重点关注工程的可持续发展，新技术变革下的行业迎来了产品的转型，同时对社会和环境也将产生更加复杂的影响。保证社会可持续发展，要求充分考虑工程的生态价值，保证资源、环境的可持续发展，创造更加健康的产品。

11.2.2 工程社会意识的内涵

工程社会意识是现代工程人必备的基本素质,具体包括工程责任意识、工程伦理意识、工程环保意识、以人为本意识和可持续发展意识等。

1. 工程责任意识

现代工程作为一个复杂的系统,工程人在其中的角色具有多重性,因此,工程人需要肩负各种各样的责任:从完成工程建造活动以及避免指责的基本要求,发展到关注工程可能造成的社会影响、从伦理的角度承担起伦理责任,并基于自身的专业知识为工程的建设积极主动地提供建议,为公众谋福祉、为社会谋福利等。责任意识与工程良心是规避工程风险的主体性保障与最后底线,工程人应具备为人类和自己负责的责任意识。

2. 工程伦理意识

工程伦理涉及工程与伦理两个概念,是阐述、分析工程(包括活动和结果)与外界之间的关系的道理,引导工程人在适用工程行业行为的准则规范下,理性做出符合道德的行为。新时代要求工程人具备哲学思维和工程伦理意识,学会从哲学和伦理的角度去分析所从事的工程活动与出现的工程问题,能够用工程理性、工程知识以及工程伦理思想去解决工程中出现的各种伦理问题,对工程行为的正当性进行思考和价值判断,在价值冲突中做出正确的选择。

3. 工程环保意识

随着近代工程技术的迅速发展,大型工程不断出现,工程活动对自然环境产生的影响越来越凸显,人与自然和生态的关系问题已成为当代工程活动必须面临的问题,工程环境问题也由人与人、人与社会的关系扩展至人与自然、人与生态的关系。工程活动对环境的破坏等负面影响严重阻碍了工程的高质量发展。工程环保意识需要贯穿于工程建造全过程,工程人应积极协调经济发展与自然生态保护之间的关系。

4. 以人为本意识

工程活动归根结底是群体的共同行为,以人为本原则就是要协调工程中不同利益群体之间的关系,保障大多数人的根本利益。历史唯物主义就是从现实的人出发,以现实的人的发展为目的而形成社会发展理论。以人为本是工程人在工程活动中协调各种关系及处理各类问题时的基本意识,以人为主体,以人为前提,以人为动力,以人为目的,使人处于工程活动的中心地位。

5. 可持续发展意识

当前,社会发展理念重点关注工程的可持续发展。工程建造行业在为经济建设做出重大贡献的同时,它所造成的不可再生资源消耗和环境污染等问题也对社会和环境产生了更加复杂的影响。具备可持续发展意识是世界各国工程人的责任和义务。这要求各项工程活动既考虑当前的需要,又考虑未来的需要,既达到发展经济和改善人民生活水平的目的,又减小对环境造成的负面影响。首先,工程活动要充分考虑工程的生态价值,保证资源、环境的可持续发展,创造更加健康的产品;其次,在满足可持续发展要求的前提下,工程行业本身也要达到持续、稳定的发展。

具备社会意识的工程人才,其视野不局限于工程技术本身,而应站在更高的角度去审视工程以及工程活动,周全考虑工程对社会产生的影响,在保证工程质量的同时,担负起对于社会、公众和环境的责任,促进工程对于社会的正面影响,促进生产生活和社会的可持续发展,实现工程和社会的良性互构。塑造具备社会意识的工程人才,也即塑造了未来的工程和工程社会。

11.2.3 工程社会意识培养现状

长期以来,工程活动具有强烈的纯技术传统,并带有浓厚的功利主义和工具理性色彩,很少考虑和关注工程的人文性、社会性和生态性。工程在建构社会的同时,也带来了一些风险和不确定因素。在工程和社会问题的高度结合下,关注工程的社会维度及社会问题,已成为工程管理理论与实践工作者义不容辞的责任和义务。随着生产力的进步、生产方式的变革,工程师的知识与能力不断累积增长,在推动社会经济发展方面发挥着越来越重要的作用,工程师社会责任的历史演化随着人类物质生产方式变革而演进。然而,有关工程师在实践中出现的质量缺陷、设计缺陷、人员渎职、贪污腐败等问题充分反映了工程师在工程社会意识、工程精神培养方面的缺失。因此,对具有工程社会意识、工程伦理道德及可持续发展意识的工程人才的培养亟须提上日程。

高等教育为社会输送人才,是培养卓越工程师的一个重要环节。2016 年 12 月,习近平总书记在全国高校思想政治工作会议上强调了立德树人的重要性。2016 年,中国工程教育专业认证协会认证标准规定,工科学生应当"具有人文社会科学素养、社会责任感,能够在工程实践中理解并遵守工程职业道德和规范,履行责任"。2017 年 2 月,教育部为响应国家战略发展需求,在工程教育发展战略研讨会上提出了"新工科"的概念,其主要内涵为:以立德树人为引领,以应对变化、塑造未来为建设理念,以继承与创新、交叉与融合、协调与共享为主要途径,培养未来多元化、创新型卓越工程人才。2018 年 5 月,国务院学位委员会印发的《关于制订工程类硕士专业学位研究生培养方案的指导意见》中规定,工程伦理将纳入工程类硕士专业学位必修课程。2018 年 9 月,《教育部、工业和信息化部、中国工程院关于加快建设发展新工科实施卓越工程师教育培养计划 2.0 的意见》(教高〔2018〕3 号)明确要求"强化学生工程伦理意识与职业道德""提升创新精神、创业意识和创新创业能力"。2019 年,丁烈云院士在《高等工程教育研究》上撰文明确提出需要培养大学生的工程社会意识。以上印证了我国工程教育在新时期发展背景下加强工程社会意识培养、重视工程伦理教育、全面提升工程人才质量的决心和必要性。

工程人才的培养需要从强调工程技术的工具理性向突出价值理性方向转移和提升,从知识传授和能力培养延伸到价值塑造。需要培养学生的工程社会意识、工程伦理道德及可持续发展意识,引导学生关注工程的社会维度,充分理解工程的社会性及其社会过程,认识工程共同体及其社会结构,了解工程社会问题等,使之最终成为兼具专业技术、人文情怀和社会关怀意识的大国工匠。

目前,相比日益增大的工程活动规模和工科人才需求,我国工科教育对工程社会意识的培养相对滞后。长期以来,工程教育主要关注专业技术能力的培养,而对与人文素质相关的法学、政治学、民族社会学、文化社会学、美学和伦理学等非工程技术领域则较少涉及。这导致工程实践者往往缺乏对社会和自然规律的基本尊重和理解,影响工程决策能力,并最终影响工程利益相关者以及社会公众的切身利益,阻碍社会经济发展。新时代高等工程教育改革和工程人才培养刻不容缓。

11.2.4 工程伦理教育发展

西方社会在20世纪后半叶开始关注复杂性工程涉及的伦理问题,1989年的《华盛顿协议》中规定毕业生关于"伦理"的素质要求:运用伦理原则,在工程实践中遵守职业道德和规范,履行责任。自20世纪70年代起,工程伦理学在美国等一些发达国家开始兴起。国内工程伦理学起步较晚,早期从属于思想政治教育。20世纪90年代,工程伦理教育开始引起国内相关学者的注意。董小燕等人介绍了美国、德国和日本等国的工程伦理教育情况,引入国外教材,如美国的《工程伦理学》《工程伦理:概念和案例》等。但由于国内专业教材较少,开设工程伦理教育的高校较少,因此,工程伦理教育在当时尚未形成较为完整的教育体系,缺乏规范的教学大纲。直到进入21世纪,在中国制造2025的背景下,学科交叉尤其是工程与信息科学之间的交叉呈现出必然的发展趋势,工程面临的道德环境更加复杂化,这也对工程活动参与者的综合能力提出了更高的要求。因此,加强工程伦理教育,全面提高工科人才的质量,成为工程教育改革的关键,工程伦理学的教学和研究也逐步走入建制化阶段。

工程伦理教育对于工程师的培养和工程实践具有重要意义,它不仅关系到工程师自身伦理素养和社会责任的提升,而且关系到经济、社会与自然的和谐发展。徐匡迪院士指出"工程需要有工程的哲学来支撑,工程师需要有哲学思维。要大力提高工程师的哲学思维水平"。在新一代信息技术和"一带一路"的影响下,工程行业的技术、经济、管理、法律和社会等问题的复杂性不断增强,未来的虚拟化工程关系、网络化工程环境、全球化信息交互和工程治理困境等新兴工程情景会带来诸如平等与公正、知识产权争议、身份困境、隐私边界和数据权利等新的伦理问题,从而形成更加充满道德挑战的工程环境。时代也要求工程师具备哲学思维,学会从哲学和伦理的角度去分析工程问题,能够用工程知识和工程伦理思想去解决工程中出现的问题。因此,开展工程伦理教育有利于提升工程师伦理素养,加强工程从业者的社会责任;有利于推动可持续发展,实现人与自然的协同进化;有利于协调社会各群体之间的利益关系,确保社会稳定和谐。

对于伦理意识的内涵,Rest提出了以下几点内容:

(1) 伦理敏感性:伦理敏感性是指行为对他人造成影响的感知能力,包括感知各种可能的行为以及造成的影响;移情和角色扮演的技巧;想象可能的情境等。

(2) 伦理判断:伦理判断是在伦理敏感性的基础之上,对行为在道德上正误的判断。在面对伦理困境时,伦理判断需要从人、己、利、害以及社会规范等多方面综合考量做出价值判断。值得注意的是,有两种因素会导致对事情的伦理判断有分歧:① 对事情本身的认识有分歧;② 用于判断的标准不同。对于前者,可就事情本质进行分析探讨,尽可能就真相达成一致意见;对于后者,应改用相同的更基本的标准来判断伦理的是非对错。

(3) 伦理意图:伦理意图是指对各种价值观进行优先序列的排序。不同的人拥有的伦理价值观不一致,一些其他的价值观会与道德价值观产生冲突。在价值观之间产生冲突时,就需要根据个人伦理意图对价值观的执行进行序列排序。

(4) 伦理品质:伦理品质是指自强、勇气、积极、坚韧等优秀品质,在某种情形下可以与道德品质相提并论,存在一定的重合度。

美国学者戴维斯提出了大学伦理教育上的相关目标要求:

(1) 提高学生的道德敏感性。
(2) 增加学生对执业行为标准的了解。

(3) 改进学生的伦理判断力。

(4) 增强学生的伦理意志力。

伦理教育环境的改善目的在于增加伦理教育在各行各业中的影响力,而不是停留在学校内的课堂之上,伦理教育也需要像人的成长一样不断学习,伴随一个人的职业生涯,为个人提供良好的伦理约束与最新的伦理要求。建立一种伦理教育的长效机制,可以有效地保证人们对于具体行业中伦理要求的认知度,提升行业规范的同时也保证其良性发展。

针对伦理教育,清华大学副校长杨斌提出了三个层次:意识、分析框架、决策与行为。

(1) 意识:我们可能根本没有意识到某些事情中包含着伦理问题,这样就会陷入"无知的确信"。换句话说,意识的重要性在于我们对伦理存在与否的判断。例如,达尔文的进化论认为自然选择与为生存而斗争是进化的重要方面,那我们是否便可以得出结论:残疾人与贫困者不需要外界的任何帮助?这显然是荒谬的。因此我们需要培养自己伦理判断的敏感性,把握具体事例中可能存在的伦理问题,从而避免犯错。

(2) 分析框架:当意识到伦理问题的存在,我们常常会遇到两难的处境,需要利用一些分析框架去梳理其中的冲突是什么,不同的分析框架会带来不同的选择。其中,伦理的分析方法主要有以下几种:个别的方法,指在认识和探求道德现象中一些具体的、特殊的方法,主要包括社会调查、经验描述、心理体验等;一般和普遍的方法,其一是历史和逻辑相统一的方法,其二是阶级的分析方法(只针对带有明显阶级倾向性的道德现象),其三是理论和实践相统一的方法。

(3) 决策与行为:很多伦理问题没有放之四海而皆准的答案,它既不是科学也不是理性,经常面临艰难的抉择。通常而言,做抉择的过程也就是做判断的过程,而做判断的过程就是赋予价值的过程。我们需要在具体的情景下,运用所学的伦理分析方法,做出自己的判断,并为这个判断负责。

综上所述,伦理的学习与教育是一个循序渐进的过程,需要按照相关的步骤逐步进行,才能取得较好的成果。

11.3 工程社会意识培养路径

以新时期对工程人才的新需求为引领,以培养兼具专业技术、人文情怀和社会关怀意识的大国工匠为目标,深挖专业知识体系中蕴含的思政元素及其思想价值和精神内涵。从工程历史与文化、工程成就与卓越人物、国家战略、社会发展、行业需求、技术挑战等角度,全面梳理基础课、专业课和实践课等各类课程在育人中所承担的任务,整合设计并分类分层落实。关注工程的社会属性,强化工程社会意识的养成,包括工程责任意识、工程伦理意识、工程环保意识、以人为本意识、可持续发展意识等。实现从知识传授和能力培养到价值塑造的延伸,培养技术精进、兼具人文情怀和社会关怀的卓越人才。

基于我国高校工程教育的发展现状以及高等教育的工程范式,新时期工程人才的工程社会意识培养路径说明如下:

1. 确定人才培养目标定位,将工程社会意识的培养纳入培养方案

通过重新整合不断分化的学科,将培养方案中相互分割的科学内容、工程技术内容、人文社科内容加以系统综合,并用集成的思想重构课程体系和教学内容,促进学科的交叉和融合,为学生提供多学科的综合知识,全面提高学生的综合素质和能力。例如,工程管理专业可以以智能建造新专业课程的设置为契机,通过加强学生工程社会意识的养成,培养满足现代工程行业数字化、智能化、国际化与全寿命周期增值的发展新趋势和新需求的工程建造人才,塑造掌握多学科融合的专业技术且具备工程伦理与社会意识的大国工匠。

2. 优化课程体系和教学内容,增设工程社会意识相关课程

基于工程人才的培养要求,强化传统专业学科与心理学、社会学、伦理学、哲学等人文社会科学的融合,形成复合交叉的培养新模式与课程体系。

① 在专业课程中融入工程社会意识相关的内容,引导学生结合具体课程内容进行学习和思考。不同于技术课程的教授,工程社会意识的培养需要引进"引导+感悟+慎思"的教学理念。在课堂上充分利用问题式、讨论式、案例式、任务式等新型教学方法,鼓励学生交流、讨论、合作,从而深入参与课堂,提高学生的学习兴趣和学习效果,加强师生互动,同时通过具体教学环节在潜移默化中帮助学生树立工程意识与工匠精神。

② 增设工程伦理与社会等课程模块。专业课程体系内增加工程伦理相关内容并启发学生做出思考,如:工程活动是一个造物的过程,在这个过程中,所造之"物"与自然、社会、公众关系如何?工程师在其中承担什么样的义务和责任?在工程实践中将遇到什么伦理问题?如何在价值冲突中做出正确的价值选择?

3. 创新培养模式和教学方法,强化工程实践

以工程实践中的问题为主线和牵引,以探究和讨论的方式引导学生思考,强化思维过程与思维技能的训练。同时,拓展学生看待工程问题的多学科视角,在工程技术视角之外,引导学生通过人文社科视角看待工程问题特别是工程社会问题,提升他们解决工程问题的能力。工程实践内容要充分结合并立足于实际工程经验。例如,通过三峡工程、南水北调工程的成功案例,分析工程作为一项社会工程是如何对社会产生影响的,以及如何进行妥善处理的;通过三门峡水利工程中典型的质量安全事故以及典型的工程社会问题等案例,开展工程失败启示录教育,启发学生对这些工程失败教训进行多维度思考。同时,各专业课程可充分利用其专业特性,通过数字化技术等手段,不断创新和丰富工程实践的渠道和场景,拓展工程与学生互动的机会与空间。

4. 完善考核评价体系,建立多元考核方式

① 注重课堂教学与工程实践两个环节的考核,平衡课堂教学与工程实践学分的比重,避免过于强调理论知识点的掌握,轻视工程实践的参与度与获得感。

② 在评价体系中注重考核工程的科学技术知识以外,还需要在学业评价体系中纳入工程精神与工程社会意识等人文社会知识的评价指标。

③ 注重考核内容和形式的差异性,探索一套符合工程精神与社会意识的考核方式。譬如,在课程考试、综合设计等环节增设相关议题的阐述,考核学生工程社会意识的达成度。

④ 评价主体多元化,除了以各学科课程负责人为代表的教师外,还应该包括业界导师、企业工程师等。

⑤ 在考核内容上,注重知识与能力、方法与过程、意识与价值相结合。在工程数据挖掘课程考核中,增加关于数据获取、存储、利用等环节的数据隐私、数据安全、数据所有权等相关伦理问题的考核。在学生的各类评比中,避免因科研论文专利等比重过大,而忽视对学生的工程思维和工程意识的评判的现象。

⑥ 建立基于课程模块和专业方向的分类评价模式。每个课程模块,涉及的学科重点不同,其关注的社会意识等具体内容也会有所差异。以数字建造为例,在计算机技术课程模块中可以考察计算机信息技术的伦理问题,而在建造自动化课程模块中则可以侧重考察机械自动化领域相关的社会议题。

参考文献

[1] 丁烈云.工程管理:关注工程的社会维度[J].建筑经济,2009,5:8-10.

[2] 李伯聪.工程哲学引论[M].郑州:大象出版社,2002.

[3] 杜澄,李伯聪.工程研究——跨学科视野中的工程(第4卷)[M].北京:北京理工大学出版社,2009.

[4] 殷瑞钰,汪应洛,李伯聪,等.工程哲学[M],北京:高等教育出版社,2007.

[5] 杜澄.工程研究——跨学科视野中的工程(第3卷)[M].北京:北京理工大学出版社,2008.

[6] 钟波涛,孙峻,邢雪娇,等.工程建造人才的工程社会意识培养路径探索[J].高等建筑教育,2022,31(5):23-30.

[7] 曹南燕.对中国高校工程伦理教育的思考[J].高等工程教育研究,2004(5):37-39+48.

[8] 钟登华.新工科建设的内涵与行动[J].高等工程教育研究,2017(3):1-6.

[9] 丁烈云.智能建造创新型工程科技人才培养的思考[J].高等工程教育研究,2019(5):1-4+29.

[10] 王前.在理工科大学开展工程伦理教育的必要性和紧迫性[J].自然辩证法研究,2011(10):110-111.